乾燥疎開林に謎のチンパンジーを探して

タンザニアあちこち大作戦

小川秀司
Ogawa Hideshi

unite

樹上に作られたチンパンジーのベッド
(下にいるのはトラッカーのバトロメオ)

ウガラのチンパンジーが乾季に食べる主な果実

1999年、遂に写真に捉えたウガラのチンパンジー

ムワミラ村の人々
(後列左から2番目がトラッカーのエマニュエリ、左から4番目が著者)

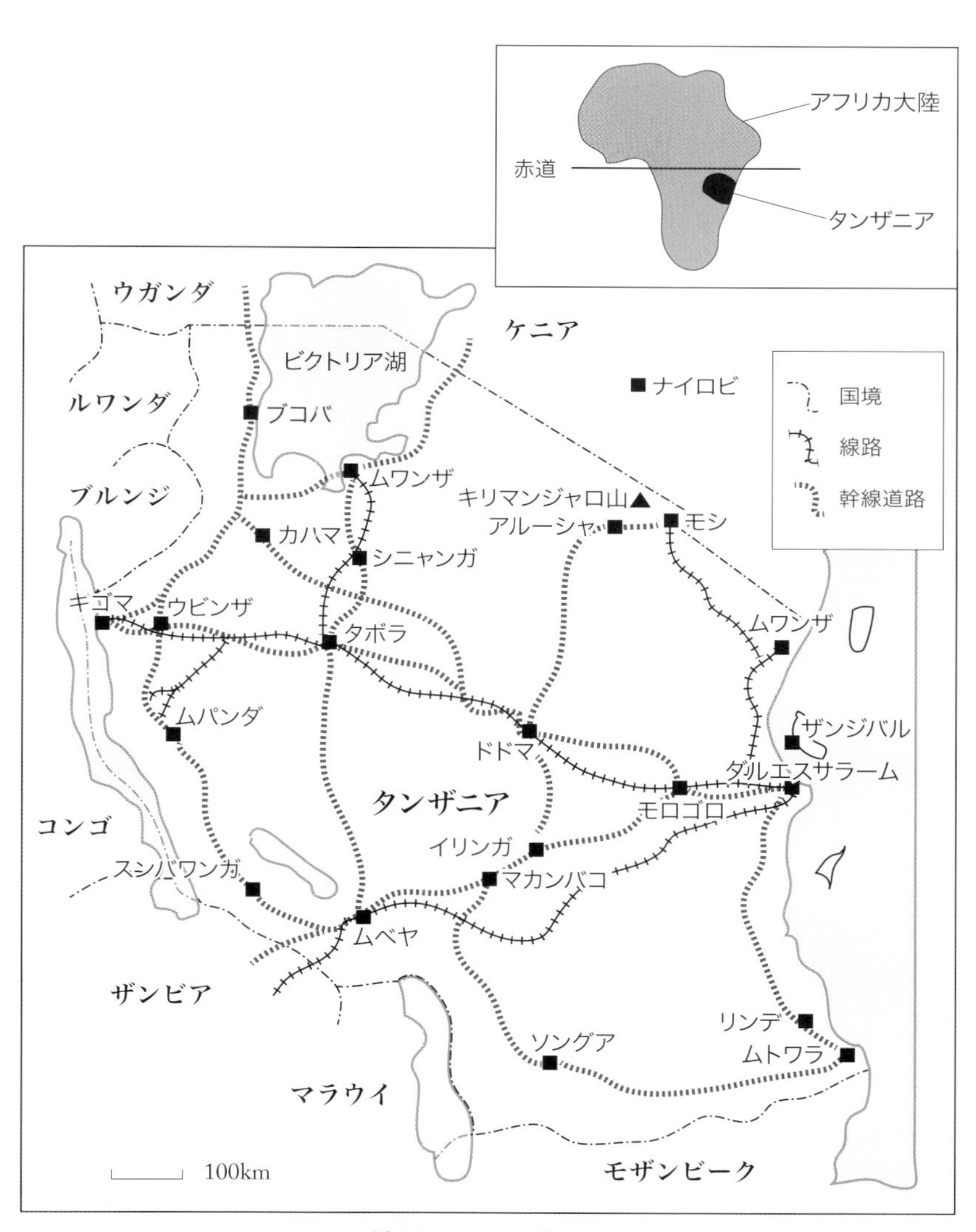
アフリカ大陸
赤道
タンザニア
ウガンダ
ケニア
ビクトリア湖
ルワンダ
ナイロビ
国境
線路
幹線道路
ブコバ
ムワンザ
ブルンジ
キリマンジャロ山
アルーシャ
モシ
カハマ
シニャンガ
キゴマ
ウビンザ
タボラ
ムワンザ
ムパンダ
ザンジバル
ドドマ
ダルエスサラーム
タンザニア
モロゴロ
コンゴ
イリンガ
スシバワンガ
マカンバコ
ムベヤ
ザンビア
リンデ
ソングア
ムトワラ
マラウイ
100km
モザンビーク

地図１　タンザニア

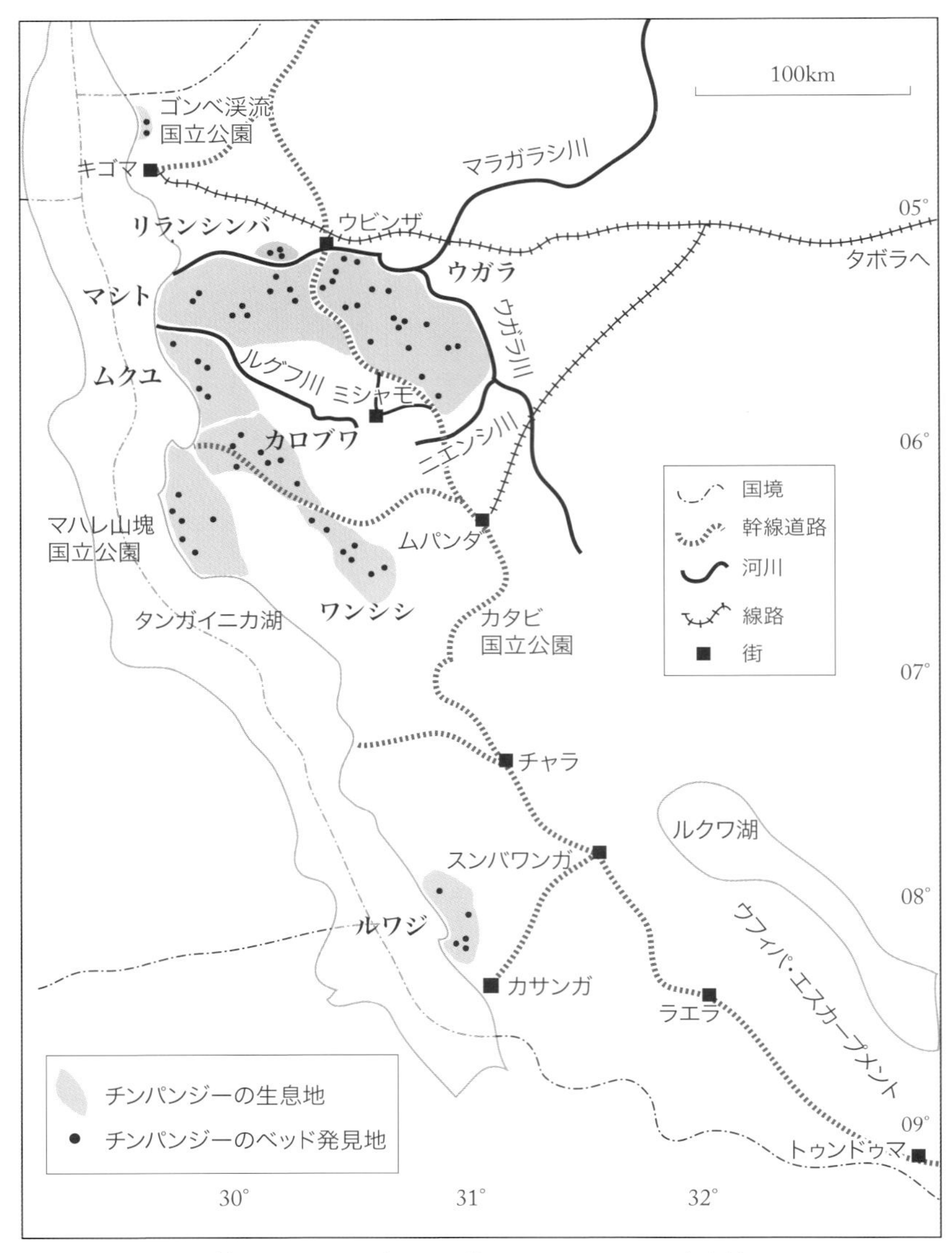

地図2　タンザニア西部のチンパンジー生息地

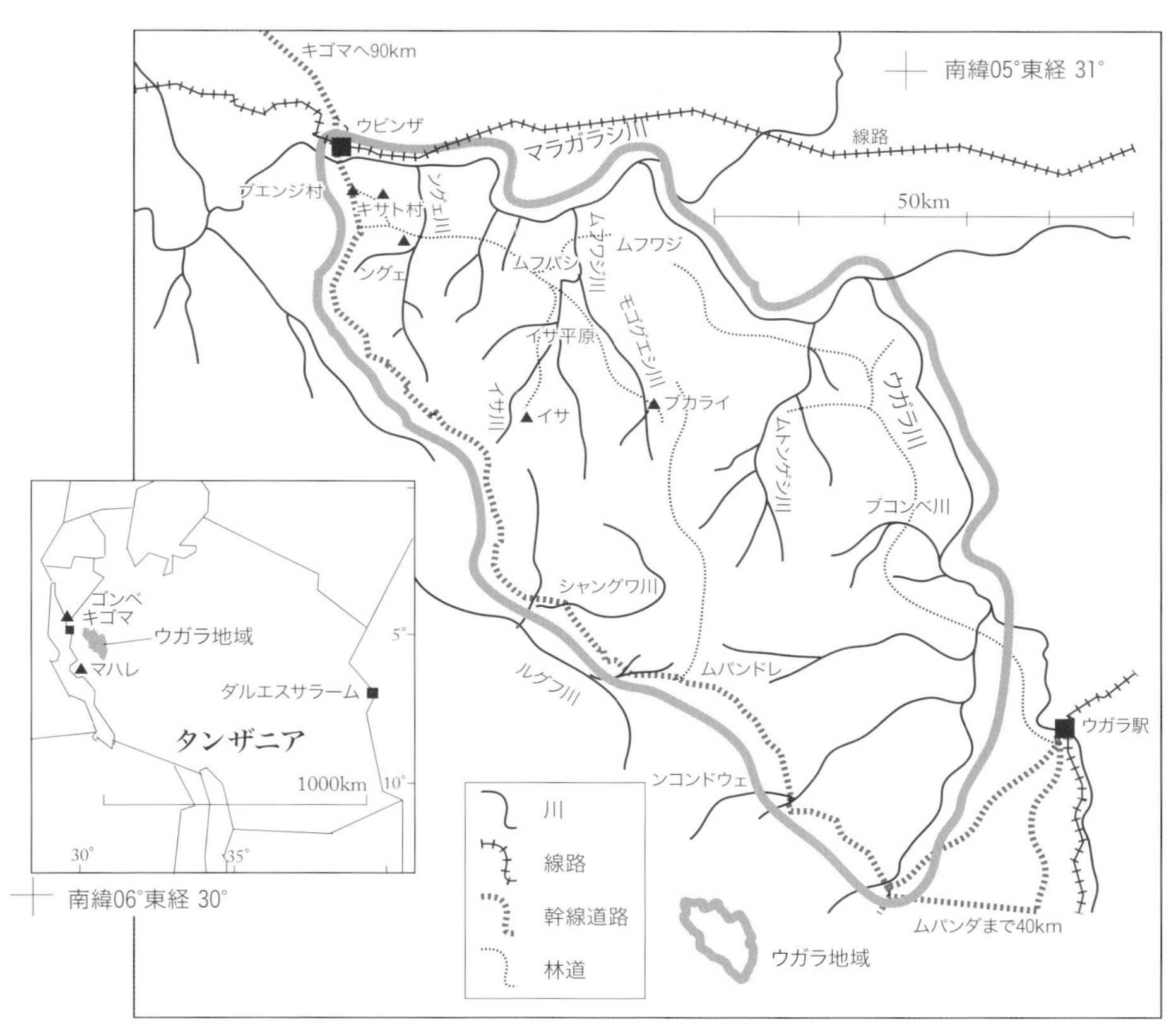
キゴマへ90km
南緯05°東経 31°
ウビンザ
マラガラシ川
線路
ブエンジ村
キサト村
ングェ川
ングェ
ムフバシ
ムフワジ川
ムフワジ
モゴヴェシ川
イサ平原
ブカライ
イサ川
イサ
ウガラ川
ムトンゲジ川
ブコンベ川
シャングワ川
ムパンドレ
ルグフ川
ウガラ駅
ンコンドウェ
ムパンダまで40km
50km
川
線路
幹線道路
林道
ウガラ地域
ゴンベ
キゴマ
ウガラ地域
マハレ
ダルエスサラーム
タンザニア
1000km
5°
10°
30°
35°
南緯06°東経 30°

地図３　ウガラ地域

目次

まえがき

この本は、私が東アフリカのタンザニアをあちこち歩きまわり、チンパンジーの調査をした記録である。アフリカの原野を一日歩いて、チンパンジーが残した足跡などの痕跡を探す。チンパンジーの声が聞こえれば、気づかれないようにゆっくりと忍びよって双眼鏡で観察する。夕方にはキャンプ地に戻り、仲間たちと焚火を囲んで食事をし、テントに入って眠る。あるいは、山奥の小さな村々を訪れて、近くにチンパンジーが住んでいないかどうかを聞いてまわる。そんなフィールド・ワーク（現地調査）の日々を本書に記した。

チンパンジーの調査というと、一頭一頭に名前がつけられたチンパンジーたちの後ろをついて歩き、彼らの行動を逐一ノートやビデオに記録していく様子を思い浮かべるかもしれない。そうした光景をテレビで見たことがある人もいるだろう。日本で放映される動物番組では、その多くはマハレ山塊国立公園で撮影された映像である。マハレはタンザニアの西端タンガニイカ湖のほとりにあり、西田利貞さんを初めとする日本人研究者によって一九六五年から調査が開始された（西田 1973）。人間を警戒して逃げてしまうチンパンジーに、最初はサトウキビなどを与えることによって、彼らの行動を近くから観察することを可能にした。後にそうした餌付けは廃止され、現在マハレでは人慣れしたチンパンジーの観察が続けられている。同じ頃から調査を始めたジェーン・グドールさんがチンパンジーの観察を行ったゴンベ渓流国立公園もタンザニアにある（Goodall 1971）。そしてこの本の舞台もまたタンザニアである。

しかし、この本で紹介するのは、何処にいるとも知れない、ようやく見つけたと思ってもすぐに姿を隠してしまうチンパンジーたちを追い求めた話である。調査の大半は、アフリカの原野をひたすらさまよい歩き、チンパンジーが残した痕跡を探すことに費やされる。いや、チンパンジーが生息する場所にたどりつくまでが、長い旅の連続である。

そのような広域調査をかつて一九六〇年代にタンザニアで行ったのは加納隆至さんだった（Kano 1972）。西田さんがマハレでチンパンジーの餌付けに成功し詳細な観察データを集めつつあった頃、加納さんはタンザニア各地を訪れてチンパンジーが何処に生息しているかを調べていた。

アフリカ全土におけるチンパンジー分布の東端は、実はタンザニアである。チンパンジーはアフリカの主に熱帯多雨林で暮す生き物だが、より乾燥して開けた地帯にまで分布を広げている。チンパンジーの分布域の東限はタンザニア西部の「ウガラ」と呼ばれる地域であり、ウガラはチンパンジーの生息地の中で最も乾燥し開けた地域の一つである。熱帯多雨林とは異なり、そのような乾燥地帯でチンパンジーはどのように暮しているのか。それは重要な研究テーマだと考えられてきた。チンパンジーと分岐してやがてサバンナでも暮すようになっていった初期人類の生活を復元するのにも役立つからだ。しかしマハレとゴンベでチンパンジーの観察が容易になると、タンザニアにおけるチンパンジーの調査はこの二つの地域に集中していった。ウガラでチンパンジーの調査をしようとする研究者はいなくなってしまったのである。

そこで、調査隊の代表者に加納隆至さんを据え、伊谷原一さんと私はウガラにおけるチンパンジーの生態調査に挑むことにした。一九九四年のことである。以来私は毎年のようにタンザニアを訪れて野生チンパンジーの調査に携わってきた（小川 2000a, 2002）。

日本には世界に先駆けてニホンザルやチンパンジーの野外調査を始めた霊長類研究（サルの仲間の研究。「サル学」とも呼ばれる）の長い歴史がある。そのため霊長類に関する専門書や一般の書物はこれまでにも多く出版されてきた。私の大先輩にあたる研究者たちが昔記したアフリカ探検記のような本を読んだことがある読者もいるだろう。そして、そこに記されているのは、古き良き時代の出来事であると感じた人も多いかもしれない。確かにアフリカも霊長類研究の手法もこの半世紀の間に大きく変わった。しかし野生動物のフィールド・ワーク（現地調査）は今なお魅力に満ち溢れた活動である。大変で辛いことも多くあるが、多くの野生動物や現地の人々との出会いがあり、終わってみれば「楽しかった」という気持ちがいつまでも残る。そんなフィールド・ワークのおもしろさを、この本を通じて味わっていただければ幸いである。

第一章……ある日のチンパンジー調査

▼二〇一一年のウガラ（カヨゴロ谷）

テントの中が次第に明るくなり、鳥たちのさえずりが聞こえてきた。フィールドの一日が始まる。今日は何処まで歩いてみようか。東アフリカのタンザニア西部に広がるウガラ地域での、私のある一日を紹介しよう。

二〇一一年八月二八日、その年の夏も私はウガラ地域のングェ川のほとり（南緯五度一三・〇分、東経三〇度二七・五分）にキャンプを設営し、毎日周辺を歩きまわってはチンパンジー（学名：*Pan troglodytes*）を探していた。

朝六時四〇分、寝袋から這い出してテントの外に出ると、昨夜焚き火した薪があらかた燃えつきて灰となっていた。夜間ヒョウやライオンなどがキャンプに近づいて来ないように焚いておいた跡である。その焚き火跡から炭のかけらを掘り出す。炭に息を吹きかけると赤く染まった。改めてライターで火をつけなくてもこれで十分だ。横に落ちていた小枝を箸のように使って炭のかけらを竈(かまど)に移し、その上に枯れ葉をかぶせた。息を吹きかけて火をおこす。竈といっても、鍋やヤカンを載せられるように、近くから拾ってきた手頃な石と小さなシロアリ塚の土の塊りを三角形に配置しただけの簡単なものだ。隣のバケツにはングェ川から汲んできた水が入れてある。その水をプラスチックのコップですくってヤカンに入れ、お湯を沸かしてお茶の準備をする。お湯が沸くまでの間に、調査着に着替えよう。また、GPSやヘッドランプなどに使う乾電池を昼の間に充電しておくために、小型のソーラー式充電器を木の枝でこしらえたテーブルの上にセットする。そうこうしているうちにキャンプの仲間たちも起きてきた。朝食だ。

この日は久しぶりに伊谷原一さん（京都大学野生動物研究センター教授）と一緒に歩くことにしていた。伊谷さんは二日前にこの調査地に到着した。一方私は明後日にはここを離れる予定なので、ほとんどすれ違いだ。それでも、日本での仕事が何かと忙しくなった伊谷さんと私の調査日程が重なって、一緒にフィールドを歩くことができるのは、久しぶりのことだった。

八時三三分、手早く朝食をすませ、デイパック（日帰り用の小さなリュック）に水筒とお弁当を入れる。バッグの中にはGPS、ビデオカメラ、ビニール袋など。ビニール袋は、チンパンジーの糞を見つけた時に、それを入れるためだ。雨具や傘は入れていない。乾季の今は雨が降る心配はほとんどないからだ。ズボンのサイドポケットには記録用の小さなノート、三色ボールペン、地図、絆創膏など。チンパンジーを発見した時にはすかさず使うことができるよう、最後に双眼鏡を首からかけて歩き始めた。今日目指すのはカヨゴロ谷である。

なお、タンザニアにおけるチンパンジーの調査は、私たち外国人研究者だけで行っているのではない。現地の人たちに手伝ってもらって、初めて実現可能になるのである。調査地に入る前には、まず彼らが暮している村に立ち寄って、滞在日数や給料について相談をする。交渉がまとまれば、一緒に調査地に来てもらい、生活を共にしながら調査を手伝ってもらう。今私が雇っている人たちは、普段は村で畑を耕して暮しているが、野生動物や植物に関する知識も豊富である。また足跡などを手掛かりにチンパンジーを追跡するのも上手い。「私はチンパンジーを探して歩きまわっている」とはいっても、実際には「私はチンパンジーを探す彼らの後ろをついて歩いている」という感じなのである。私たちは、そうした彼らのことを「リサーチ・アシスタント（調査助手）」とは呼ばず、「トラッカー（動物を追跡する人）」と呼んでいる。本書でもそう呼ぶことにしよう。

今紹介している二〇一一年八月二八日にも、私は伊谷さんと二人だけではなく、長年一緒に調査をしてきた二人のトラッカー、エマニュエリ・カゴマ（通称エマ）とジュマネ・マピンズリ・バラムウェジ（通称バラムウェジ）と一緒に歩いていた。

川辺に設けたキャンプから離れ、しばらくは乾燥疎開林の中を歩く。鬱蒼と木々が茂るジャングルの中でチンパンジーを追いかける光景を想像していた読者には申し訳ないが、実はこのウガラ地域の大半を占める植生は熱帯多雨林ではない。タンザニア西部は植生が熱帯多雨林からサバンナへと移行する位置にあたり、そこに広がっているのは「サバンナ・ウッドランド」と呼ばれる落葉林なのである。サバンナ・ウッドランドのことを日本語で「乾燥疎開林」と私たちは呼んでいる。本書でも「乾燥疎開林」または単に「疎開林」と呼ぶことにしよう。乾燥疎開林には高さ二〇メートル程度の木がまばらに生えており、「森」というより「林」である。疎開林に生える樹木の多くは、現地で「ミオンボ」と総称されるマメ科のブラスキテギア属とジュルベルナルディア属の落葉樹である。これらの樹木は乾季になると葉を落とすので、乾季の疎開林はまるで日本の冬の落葉樹林のような景観となる。そして、こうした疎開林が面積の大半を占める中、川や谷底沿いにだけは常緑林が発達し、その他には草地などが点在しているのが、東アフリカに広がる乾燥疎開林地帯である。従って、調査地を歩く時には、そのほとんどは疎開林の中を進み、時々常緑林をくぐりぬけたり、草地を横切ったりすることになる。

この日も疎開林をしばらく歩いた後、ングェ川の支流であるルタンダ川の川辺に着いた。ここでルタンダ川を渡る。疎開林と異なり、川辺林を形成している常緑樹は乾季の今でも緑の葉をつけている。だが川辺林といっても幅はほんの数メートルである。ここではその先は「スワンプ」と呼ばれる湿地草原になっている。ただし、ウガラではほとんどの支流は乾季の終わりまでには干上がってしまうので、今草原を歩いて行っても靴が水や泥にはまってしまう場所はあまりない。ルタンダ川を横断する途中では一か所だけ幅三メートル程度の水が残っているが、そこには既に一本橋を渡してある。靴を脱いで川を渡渉する必要はなく、私たちはルタンダ川を渡りきった。

対岸の尾根に出るために、今度はまた疎開林の急斜面を登る。ウガラ地域の大部分は急斜面や崖が多い丘陵地帯である。

九時五三分、カヨゴロ谷を見下ろすことができる崖の上に到着した。ここで少し休みながら、チンパンジーの声が聞こえてこないか待ってみよう。

この日カヨゴロ谷に向かったのは、この年の調査中にはチンパンジーはカヨゴロ谷によくいたからである。何度もチンパンジーの声を聞いていたし、八月二日には実際に五頭のチンパンジーを見ていた。また、今私が休んでいるそばには、チンパンジーが作ったベッドもある。これも八月二日に見つけた物だ。

チンパンジーの作るベッドについて説明しておこう。チンパンジーは、毎晩木の枝を折りたたみ、葉っぱが敷かれた「ベッド」を作って、その上で眠る。このベッドのことを「ネスト（巣）」と呼ぶ研究者もいるが、チンパンジーは毎晩同じ場所に戻って眠るわけではなく、日ごとに異なる木の上で眠る。この本では、「ネスト」ではなく、「ベッド」と呼ぶことにしよう。

こうしたベッドを作るのは大型類人猿に見られる特徴である。同じ霊長類の仲間ながら、例えばニホンザルにはお尻に固いしりだこがある。ニホンザルは、このしりだこの上に座る姿勢で眠っても、お尻が痛くはならない。しかし、チンパンジーはそうはいかず、寝転んで眠る。その際ベッドに使われる葉はクッションとなって、チンパンジーに快適な眠りをもたらしてくれるわけだ。

折られた枝先の葉はやがて枯れ、枯葉は風に飛ばされたりしてなくなってゆく。ただ、そうなっても、折り込んだ枝の骨組みはまだ残っている。その骨組みすらも崩壊し、そこにベッドがあったということがわからなくなるまでには、長い日数がかかる。ウガラの常緑樹では平均二九〇日、落葉樹では平均三五八日以上ベッドの骨組みは残っている。そのため、チンパンジーを直接見つけることができない場合にも、チンパンジーが作ったベッドはあちこちに見つかる。多くの場合、ベッドの存在によって、その地にチンパンジーが生息していることが確かめられるのだ。チンパンジーは一日に一個のベッドを作る。このことを利用すると、発見したベッドの数からその地域のチンパンジーの生息数を推定できる。また、葉の枯れ具合などから、そのベッドが何日前に作られた物であるのかをある程度判定できる。もし新しいベッドが見つかれば、チンパンジーは最近そこで泊ったということだ。このようにベッドは、チンパンジーについて多くの情報を提供してくれる大変ありがたい存在なのである。

この日私たち四人がカヨゴロ谷に向かっているのには、もう一つ理由があった。九日前の八月一九日に、トラッカーのエマとヌフ・イサ・ンゾバ（通称ヌフ）が、カヨゴロ谷でチンパンジーの死体を見つけていたからである（吉川ら 2011）。その日二人にはカヨゴロ谷方面に偵察に行ってもらった。エマの話によると、異臭に気づいてカヨゴロ谷の常緑林へ入ってみたそうである。すると、谷底の砂地に若いオスのチンパンジーが仰向けに転がっていた。腹部に穴が開き、既に内臓は消失していた。今日は伊谷さんにも、その死体発見現場を見てもらおうと思ったのである。

エマたちがチンパンジーの死体を見つけた翌日、彼らに案内してもらって私も現場に行ってみた。腐敗の状況からして、死後約一週間。その時には、何者かによって死体は三メートルほど引きずられ、横寝状態になっていた。また左足の先が新たに齧られていた。それまでもアフリカゾウやキイロヒヒやイボイノシシなどの死体を見つけたことは幾度かあった。既に骨となったカバやアンテロープ類を見つけたことも多い。しかしチンパンジーの死体を見つけたのは初めてだった。

　このチンパンジーの死因は何だったのだろう。毒蛇に噛まれたのかもしれない。密猟者によって殺された可能性もある。しかし銃痕などは見あたらなかった。だが、よく見ると、死体の一メートル横の木にはヒョウのものらしき爪痕が残っていた。死体から約二メートル離れた水たまりの手前の砂地にも、明らかにヒョウとわかる新しい足跡があった。他の獣の痕跡はなかったので、死体を引きずったのはヒョウであろう。とするとチンパンジーを殺した犯人もヒョウである可能性が高いと私は思った。

　なお、死体は、骨格標本にするために、麻袋に詰めてキャンプに持ち帰った。私たちは死体の発見現場に、センサー・カメラ（カメラ・トラップ）を仕掛けてみた。カメラの前を動物が通ると、それを感知して自動で写真やビデオが撮影されるカメラである。死体は回収してしまったが、そうとは知らずに今晩もう一度ヒョウがやって来るかもしれない。しかし、残念ながら、後日再生した映像には何も映っていなかった。


　さて、話は死体発見から九日経った八月二八日に戻ろう。この日私と伊谷さんらは、カヨゴロ谷にもうすぐ着こうかという所で、ヒョウの糞を見つけた。糞は既に乾いて堅くなっていたが、崩し割って中身をチェックしてみる。もしも糞の中からチンパンジーの骨や毛が出てきたら、チンパンジーがヒョウに食べられた証拠になる。しかし、この時糞から出てきたのは、チンパンジーではなく、小型のサルの足先の骨だった。

　ただ、チンパンジーがヒョウやライオンに襲われて食べられることがあるのは、アフリカ各地で確かめられている。熱帯多雨林と違い、疎開林には低い木がまばらにしか生えていない。そんな場所でチンパンジーが生き抜いていくためには、如何にして捕食者に襲われないようにするかが大変重要になってくるであろう。

　一一時〇一分、私たちはチンパンジーの死体発見現場に到着した。だが、特に新しい手掛かりは見つからなかったので、私たちはそこからカヨゴロ谷を下っていくことにした。

一一時五〇分、谷に沿って発達した常緑樹の森の中を下流へと進んでいく。森の中にはケモノ道がついていた。以前はこのングェにも多くのアフリカゾウが生息しており、ゾウ道（ゾウたちが度々通ることによって作られた小道）をたどって歩くと、比較的楽に森の中を歩いて行くことができた。しかし、最近はングェでゾウを見かけることはめっきり減ってしまった。せっかく彼らが作ってくれた道は、新しく生長して張り出してきた枝葉で消えかかっていた。だから、今私たちが通っているのは、おそらくチンパンジー道であろう。ゾウ道に比べると、トンネルのように空間が空いた部分の高さが低い。人間は屈まなければ頭が枝にあたってしまうので、ゾウ道より歩きにくい。それでも、チンパンジーが頻繁に歩いている道なら、彼らの糞が落ちている可能性も高い。チンパンジーが何かを食べた食痕や足跡も見つかるかもしれない。足跡が見つかれば、いつ頃どのくらいの体の大きさの個体がどちらに向かって歩いて行ったかなどがわかる。そうした痕跡が残されていないかに気を配りながら、私たちはチンパンジー道を、時にははいずり、時には崖をよじ登ったり下ったりしながら進んでいった。

その日は結局チンパンジーの糞や足跡は見つからなかった。以前チンパンジーのベッドがあった場所も通過したが、新しいベッドも加わってはいなかった。

ところが一二時二四分、下流からかすかにチンパンジーの鳴き声がした。「ソクェだ」とエマが私の顔を見る。「ソクエ」とはスワヒリ語でチンパンジーのこと。「ソコ・ムトゥ」とも呼ばれる。「ソコ・ムトゥ」の「ムトゥ」は人という意味だ。「ソコ」が森を意味していれば「森の人」ということになるが、「ソコ」の由来はわかっていない。エマやバラムウェジは、チンパンジーのことを彼らの民族の言葉で「イマンフ」とも呼んでいる。だが私たちは普段スワヒリ語で会話しているので、チンパンジーのことは「ソクェ」と呼んでいた。

聞こえてきた声から判断すると、ごく少数のチンパンジーがカヨゴロ谷の下流にいるようだ。だが谷沿いに発達した常緑林は、傾斜が緩やかになった下流ではとぎれて草地になっている。この暑いさなかにチンパンジーが草地や疎開林の日なたで何かをしている可能性は低いだろう。他のチンパンジーたちは上流の深い森の中にいるのかもしれない。しばらくその場で待ってみることにした。しかし、他のチンパンジーが先ほどのチンパンジーに答えて鳴くことも、先ほどのチンパンジーが再び鳴くこともなかった。歩くペースを落とし、声がした下流にゆっくりと進むことにする。

すると、一二時五四分、突然黒い動物が木から飛び降りて逃げていった。一瞬の出来事だった。若いオスのチンパンジーだった。ノートに時刻や周りの様子などを書きとめる。上流へ向かって逃げたように見えたので、もう一度上流に引き返そうかとも考えた。しかし、一度私たちの姿を見られてしまうと、警戒したチンパンジーを追っていくことは、ウガラではほとんど不可能である。だから、チンパンジーの声を聞いた時には、チンパンジーに見つからないようにゆっくりと接近し、遠くからチンパンジーの姿を観察することしかウガラではできない。この日はチンパンジーを一目見ることができただけで満足しておこう。

私たちはその場所で昼ご飯を食べることにした。そばには八月二日に見つけたチンパンジーのベッドがあった。また、ちょうどうまい具合に、ムナジという木が果実をつけていた。既に動物によって齧られた物も多かったが、地面に落ちた果実の一つをデザートにして食べた。

さて、今日トラッカーのエマとバラムウェジと一緒に来たのは、給料と労働条件について伊谷さんと私の四人で相談するためでもあった。特にエマは「今の日給ではもう働かない」と言い始めていた。三〇分ほど話し合い、物価の上昇に応じて日給を少し上げることで、この日の交渉はなんとかまとまった。ただし、翌年の夏に私が再びタンザニアを訪れた時には、エマは私が提示した日給では調査に来なかった。いつの日かまた彼と共にタンザニアの原野を歩くことがあるかもしれない。だが、今のところ、この日がエマと私が一緒にウガラを歩いた最後の一日となった。

時計を見ると、午後三時〇八分である。そろそろ帰路につこう。私たちはカヨゴロ谷をもうしばらく下り、ルタンダ川を渡って、キャンプに戻り始めた。

夕方四時〇八分、キャンプに到着。暗くなるにはまだしばらく時間がある。川で水浴びをして、ングェ川の対岸をぼんやりと眺めていると、川辺林の樹上をアカオザルの群れが移動していった。

やがて他の研究者たちもキャンプに帰ってきた。この年の調査隊はかつてないほど大きくなっていた。数年前までは、私と伊谷さんらだけで細々とチンパンジーの調査を続けてきた。同時にフィールドに入るのは、日本人研究者一〜二人と、タンザニア人のトラッカー二〜三人だった。しかし、この年には、私と伊谷さんに加え、三人の日本人研究者が調査を行っていた。猛禽類（タカの仲間）の調査を今年から始めた金田大君（京都大学野生動物研究センター研究員）、チンパンジー調査の吉川翠さん（林原類人猿研究センター研究員を経て、東京農工大学大学院連合農学研究科大学院生）、ハイラックス調査を昨年から始めた飯田恵理子さん（京都大学野生動物研究センター大学院生）である。研究者の増加に伴い、トラッカーも増えて計七人。エマ、バラムウェジ、ジョン・ジョゼフ（通称ジョン）、ヌフ、アレックス・アルフレッド（通称アレックス）、タノ・カゴマ（通称タノ）、ハミシ・カゴマ（通称ハミシ）。全員で一二人という大所帯である。

夜七時、皆でにぎやかな夕食となった。ただし、日本人は日本人で食卓を囲み、タンザニア人はタンザニア人で食卓を囲む。これだけの大人数では二つのグループになるのも仕方がない。でも、以前の調査では、私はタンザニア人のトラッカーたちと鍋を囲んで、一緒に夕食を食べつつ、その日に起こった出来事や彼らの村での様々な噂話に花を咲かせたものだ。そんなトラッカーたちとの関係が年々薄れてきている気がして、私は少し寂しい気持ちでもあった。

夜一〇時、寝る前に歯を磨こうとして、もう一度テントの外に出た。虫の声が聞こえてきた。日本の秋の虫のような鳴き声である。まるで夏休みが終わろうとしているかのようだった。その声を聞きながら、私は自身が夕ンザニアでチンパンジーの調査を始めたばかりの一九九五年の日々を思い出していた。

▼ 一九九五年のウガラ（ムゴンドルウェ）

一九九五年の一〇月三一日、その日私はトラッカーのエマと二人でウガラを歩いていた。その日の様子を紹介しよう。

この年は前年に引き続いての二度目のタンザニア訪問だった。私は、エマとアントニー・マテオ・ンキンキ（通称アントニー）というトラッカーと一緒に、ウガラで調査を行っていた。この日のキャンプ地も、前節で紹介したのと同じウガラ地域のングェ川のほとりである。ングェに定着して調査を行ったのはこの時が初めてで、まだ周辺の様子さえよく知らない状態だった。

この日の前夜にはチンパンジーの鳴く声がテントまで届いていた。声がした方角にはまだ一度も行ったことがない。今日はそちらに行ってみよう。目当ての場所は、当時はまだ名前もついていなかったが、後に「ムゴンドルウェ」と呼ばれるようになったングェ川の支流である。

朝八時〇〇分、アントニーをキャンプに残し、バッグに水筒とカメラを入れ、首に双眼鏡をかけて、エマとキャンプを出発した。この頃はまだＧＰＳを毎日は携帯していなかった。当時のＧＰＳは精度が悪く、現在地が表示されるまでには何分も（時には何十分も）かかった。おまけに大きさが弁当箱ほどもあり、毎日持っていくには重かったからである。ただ、幸いなことにタンザニアでは、五万分の一の地形図（等高線の入った地図）が販売されている。この頃は、ＧＰＳが普及する前の登山のように、地形図とコンパスを頼りに調査地を歩いていた。

まず、ングェ川の右岸を下り、後に「シセンシ」と呼ばれるようになったングェ川の支流を渡る。ここまでは既に何度か足を運んだことがあった。川辺林を通過する時に、常緑樹の枝がバサッと揺れる音がした。見上げると、サルが逃げていくシルエットが見えた。

疎開林では、アヌビスヒヒの群れが私たちを見つけて声をあげた。「ワン」という犬の鳴き声のような警戒音である。だがヒヒは好奇心旺盛だ。私たちとの距離をある程度は保っているものの、木の陰からこちらをきょろきょろと見て様子を窺っている。警戒心が強く私たちを見るとすぐに逃げてしまうチンパンジーとは大違いだ。チンパンジーもヒヒのように逃げないでいてくれたら調査がどんなに楽なことだろう。しかし残念ながらこいつらはヒヒである。ほうっておいて先に進むとしよう。

しばらく疎開林を歩いてゆくと、ムゴンドルウェ川に着いた。私たちは、時には川辺林の中を、時には川辺林を横目に見ながら疎開林のゆるい斜面を登って行った。

疎開林では下生えの草に足をとられるので、スタスタとは歩いて行けない。前節で常緑林内のケモノ道を紹介したが、疎開林にもケモノ道がついている所はある。疎開林のケモノ道をたどっていく時には、木の枝に頭がぶつかるのを避けてかがんだりする必要はほとんどない。しかし足首や膝に草が引っ掛かる。そう、落葉樹で構成される疎開林が常緑林と大きく異なるのは、疎開林の林床にはC４植物のイネ科やカリツリグサ科の草本が生えている点である。森の中では地面に下生えの草がそれほど茂っていない。鬱蒼と茂った木々の葉が太陽の光を遮ると、日陰になった林床にはイネ科草本は生育できないからだ。そんな常緑林と違って、疎開林では草丈一メートル程度の草本が茂っている。草丈は高い所では二メートル以上にもなる。そのため、道のついていない疎開林を進んでいく時には、森の中よりむしろ歩きにくい場所さえある。棘のある植物の生い茂った藪の中を突き進む時のような辛さはないものの、草をかき分けようとして一歩進むのさえ手間取る場所もあるくらいだ。

そこで、火をつけて草を焼いてしまうのが、私たちの常套手段だった。乾季には多くの草は枯れている。今日は一〇月三一日。乾季終盤で疎開林の草は乾ききっていた。毎日持ち歩いているライターでエマが枯れ草に火をつけた。背丈をはるかに越える炎をあげて、またたくまに野火が広がっていった。

「枯れ草を燃やすのは現地の環境に手を加えることになるからやめるべきだ」と思う人もいるだろう。ただ、樹木は幹が煤けるだけで、燃えたり枯れてしまったりはしない。また、こうした野焼きはタンザニア各地で昔から行われてきており、日本の里山のように、人間が手を加えることによって現在の植生が維持されてきた側面もある。それに、特に新しい場所でキャンプをする時には、少なくともテント周辺の草は焼き払っておく必要に迫られる。そうしないと、誰かがつけた火が燃え広がってきて、キャンプが火事になってしまう恐れがあるからだ。

草が燃え尽きた後の疎開林は、荒涼とした焼け野原となる。少し歩くだけでもズボンが上から下まで煤けて真っ黒になるほどだ。しかし、野火が燃え広がっていく様子は壮観である。夕刻や夜、遠く山の端が燃え続けている光景は、幻想的なまでに美しい。

そういうわけで、この日もエマと私は、せっせと疎開林の草を焼き払いながら、ムゴンドルウェの谷を登って行った。

九時三〇分、ムゴンドルウェの上流から「パォー」とアフリカゾウの鳴く声がした。「あっ、今日行く先には象さんがいる」と嬉しくなる。私たちはムゴンドルウェをさらに上流に向かった。

一〇時〇一分、川辺林内ですぐ近くの木がバサバサと音をたてた。屈んでそっと様子を窺うと、間近に親子連れのアフリカゾウがいた。そばには、さらにもう何頭かいる。五頭まで確認できた。藪のようになった川辺の常緑林内で、木をバサバサとなぎ倒しながら、何かを食べていた。

木々の葉が茂っているので見通しは悪い。ゾウたちは私たちの存在には気づかず、こちらに接近してきた。後方からはヒヒが「ワン、ワン」と警戒音を出す声がするが、ゾウたちは気にする様子もない。

一〇時三四分、動物臭がしてきた。確かにこれは動物園の象舎で嗅いだことのあるゾウの臭いと一緒だ。「これ以上テンボ（アフリカゾウ）が近づいてくると危ない」とエマが耳打ちした。国立公園にいる観光客に人慣れしたゾウとはわけが違う。いきなり人間を襲っては来ないかもしれないが、ここまで近づきすぎると危険のようだ。「引き返そう」と私が言うと、「それもダメだ。さっき火をつけちゃったから、向こうは今山火事状態だ」とエマが答える。「じゃ、進退きわまって絶体絶命ってこと？」前門の虎後門の狼である。

でも、考えてみれば、前に進めず後ろにも戻れないなら、横に逃げれば良いのであった。私たちは、そっと藪をかき分けて、少し下流に引き返した後、ムゴンドルウェの本流を離れた。

一二時二七分、ムゴンドルウェの支流を登りつめると、最後は高さ数メートルの崖に突き当たった。崖の直下には人が住んでいた形跡があった。はりだした岩の下、小さな洞窟のようになった所には火を焚いた跡があり、木の皮を丸めて水を貯めておけるようにした桶がころがっていた。岩壁には炭で大きく「我々の家」と書かれていた。

かつて人類が火を使うようになった頃、このウガラでもこうした場所で我々の先祖が暮していたかもしれない。では、そのずっと以前、チンパンジーと分岐して立ち上がった頃の人類は、何処でどのように暮していたのだろう。その生活は、今ここで生きるチンパンジーとはどのように異なり、どんな点は共通していたのだろう。私はそんなことに想いを馳せつつ、その住居跡を眺めていた。

私とエマはここで休憩する。ただし昼ご飯はない。数か月にわたるキャンプ生活の間にビスケットやチーズは食べつくしてしまった。夕食と朝食の主食はなくなると困ってしまうので、それらだけは残量を測って管理していた。しかし、おかずにする干魚や缶詰類も残り少なくなっていた。お腹もすいたことだし、今日はこれでキャンプに帰ろう。キャンプ地の近くで植生調査（一定区域内の樹木の種名や幹の太さを一本一本記録していく調査）をするのに適当な場所も探しておきたかった。

午後一時二八分、シセンシ川まで戻ってくると、川辺林の樹上にはブルーモンキーがいた。朝シルエットを見たサルは、きっとこのブルーモンキーだったのだろう。彼らはあまり広い範囲を動くわけではないようである。チンパンジーもそうだったら、調査がずっと楽なのにと思った。

夕方、日が暮れてしまう前に、キャンプの近くで植生調査の候補地を探した。エマと一緒にングェ川を二〇〇メートルほど下流に歩き、広がった川辺林の中に入った。すると、ニホンジカほどの大きさの動物が森の中でもがいていた。エマが急いで駆けよる。昨晩エマが仕掛けておいた跳ね罠にブッシュバックがかかっていたのだ。毎晩キャンプの近くからブッシュバックの鳴き声がするのを聞いて、エマはひそかに狙っていたのだろう。昨夜「こんな夜中にどこかへ出掛けているな」と思っていたら、エマはここでロープを使った跳ね罠を仕掛けていたのだった。

見事ブッシュバックを捕まえることができて、エマは大喜びである。体長約一メートル、体重二〇キログラムのメスだった。エマは、いつも持ち歩いているパンガ（刃渡り五〇センチメートルほどの山刀）で、ブッシュバックの首を掻っ切ってすみやかに絶命させた。

仕留めたブッシュバックを背中に担いでキャンプ地に戻ると、アントニーも大喜びだ。私の気持ちは微妙である。「今後はこのように野生動物を捕まえて食べることはやめるべし」とエマとアントニーに言い渡し、でもこのブッシュバックは焼き肉にして美味しくいただいた。久しぶりに食べる肉の味は実に美味しかった。

結局この日は、チンパンジーに出遭うことはできず、糞もベッドも見つからなかった。しかしそんなことにめげてはいられない。明日もがんばってチンパンジーを探すことにしよう。

以上が、二〇一一年と一九九五年のウガラでの私のフィールド・ワーク（現地調査）の様子である。しかし、「アフリカで野生チンパンジーの調査をしたい」と私が思い立ってから、こうした調査が実現するまでには、長い年月を要した。次章を読んでいただければ、それまでの経過をわかっていただけるであろう。

コラム①……タンザニアの食べ物（主食編）

「アフリカでは何を食べているのですか。イモムシやシマウマなんかも食べるのですか」とよく聞かれる。実は私は、タンザニアのキャンプ生活では、毎日米を炊いて「ご飯」を食べている。タンザニアの市場では精米された白米がごく普通に売られているのだ。だが、この答えにはがっかりしてしまう人もいるので、私は次のようにつけ加えることにしている。

村で食事をする時には、「ウガリ」を食べることが多い。タンザニア人にとって一番の主食はウガリであろう。ウガリの材料は「キャッサバ」という植物の芋である。キャッサバは、苗を植えて二年ほどすると、土の中に長芋のような形の芋を作る。それを掘り起こし、皮をむいてしばらく風にさらした後、杵でついて粉にする。このキャッサバの粉は「ミホゴ」と呼ばれる。鍋に湯を沸かし、中にミホゴを入れて、ゴボゴボと煮立つのをヘラでかき混ぜてゆく。適度に水分がとんで、鍋底が焦げてくるくらいになれば、出来上がりである。この状態になったものを「ウガリ」という。ウガリを片手に一握り取り、手でこねて一口サイズのだんご状にする。それに魚の煮込みなどのおかずをつけて口に運ぶ。

キャンプ生活で私がよく食べるのは、トウモロコシから作った「ウガリ」である。トウモロコシの粉は「センベ」と呼ばれ、機械で砕いた物を市場で購入する。料理方法はキャッサバの粉「ミホゴ」と同じで、出来上がった物はやはり「ウガリ」と呼ばれている。キャンプ生活ではウガリを作った鍋を囲んで数人が輪になって座り、それぞれが手を伸ばして食べてゆく。冷めるとおいしくない。また、冷めるのを待っていたら、自分の食べる分がなくなってしまう。だから、ウガリを食べる時には、あつあつのウガリを握るために、手を真っ赤にしながら熱さとの戦いである。

タンザニアでは、ウガリやご飯の他、サツマイモやジャガイモも食べるし、バナナも主食の一つである。調理用バナナは、芋に近い食感で、焼いたり煮込んだりして食べる。街の食堂では、主食をウガリ（キャッサバまたはトウモロコシ）、ご飯（米）、チップス（ジャガイモのフライド・ポテト）、バナナの中から選べることがある。ちなみに私はバナナはほとんど選ばない。主食にバナナを食べて、テザートにもまたバナナ（これは調理用ではなく、日本でよく売られているタイプのバナナ）が出てくる時があるからだ。

街ではパンやチャパティーを食べることもできる。しかし麺類はタンザニアの一般家庭には浸透していない。田舎では、市場でスパゲティを売っていることはあるが、ラーメンはない。そのため日本から持って行ったインスタント・ラーメンは貴重品である。最近はタイ製や韓国製のインスタント・ラーメンがダルエスサラームのスーパー・マーケットでは手に入るようになったので、それらを買い込んで行って、トラッカーたちにふるまうこともできるようになった。もっとおいしい日本のラーメンがアフリカに進出する日がいつかやって来るだろうと期待している。

第二章……タンザニア調査の始まり

私がアフリカでチンパンジーの調査をするようになった経緯は、次の通りである。

▼いつかアフリカへ

話は私が小学校二年生の頃に遡る。「将来の夢」というテーマで作文を書かされたことがあった。その時私は「野生動物の研究者になりたい」と書いている。動物と自然が好きだったからだ。

その作文を書いてから一〇年後の一九八二年、概ねすくすくと育った私は高校三年生になっていた。しかし、当時の私にとって、将来アフリカで野生動物を追いかけるなんてことは、夢のまた夢だった。大半の日本人にとっては、観光で外国に行くことさえまだ珍しい時代だった。今のようにインターネットで検索したりして簡単に情報が入手できる時代でもなかった。それでも私は、自分が手に入れた次のような頼りない情報から、「アフリカで野生動物の調査をする夢を実現させるには、サルの研究者になろう」と考えた。

当時私が好んで読んでいた本の一つに、西丸震哉の書いた『山歩き山暮し』や『山だ　原始人だ　幽霊だ』などのエッセイがあった。「いずれ就く職業が何であれ、彼のように何らかの研究テーマと自分が好きで得意とする分野を上手くつなげることで、「仕事」と「探検」を自分の人生の中で実現できれば良いなぁ」と、私は自分の遠い未来を思い描いていた。

本多勝一が書いた極限の民族三部作『カナダ＝エスキモー』『ニューギニア高地人』『アラビア遊牧民』も、当時私が心躍らせて読んだ本である。この三部作を読み終えた私は、次に本多勝一の処女作『憧憬のヒマラヤ』が近所の本屋で売られているのを見つけて手に取った。その後書きに、私の将来を決める上で大きなきっかけとなる事柄が記されていた。

『憧憬のヒマラヤ』は、全国に先駆けて京都大学で探検部を創設した本多勝一が、ヒマラヤを訪れた記録である。この本には吉場健二という人物が登場する。本多勝一と共にヒマラヤに出かけた探検部の同僚である。そして、本の後書きには、「霊長類生態学の学究となった吉場君は、インドやボルネオで野外研究をすすめていて、その成果がこれから実をむすんでゆこうとしている」と書かれていた。それを読んだ私は「なるほど、霊長類を研究する道に進めば、外国で野生動物の調査に携わることができるかもしれない」と思った。当時霊長類学は日本が世界に誇る研究分野の一つであった。「アフリカで野生動物を追いかけるには、チンパンジーを研究するのが日本人の私にはベストかもしれない」と、高校生の私は考えたわけである。

そういえば、愛知県の犬山市には「日本モンキーセンター」があり、世界中から集められた様々な霊長類が飼育されている。私が住んでいた岐阜市からは名鉄電車で三〇分の道のりだったので、子供の頃両親に何度か連れて行ってもらったことがあった。飼育係または獣医となってこの動物園で働くことができれば幸せである。野生動物の研究者になることと並んで、これも当時の私のひそかな人生設計であった。

ただ、霊長類研究者となった吉場健二が所属していたのは、日本モンキーセンターの隣にある「霊長類研究所」だった。飼育されている動物ではなく、野生動物の調査に携わろうとするなら、むしろ霊長類研究所に入るべきかもしれない。霊長類研究所は京都大学の施設である。京都大学の学生になったからといって、霊長類研究所の大学院生になることができ、さらにそこに就職できるとは限らない。だがまずは京都大学に行ってみよう。そう私は決意した。高校三年の春のことである。

ただし、問題は、京都大学に入学するのは結構難しいことだった。おまけに、生物学専攻が含まれる理学部は、数学や物理学を専攻しようとする学生をまとめて募集しており、京都大学の中でも理学部の偏差値はなかなかに高かった。「将来物理学者になってノーベル賞を取ろうなんて考えている受験生とは入試枠も別にしてくれれば良いのに」とうらめしく思った。でもしょうがない。ここに至って私は初めて本気で勉強することにして、一年浪人した末になんとか京都大学の理学部に入学した。

入学直後の四月にはさっそく本多勝一が属していた探検部の部室にも行ってみた。ただ、私は探検部には入らず、京都バックパッキングクラブ「ランブル」という山歩きのサークルと、探検部の隣に部室があった美術部に入り、そこで学生時代の多くの時間を過ごした。

ちなみに、大学の学部生時代には、私は遊びほうけていてほとんど勉強をしなかった。そのため大学院には一次試験で落ち、学部生活を五年間送った。大学院の定員数が少なかった当時は、大学院入試も結構難しかったのである。だが、これまた一年間浪人して試験勉強し、翌年の春には霊長類研究所の大学院生となった。

▼いざタンザニアへ

「霊長類研究所に入ったら、すぐにでもアフリカで大型類人猿を研究したい」という希望を私は抱いていた。大型類人猿は、チンパンジー（*Pan* spp.）、ゴリラ（*Gorilla* spp.）、オランウータン（*Pongo* spp.）の三属。オランウータンはアジアに、チンパンジーとゴリラはアフリカに住んでいるので、アフリカで調査するならチンパンジーかゴリラである。

チンパンジー属には、コモンチンパンジー（または単にチンパンジー）（*Pan troglodytes*）とピグミーチンパンジー（*Pan paniscus*）の二種がいる。ピグミーチンパンジーは、日本や欧米では「ボノボ」という名称でも知られている。ただしこの呼び方は彼らが生息しているアフリカでは通じない。「ボノボ」という名称は、この生き物の標本が初めて運び出された村の名前に由来すると言われているが、その村の名は「ボロボ」なので、そもそも間違って伝わっている。現地では、彼らは（複数形で）「ビーリャ」と呼ばれている。本書では「ビーリャ」と呼ぶことにしよう。

ビーリャはコンゴ川の南岸にのみ生息しており、その調査をコンゴ民主共和国（当時の国名はザイール共和国）で進めていたのが、当時京都大学霊長類研究所の教授だった加納隆至さんである（加納 1986）。私は霊長類研究所に入った時点で、ビーリャを見るためにすぐにでもアフリカに飛んでいきたいと思った。しかし、当時の霊長類研究所の大学院生は、博士（後期）課程になってからでないとアフリカには連れて行ってもらえなかった。修士課程の二年間は、まずニホンザル（*Macaca fuscata*）を研究対象とするのが一般的だったのである。「まずはニホンザルの調査をしつつ、日本で研究者としての訓練を受けなさい」という方針だったのだろう。

だが、チベットモンキー（*Macaca thibetaba*）というサルを調査するならば、修士課程からすぐに和田一雄さん（当時京都大学霊長類研究所助手）に中国に連れて行ってもらえるという話になった。そこで私は、修士課程の一年目から中国に住み込んで、チベットモンキーの観察を行った。博士（後期）課程でも引き続きその研究を続け、一九九四年の四月にはその成果を学位論文にまとめられる状態になっていた。

チベットモンキーの観察はおもしろく、まだまだその研究を続けたい気持ちもあった。しかし、「アフリカでの野生動物の調査をしたい」という子供の頃からの夢はあきらめられない。そこで当時霊長類研究所の先輩だった三谷雅純さん（兵庫県立人と自然の博物館、兵庫県立大学自然環境科学研究所教授）に「アフリカにぜひ連れて行ってほしい」と頼んでおり、コンゴ共和国に行く計画が進んでいた。しかし、それが現実のものになるかと思われた一九九三年、コンゴ共和国の政情と治安が悪化し、私のアフリカ行きは一旦断念せざるを得ないことになったのである。

では、コンゴ共和国のお隣にあるコンゴ民主共和国（当時はザイール共和国）はどうかというと、これまたひどい状況であった。内戦状態のため、加納さんが長年ビーリャを調査してきた地域に外国人研究者が入ることは難しくなっていた。そこで、加納さんを初めとしてそれまで主にビーリャを調査してきた人たちは、これを機会に他の国で調査を始めた。ビーリャはコンゴ民主共和国にしかいない。となると、アフリカの他の国でチンパンジーあるいはゴリラを調査することになる。

加納さんはアフリカの新たな調査地で類人猿の研究を始めようという人を募集し始めた。ある日加納さんに「行ってみーへんか」と言われ、私は速攻で「行きます」と答えた。

すると「では、どこか行きたい場所を選びなさい」と言われた。昔からチンパンジーやゴリラの調査を記した本はいろいろと読んできた。しかし、「行きたい場所」と言われても、既に調査地として確立されていたマハレ山塊国立公園のような場所を除くと、「さて、どこに行けば良いものやら」という感じであった。そうこうしているうちに数日後、「小川君はタンザニアのウガラ地域に行くことになっているよ」と加納隊のメンバーに言われた。

ウガラは、チンパンジー分布域の東限であり、最も乾燥したチンパンジー生息地の一つである。タンザニアにおいてチンパンジーは概ねタンガニイカ湖から数十キロメートルの範囲に生息している。ウガラはそこから東に張り出した位置にあり、タンザニアのみならずアフリカ全土のチンパンジー分布の東端となっている。乾季が長く、乾季終盤にはほとんどの川は干上がってしまう。まばらに低い木が生える疎開林が面積の大半を占める。そんな環境で暮しているチンパンジーの生態研究は、かつてチンパンジーと分岐後やがてサバンナへと進出していった初期人類の生活様式の復元に大きな役割を果たすだろう。ウガラでチンパンジーの調査を行う重要性は、多くの霊長類研究者が認識していた。しかし、ウガラのチンパンジーの生息密度は非常に低く、行動域は広大だと言われている。また乾燥地帯ウガラでは、乾季には飲み水を確保するのさえ難しい。

一九六〇年代には、タンザニアでのチンパンジー調査に加わっていた何人かの日本人研究者がウガラに入っている。一九六六年には、伊谷純一郎さんと加納さんが歩いてウガラを縦走し、苦難の末ウガラ川に到達した。しかし、それ以来、ウガラを訪れる研究者はほとんどいなくなっていた。一九七五年に西田さんがマハレのトラッカーを連れてウガラを縦走したことがある。一九八九年にはエディウス・マサウエ（マハレ山塊野生動物研究所）が広域調査の一環でウガラの西を走る道路を通過している。また乾燥疎開林のチンパンジーに興味を持ったジム・ムーア（カリフォルニア大学サンディエゴ校教授）が一九九三年などに短期的にウガラを訪れている。しかし、この三〇年間にウガラで調査を行った研究者はわずかこの三人だけであり、いずれも短期間の滞在だった。ウガラではチンパンジーの長期調査は一度も行われていなかったのである。

後日聞いた話では、そんなウガラに好んで行こうとする人は加納隊の中に誰もいなかったそうだ。調査は難航し、キャンプ生活も過酷なものになることが目に見えていたからである。手を挙げたのは伊谷原一さん一人であったらしい。「じゃ、小川はここに入れとけ」となったのだった。

そうやこうやで遂に念願が叶い、私は一九九四年の七月から伊谷原一さんと共にタンザニアに行くことになった。一一月からはさらに三谷さんとコンゴ共和国にも行ける日程になった。アフリカに、しかも二か国両方に行けるのは嬉しいかぎりだ。計画は急速に具体化していった。

ただし私はその前に学位論文（博士論文）を完成させてしまわなくてはならなかった。チンパンジーに関する論文を読む時間はほとんどとれなかった。また、タンザニアではスワヒリ語を、コンゴではリンガラ語かフランス語を話す必要がある。それらを勉強する時間もほとんどとれないまま、出発日はまたたくまに近づいてきた。

出発の二日前、私の所属する霊長類研究所社会生態部門の人たちが壮行会を開いてくれた。ところが、送りだされる本人でありながら、私はその壮行会にも大遅刻する有り様であった。どうしてもはずせない用事を終えて私が犬山市の研究所に戻った時には、時計の針は既に夜一〇時をまわっていた。加納さんに「もう酔っ払ってしもうたから、言っておくべきことも忘れてしまった。まぁ、気をつけて行って来い」と言われ、壮行会はそれでお開きになった。まったく申し訳ない。

着ていく服さえ、まだ買っていなかった。翌日通りかかりの店に飛びこんで作業ズボンを買った。裾をつめる時間もないので、ハサミでジョキジョキと切ってすました。「もう出発準備は整わないのではないか」とあせりつつ、また周囲の人々にも心配されつつ、最後に双眼鏡をザックにぶち込んだ。

そして翌日、愛知県犬山市の下宿を出て、成田発の飛行機に乗るために、私は東京へ向かった。一九九四年七月一三日の午後一〇時、名古屋発の夜行バス「ドリーム号」であった。

七月一四日の朝六時、東京駅。伊谷さんと待ち合わせて空港に向かい、成田発のエアー・インディアのＡＩ三〇七便で日本を飛び立った。インドのムンバイ（ボンベイ）で一泊。翌七月一五日、私たちを乗せたＡＩ二〇九便は東アフリカの玄関ケニアのナイロビ空港に着陸した。飛行機の窓から外を眺めると、滑走路の脇にいかにもアフリカらしい枝ぶりのアカシアの木が見えた。これが私にとって初めてのアフリカだった。

そして七月二〇日、今度はエアー・タンザニアの飛行機で、遂に私はタンザニア東海岸の街ダルエスサラームに降り立った。

▼でもウガラにはなかなか着かない

しかし、タンザニアに着いたからといって、目指す調査地ウガラへの道のりはまだ長い。タンザニアで野生動物の調査をするには調査許可（リサーチ・パーミット）と在留資格（レジデント・パーミット）を取得する必要がある。調査許可証を発行する政府機関の科学技術省（COSTECH: Tanzania Commission for Science and Technology）と、在留資格を得るための入国管理局（イミグレーション・オフィス）は、いずれもダルエスサラーム市内にあった。私と伊谷さんは街中のホテルに宿泊し、毎日お役所通いを続けた。だがそんな話は読者も退屈だろうから省略しよう。七月二〇日から延々と待たされること一週間、七月二七日にようやく私たちは調査許可と在留資格を取得できた。これで調査地に向かって出発できる。

でも、チンパンジーの生息地はまだ遠い。チンパンジーが生息するタンザニア西部のウガラ地域までは、タンザニアの東端ダルエスサラームから中央部の悪路をまっすぐ突っ切っても約一五〇〇キロメートルある。一部が舗装道路となっている北周りや南周りのルートを通ると二〇〇〇キロメートル以上の道のりだ。ダルエスサラームからタンザニア西端キゴマという街までは国内線の飛行機が飛んでいる。しかし、その先キゴマからチンパンジーの生息地に入っていくことを考えると、自分たちの車がほしかった。そこで、ダルエスサラームで自動車を手に入れ、その車でダルエスサラームからキゴマまで延々二〇〇〇キロメートルの道のりを走って行く計画であった。

手に入れた車は中古のトヨタ・ハイラックス。ダルエスサラームに住んでいる根本利通さんに手配してもらった。根本さんは、京都大学文学部史学科で東アフリカの歴史を専攻し、アフリカに渡ってダルエスサラーム大学に留学した後、そのままタンザニアで暮すようになった人である（根本 2011）。タンザニアで野生動物や現地の人々を調査する研究者に、様々な手助けをしてくれていた。私は勿論、それまでコンゴ民主共和国でビーリャの研究を進めてきた伊谷さんも、タンザニアで調査するのは初めてである。そんな私たちにとって、根本さんのような人がダルエスサラームに住んでいるのは、非常に心強かった。なお、根本さんは、一九九九年には現地でJATAツアーズという旅行社を立ちあげた。単に日本とタンザニア間の航空券を手配したり、キリマンジャロやセレンゲティー国立公園などへの案内を引き受けたりするだけではない。タンザニアの農村の民家に滞在し人々との交流を楽しむプランを盛り込んでいるのがJATAツアーズの大きな特徴だ。根本さんには、一九九四年の調査開始から現在に至るまで、様々な面でお世話になり続けている。

八月一日の午後二時四五分、私は伊谷さんと二人で遂にダルエスサラームを出発した。タンザニアを端から端まで横断する車の旅である。

初日は午後から半日走ってモロゴロ泊。翌二日の六時四〇分、モロゴロ発。バオバブの木を両脇に、地平線までまっすぐ道路が続いている。八時四〇分、タンザニアの首都ドドマを通過。ここまでは道路が舗装されていたが、この先は未舗装だ。

当時私の日本での愛車はスズキのジムニーだったので、未舗装の林道を走った経験はあった。日本の林道と比べると、タンザニアの道路は（幹線道路であれば）道幅はそれほど狭くない。しかし、タイヤが埋まってしまうような砂地や、時速三〇キロメートル程度でしか走行できないような凸凹道が、タンザニアではひたすら続く。こうした旅の詳細は、また後で紹介することにしよう。

三日目はシンギダという街で泊り、四日目はキボンドという村で泊り、四泊五日かけて、とにかく私たちはタンザニア西端の街キゴマにたどり着いた。八月五日、キゴマのホテルで、タンガニイカ湖に沈む夕日を見ながら、伊谷さんと乾杯である。

キゴマはタンガニイカ湖に面した港街である。街から一〇キロメートルほど南にウジジという村があり、イギリスの探検家スタンレーが、行方不明になっていた探検家リヴィングストンと一八五八年に対面を果たした場所として有名である。しかし私たちには観光気分でその記念碑を訪れている余裕はなかった。翌日は買い物。キゴマの市場で塩、油、野菜などの食料品を買いそろえた。当時は私も伊谷さんもスワヒリ語を話せなかったから、ジャガイモ一個買うだけでも一苦労である。それでもホテルと市場を何度か行き来して、買い出しが終わった。すべての荷物を車に詰め込むとかなりの量になった。

八月八日の朝八時〇〇分、いよいよウガラに向かって出発だ。「ここまで行こう」という明確なプランはない。とにかくタンガニイカ湖畔から東の内陸部へと入っていき、午後二時二〇分、まずはウビンザに着いた。ここでは岩塩が採れるので、塩田や塩を精製する工場で働く人たちによって街が形成されている。加納さんの一九六〇年代の分布調査によると、このウビンザがウガラ地域の北西端にあたる。ウビンザにはタンガニイカ湖に注ぐ最大の河川マラガラシ川が流れている。マラガラシ川には橋が架かっており、それを南に渡ると、ムパンダという街まで「ムパンダロード」と呼ばれる幹線道路が延びている。即ち、ウガラの北の境界がマラガラシ川、西の境界がムパンダロード。マラガラシ川とムパンダロードが交差する地点ウビンザにいる私たちは、ウガラ地域の北西端に立っていることになる。

私たちはマラガラシ川を渡ってムパンダロードを南下した。道の左手、東側がウガラ地域である。「どこからウガラに入って行こうか」と思いつつ車を走らせる。

ウビンザを出て一〇分の所に小さな村があった。後で知ったところでは、ブエンジ村である。今にして思えば、この村に車を停めて、「この近くにチンパンジーはいないか」などと村人に話を聞いておけば良かった。そうすれば、この年の調査は全く違った展開になっていたかもしれない。だが、持ってきた地図を見ると、ムパンダロード沿いには村の印がたくさん記されている。私たちは「もう少し走った所にある村で聞いてみよう」とブエンジ村を素通りした。

ところがその先は、いくら走っても、次の村は出てこなかった。ムパンダロード沿いの村はすべて消滅していたのである。かつてウガラ地域には「トングェ」と呼ばれる民族が幾つもの小さな集落を作って暮していた。それらの村はムパンダロード沿いにも点在していたはずである。しかし、一九七〇年代初めに行われた政府による半ば強制的な移住政策のために、それらの人々は他の地域へ引っ越すことを余儀なくされていた。そのため、以前ウガラにあった村々は、私たちがタンザニアを訪れた一九九四年にはすべて消滅していたのである。蜂蜜採り（野生の蜜蜂の巣を探して採る）や漁労（釣りや網漁）や密猟（跳ね罠やライフル銃を使った狩猟）のために一時的に訪れる人たちしかいなくなり、ウガラは半無人地帯となっていた。

「どうしようか」と、ムパンダロードを走り続けているうちに、日が暮れてしまった。まだ今日の寝場所すら定まらないまま、真っ暗闇の中を走り続けている。調査一日目にして、いきなりこのありさまだ。村はない。すれ違う車も、人影もない。

走り続けていくと、三叉路にさしかかった。標識はない。でも地図によると、その三叉路を西に進めばミシャモという小さな街があるはずだ。その街まで消滅していることはなかろう。しかしミシャモは目指すウガラとは反対側である。そちらに向かうのはやめておこう。

さらに車を走らせると、暗闇の中に今度は東側、即ちウガラ地域の方向に一本の脇道が延びていた。実は私の持ってきた地図の一つには、その付近から道路を示す線が描かれていた。そこからならウガラ側に入っていけるかもしれない。そう思いながら、左手を注意して見ていたのである。先ほどと同じく標識も何もない。しかしGPSの示す位置からすると、ここが地図に示されている分岐点ムパンドレに違いなかった。

車を脇道に入れ、数十メートル走った所で停車した。今日は朝からずっと走り続けだ。車の距離メーターは、朝キゴマを出てから一〇六キロメートル走ったことを示していた。ここまでは、未舗装の悪路とはいえ、ウビンザとムパンダという街を繋ぐ幹線道路である。しかし、この脇道の先は、どんな状態なのか見当もつかない。暗闇の中を突き進むのは危険だ。初日の今日は、ここでキャンプすることにした。

車の荷台からテントを取り出して張り、車に積んできた水をヤカンに移してお湯を沸かす。伊谷さんが懐中電灯を照らして、周囲にヒョウなどが潜んでいないかをチェックした。

翌八月九日の六時三〇分、起床。八時三〇分、私たちはとにかくウガラの中へと入っていった。慎重に車を運転してゆくと、道は蛇行しながら北北東へと延びていた。

後にわかったことであるが、一九九〇年代に入ってからタンザニア西部一帯では商業用に樹木を伐採することが盛んになっていた。木こりたちは簡単な小屋を造って現地に数週間滞在し、手引き鋸で板を作っていく。その板をトラクターやトラックで街に運び出すために、ウガラ各地に林道が切り開かれていたのである。研究者としてはチンパンジーにとっても大切な樹木をむやみに切り倒してほしくはないが、皮肉なことに伐採用の林道のおかげで、私たちはウガラの内部にまで車で入り込んでいくことができたのである。

途中、峠を越えようという所で、川辺林の一番上流部にあたる常緑樹にチンパンジーのベッドがあるのを伊谷さんが見つけた。遂にチンパンジーの生息地に着いたのだ。

さらに車を進めると、午後四時三〇分、廃村らしき場所に突き当たった。川辺に崩れかけた掘っ立て小屋がある。さらに先に進もうとして川辺林内に車を入れてみたが、残念ながら道はそこで行き止まりだった。道自体は続いているのだが、車では川を越えられなかったのだ。乾季の今水は流れていない。しかし、道と川底には一メートルほどの段差があり、車ではその段差を越えられなかった。以前は橋が架かっていたらしいが、既に朽ち果てて落ちていた。

ウガラ二日目のこの晩は、この廃村で泊ることにした。しかし私たちには大きな問題があった。水がないのである。洗濯や水浴びをするための水どころか、飲み水すらない。持ってきた五リットルのプラスチックボトルの水は明日には飲みつくしてしまうだろう。川底の砂は完全に乾いていた。今日ここまで来る途中には、一度だけ水の流れている小さな沢を通過した。それ以外にはこの乾ききった大地のどこに水があるのか、当時の私たちには全くわからなかった。

翌八月一〇日、私たちはやむをえず昨日入って来た道を引き返し、昨日見つけた唯一の水場で泊った。この沢は、後に地図を見ると、シャングワ川の上流部にあたっていた。

八月一一日、私たちは、一旦ムパンダロードまで戻ってムパンダ近くまで南下し、そこからウガラ川を目指すことにした。ウガラ川の本流なら、いくらなんでも水はあるだろう。ムパンダロードをしばらく南へ走ると、ニエンシ川（ニアマンシ川）のそばが三叉路になっていた。木の板で作られた標識が立っており、「ウガラ川まで三二キロメートル」と書かれている。その脇道を東へ向かってウガラ川を目指す。

午後二時、ウガラ川に到着。満々と水を蓄えたウガラ川を見渡すと、前方に橋が見えた。タボラとムパンダを結ぶ鉄道用の橋である。橋のたもとにはウガラ駅があり、周辺は村になっていた。村人たちに聞いてみると、林道はここからウガラ川沿いに北へと続いているらしい。ウガラ川で水を補給し、私たちはその道をたどってみる。

林道は、ウガラ川本流からは少し離れて、疎開林の中に延びていた。ウガラ川の支流ニエンシ川（ムパンダロートの三叉路近くにあるニエンシ川の下流にあたる）を渡る。夕方四時五二分、二本目の川ブコンベ川で車を停めた。川の水はきれいとは言い難いが、今日はここでキャンプである。

八月一二日、残念ながら周囲にチンパンジーが生息している気配はなかった。八月一三日、私たちはブコンベ川を北に渡り、さらに奥地へと進んだ。三本目の川はムトンゲシ川。水は流れておらず、川底に水たまりが点在する状態だった。ムトンゲシ川を渡った所で、道は下流と上流に分かれていた。下流へ進めばウガラ川本流に出るだろう。上流に進めば昨日ベッドを見つけた方に近づいて行くことになる。私たちは上流に向かった。

ムトンゲシ川に沿った道を上ってゆくと、やがて林道は行き止まりになった。車を停めて付近を歩いてみる。アフリカゾウの糞がたくさん落ちていた。ウガラ駅の村からは既に相当離れているから、ここまで来れば野生動物がたくさん生息していて不思議はない。来る途中にも、キイロヒヒ、コモンダイカ、アフリカハゲコウ、アカオザルなどを見かけていた。

翌日以降にはバッファローやローンアンテロープにも出くわした。そして川辺の常緑林内にチンパンジーのベッドもたくさん見つかった。伊谷さんと握手である。チンパンジーはどんな木にベッドを作っていたのか。樹木の種名を後で植物学者に教えてもらうため、枝切り鋏(はさみ)で枝の先を切り取って新聞紙にはさみ、植物標本を作製した。ここにしばらく滞在すればチンパンジーに遭えるかもしれない。そう期待が持てた。しかし、悲しいことに、ここにも水はなかった。

八月一四日、持ってきた水を飲みつくしてしまった私たちは、一旦ムパンダの街に出ることにした。市場で二〇リットル入りの大きなポリタンクを幾つか買い、それを車に積み込んで戻って来よう。車も修理する必要があった。九時〇〇分、ムトンゲシ川のキャンプ発。悪路を引き返すこと十数時間、その日は夜九時三〇分を過ぎてようやくムパンダに着いた。ムパンダではホテルに泊り、久しぶりにビールを飲んだ。ただし、水道の水は止まっており、部屋のドラム缶に貯めてあった水を使って水浴びをするしかなかった。

八月一六日、車を修理し、体勢を立て直して、九時〇〇分にムパンダ発。午後一時、私たちはブコンベ川まで戻ってきた。川辺にテントを張ろうとしていると、その時、上流から丸木彫りの小さな舟に乗って一人の男が現れた。男の名はオスカ・シグル。「トングェだ」と言うから、かつてウガラに住んでいた民族である。この日まではは伊谷さんと二人だけでやみくもに移動してきたが、やはり調査を手伝ってくれる現地の人間が必要である。いきなりではあるが、彼に一緒に来てもらおう。給料の相場もわからないので、「一日五〇〇シリング（同時の為替レートで約一ドル）でどうだ」と聞くと、あっさり「いいよ」と言ってくれた。オスカを車の後部座席に乗せ、私たちはチンパンジーのベッドがあったムトンゲシ川上流部に再び向かった。

それから数日間、私たち三人はムトンゲシ川周辺を歩き回った。岩場をクリップスプリンガーが駆けていった。疎開林をキイロヒヒの群れが歩いていくのは何度となく見た。アフリカゾウもウォーターバックもいた。しかしチンパンジーはいない。新しいベッドは幾つか見つけたものの、チンパンジーに出遭うことは一度もできなかった。夜にはライオンの吠え声やハイエナの「ウィー」という鳴き声がテントにまで聞こえてくる。しかし、チンパンジーの声が聞こえてくることは、一度もなかった。

八月二二日にはムトンゲシ川の下流部にも行ってみた。ウガラ川本流近くまで来ると、付近には平坦地が広がっていた。樹木はほとんど生えておらず、樹高も低い。そんな開けた場所にもサバンナモンキーはいた。サバンナモンキーは、人がまったく住んでいない純粋な自然よりも、むしろある程度人の手が入った畑の近くを好むと言われている。実際地図によると、そこは昔イガルラという村があった場所だった。所々に廃屋があり、タバコ畑の跡があった。近くのだだっ広い草地はまるで飛行場のようだ。これほど開けた場所にまでは、さすがにチンパンジーは出て来ないかもしれない。私たちはウガラ川本流から再び離れ、西の丘陵地に登って行く道を進んでみた。その前にウガラ川で水を補給しようとすると、カバが水面から目と鼻を出して私を眺めていた。

翌八月二三日、依然としてチンパンジーは見つからない。「もう少し先に行けばいるかもしれない」と、さらに車を走らせる。そうしてあちこちを訪れるうちに、途中で出会った何人かの木こりたちに「ソクェ（スワヒリ語でチンパンジーのこと）ならブカライにたくさん住んでいるよ」と教えられた。だが「ブカライ」という地名はどの地図にも載っていない。一体「ブカライ」は何処にあるのだろうか。まるでゴダイゴが西遊記の主題歌に歌った「ガンダーラ」のようである。「ブカライに行けばチンパンジーに遭える」行く先々でそうした噂を聞くうちに、「ブカライ」という言葉は多くの野生動物たちが幸せに暮す幻の地のような響きを伴って、私たちの耳に入って来るようになっていった。

しかし、ある場所まで入り込むと、遂に「この先にはソクェ（チンパンジー）はいない」と言われた。そのまま六〇キロメートルほど西へ進めば、ウガラの北西端ウビンザに戻れるかもしれなかった。しかし時間切れだ。ここまでである。伊谷さんの帰国予定日が迫ってきていた。私たちは入ってきた道を引き返し、一旦ダルエスサラームへ戻らざるを得なかった。

八月二三日、ウガラ駅の村まで戻り、オスカの姉の家の前にテントを張らせてもらう。残念ながら村ではビールは手に入らなかったので、地酒で我慢である。

二四日の朝、オスカに別れを告げ、ウガラ駅からムパンダへ。ここまで南に来たので、キゴマまで戻るのは一苦労である。帰りは南周りでダルエスサラームへ戻ってみよう。ムパンダをさらに南下してスンバワンガへ。スンバワンガから一路東へと幹線道路を走る。伊谷さんが夜通し運転し、二五日の午後三時三〇分、モロゴロ着。二六日にはダルエスサラームへと戻ってきた。車の走行距離メーターを見ると、八月一日にダルエスサラームを出発して以来、四二二七キロメートルを走破していた。

▼ブカライへの道はまだ遠い

さて、伊谷さんは帰国してしまうので、その後私は一人でウガラに向かうことになる。そのためには、またしてもタンザニアを端から端まで二〇〇〇キロメートル走って行かねばならない。初めて訪れたアフリカで、旅の途中には誰も知り合いはいない。というより、村すらないウガラに一人で向かうわけである。そんな私を心配しつつ、伊谷さんは八月三一日に帰国していった。

翌九月一日、私はダルエスサラーム大学に行ってみた。植物学研究室に植物標本を持っていき、同定(種名を判定してもらうこと)してもらうためである。ダルエスサラーム大学に面識のある研究者はいなかった。だがホセ・カユンボさん(ダルエスサラーム大学動物学研究室教授)の名前だけは教えてもらっていた。カユンボさんは西田さんをはじめとするマハレのチンパンジー研究者たちとも親しいらしい。私はカユンボさんを探しあて、サルの研究をしているという人を紹介してもらい、その人からさらに植物学者を一人紹介してもらった。紹介されたのは、その日たまたま研究室に来ていたフランク・ムバゴ(ダルエスサラーム大学植物学研究室大学院生)。私は、彼に植物の同定を頼んだ際に、「一緒にウガラに行かないか」とダメもとで誘ってみた。すると、「ちょうどゴンベに行く予定もあるし、一緒に行こう」とフランクは答えてくれた。ペーパー・ドライバーだが車の免許も持っているらしい。とんとん拍子に話は進み、私はフランクと一緒にウガラに向かうことになった。

九月六日の六時〇〇分、起床。出発だ。前回は、行きは北周り、帰りは南周りで戻ってきた。今回は、南周りでウガラを目指す。まずはダルエスサラーム郊外でフランクを拾う。そして七時三〇分、私とフランクはダルエスサラームを後にした。一一時、モロゴロ通過。ミクミ国立公園を通り抜けて、午後四時、イリンガ着。一日目は無理をせず、この街で泊った。ここまではすべてが順調だった。ところが、旅の二日目、九月七日の夕方から、事態は悲惨なことになっていった。事故で車が大破してしまったのである。

九月七日の八時〇〇分、イリンガ発。交替で車を運転しつつ、ムベヤを経由。午後三時、トゥンドゥマ着。ここから先、道路は未舗装となる。そして、スバワンガという街にもうすぐ着こうかという夕刻、車を運転していたフランクが下りの斜面でハンドルをとられた。つまり事故といっても、運転を誤って自分でひっくり返ったわけである。「横転する？　まさか」と動揺した瞬間から、私の記憶はしばらく飛んでいる。

何分か、それとも何十分か気絶していたのだろうか。どうやって車から這い出したのかも覚えていない。気づいた時には、車の傍らにフランクが呆然と立ちつくしていた。「三回転した」とフランクは言った。グルグルと回りながらも数えていたらしい。車の荷台に積んであったキャンプ用品が辺り一面に散乱していた。その光景だけが、とぎれとぎれの記憶に残っている。

赤色のトヨタ・ハイラックスの屋根部分は、真中が完全につぶれてマクドナルドの店の看板のようにM字になっていた。この車を走らせてスンバワンガまで戻ることは、とてもじゃないが無理である。やむをえずヒッチハイクをする。タンザニアでヒッチハイクなんて、そう簡単には成功しない。だが、予備のディーゼルをポリタンクに積んでいたので「燃料費はこれで払う」と言ったことと、事故の悲惨さを見て、通りかかった人が車に乗せてくれた。日が暮れかける中を四〇分走ると、スンバワンガの街に着いた。

警察署で事情を話そうとすると、「まずは病院へ行け。隣だ」と言われた。見ると服に血がついていた。病院では耳を三針縫ってもらったが、幸いその他は擦り傷ですんでいた。念のためにと破傷風の注射を打たれ、また警察署に戻り、一通り事故の報告が終わると、私とフランクは宿の部屋までよろよろと歩き、二人してベッドに倒れこんだ。

ちなみに私はその後二年間ほど時々首が痛かった。むち打ち症というやつであろう。しかしやがて回復し、ブリッジをしても大丈夫になった。別に私はレスラーではないので、ブリッジをする必要は特にないのだが。

翌日から私とフランクは事故処理のためにスンバワンガを右往左往することになった。泣きそうな気分である。だが、ウガラに入るためには、大破した車を直さなくてはならない。

壊れた車は、借りた他の車でスンバワンガまで引きずって来て、ジュマという男の営む修理工場に出した。しかし数日ではとても直りそうもない。そこで私は、車が直るまでの時間を利用して、マハレ山塊国立公園に行ってみることにした。フランクもともとゴンベに行く予定である。泊っていた宿のオーナーに紹介してもらい、ベンベラというアラブ系の男に車を手配してもらった。そのレンタカーをベンベラの親戚に運転してもらい、フランクと共にキゴマに向かった。

九月一一日、スンバワンを出発して、ムパンダロードを北上。ところが、途中で一泊することになったムパンダの街では、コレラが流行っていた。コレラの感染は四日前から深刻な状況になり、昨日は四〇人が病院に担ぎ込まれたそうだ。ますます泣きそうな気分である。「食堂で食事をするのは危険だ」とフランクが言うので、彼の知人の家で食事をし休ませてもらった。

九月一二日の九時三〇分、ムパンダを出て、ムパンダロードを一途北上。夕暮れ時に道の前方をライオンが悠然と横切って行った。ウビンザを通過し、夜一〇時にキゴマ着。

キゴマではMMWRC（Mahale Mountains Wildlife Research Center：マハレ山塊野生生物研究所）のダイレクターであるエディウス・マサウエに協力してもらった。マサウエとはこの時が初対面だったが、その後調査の合間にキゴマに来るたびに会い、数年後には一緒に調査に出かける仲にまでなる。マサウエに促され、私はマハレの船キクンゲ号に乗った。ここからは船による一人旅である。この船旅の詳細は別の機会に譲ろう。

私がマハレ山塊国立公園に着くと、中村美知夫君（当時京都大学大学院理学研究科の大学院生。京都大学野生動物研究センター准教授）がチンパンジーの観察をカンシアナで行っていた。カンシアナには私の調査地ウガラよりずっと深い常緑林が発達している。カンシアナは標高二四六〇メートルのクングェ山の麓に位置する。そのため湖を通ってきた湿った空気が山にあたって雨を降らせるからだ。

九月一七日の朝、中村君が手配してくれたトラッカーに連れられて、しばらく森を歩いていくと、チンパンパンジーがいた。非常にあっけなく、チンパンジーがいた。

八時五八分、「ハンビ」という名の若いオスが、木にぶらさがりながら片手で蔓性植物の先を木の穴に突っ込んでアリ釣りをしていた。子供の頃からずっと見たいと思っていた野生チンパンジーの道具使用行動である。「ントロギ」という当時最も強かったオスがアカコロブスという小型のサルを捕まえて食べるのも見ることができた。交尾の様子やグルーミング（毛づくろい）（他個体や自分の毛についたゴミやシラミの卵などを取り除く行動。仲の良さを示す親和的行動でもあると考えられている）も間近で観察できた。こんなにも簡単にチンパンジーの行動が詳細に見られるなんて、数十年にわたる人付けの成果は偉大である。また、マハレでは、観察群のチンパンジー一頭一頭に名前がつけられていて、母と娘や息子といった母系を通じた血縁関係もわかっている。これも長年にわたる継続観察のおかげである。

そんなマハレのチンパンジーを目前に見ながら、私はまだ一度として出遭っていないウガラのチンパンジーに想いを馳せていた。ウガラのチンパンジーたちも道具使用や狩りを行うのだろうか。数年経ってようやくある程度わかってきたウガラのチンパンジーの暮しぶりについては、第一四章で紹介する。またマハレ山塊国立公園については次のコラムで紹介することにして、話を先に急ごう。

ちなみに、事故の際に三針縫っていた耳は、その時マハレに滞在していた研究者のリンダ・マーチャントさんが「私やったことがあるわ」と言うので、彼女に抜糸してもらった。

九月二八日、私はマハレへの二週間ほどの小旅行を終え、定期船リエンバ号でキゴマに戻った。借りた車でキゴマからスンバワンガに戻らねばならない。スンバワンガには修理中の自分の車トヨタ・ハイラックスを残してあるのだ。ベンベラや運転手と待ち合わせ、九月三〇日、午後一〇時過ぎになってキゴマを出発した。

一〇月一日、夜一〇時三〇分、スンバワンガ着。はたして私の車は直っているだろうか。実は嫌な予感はしていた。それは徐々にそして確実に強まっていた。キゴマからスンバワンガの修理工場に電話した時には、「もう直っているよ」と言われた。しかし、ムパンダから電話すると、「だいだいは直っている。ただ、もうちょっと時間がかかりそうだ」という微妙な返事に変わっていた。そうしていざ修理工場に行ってみると、私の車は事故に遭った時と同じ無残な姿のまま放置されていたのである。

翌日からは、少しでも早く修理が進むようにと、毎日修理工場で見張っていることにした。

一〇月一一日にようやく一通りの修理が終わった。「とにかく走ればいいや」と思うのだが、事故を報告した警察署に日本の車検のようなチェックを入れてもらわないと、公道を走らせてはもらえないらしかった。窓にはまだガラスがついていない。でもこれは問題ないようだ。それはそうだろう。周りを見わたすと、もっとボロボロの車がいくらでも走っている。窓ガラスは結局スンバワンガでは手に入らなかったので、ガラスのついていない窓枠にはダンボール紙を貼った。

ムパンダまではベンベラの従弟であるアジズという男を乗せて行くことになった。このアラブ人は、おそらくイスラム教徒だと思うのだが、アル中だった。常に隠し持ったウイスキーを飲んで酔っ払っている。そんな男であっても、運転席の隣に誰か知り合いを乗せていると、全く一人で車を運転していくよりは心強かった。

ところが、スンバワンガを出てしばらくすると、車のエンジンからカタカタという音が鳴り始めた。引き返して、また修理である。まったくブカライへの道のりは果てしなく遠い。

翌日、一〇月一一日の朝六時四〇分、今度こそスンバワンガを脱出しよう。窓ガラスはない。メーターは壊れていて動かない。やたらとエンジン・オイルを消費するのでこまめに継ぎ足さないといけない。我が愛車トヨタ・ハイラックスはそんな状態ではあったが、なんとか悪路を走り続けてくれた。

午後二時四〇分、ムパンダ着。ムパンダでアル中男を降ろす。ここから先は全くの一人きりである。再び事故を起こすことだけは避けたかった。ムパンダの宿で、正直私はかなりビビっていた。

一〇月一二日の八時〇〇分ムパンダ発、これまで以上に慎重に車を運転し、ムパンダロードを北上。途中の三叉路から脇道を東へ向かってウガラ駅まで行き、夏にトラッカーとして働いてもらったオスカを訪ねた。原野の彼方からオスカが歩いてきた。一人ぼっちではなくなって、少しほっとする。オスカと一緒に、チンパンジーがたくさん住んでいるという「ブカライ」を目指そう。オスカもブカライへの道はよくわからないそうだが、どうやらウビンザの近くからブカライに入っていく林道があるらしい。ウビンザを通過した時に、私はそこまでの情報は手に入れていた。

一〇月一三日の七時四〇分、助手席にオスカを乗せ、ウガラ駅の村を出発。ムパンダロードの三叉路に出て、ニエンシ川（ニアマンシ川）を渡って北上。

次に通過するのは「ンコンドウェ」である。ンコンドウェにはニエンシ川の支流が流れている。地形図ではマンガ川、そのさらに上流部はサバガ川と記されているが、「ンコンドウェ」と呼んだ方が通りが良い。この川には結構きれいな水が流れている。一休みして顔を洗ったりするにはちょうど良い。また、少し下流には断崖があり、ンコンドウェ川がみごとな滝となって流れ落ちている。その様子をムパンダロードの坂道から見ることができる。しかし今はそんな景色をゆっくりと楽しんでいる余裕はない。運転で精いっぱいだ。

ンコンドウェをさらに北上すると、ムパンドレ。ウガラへの入り道である。しかし今回はここもパス。ミシャモへの三叉路も通過して、一途ウビンザへ。

午後三時一〇分、ウビンザに到着。ウビンザの街でブカライへの道を知っているという男を探し出し、道案内として雇った。これで明日にはブカライに行ける（かもしれない）。

しかし、ようやく明日ブカライを目指せるかというその日の夜は、雷を伴った激しい雨が降り続けた。もう雨季が迫って来ていたのだ。車の修理に手間取っている間に、調査にあてられる日数をほとんど使い果たしてしまっていた。

一〇月一四日、ウビンザからムパンダロードを一〇分南下すると、道案内の男が「ブカライにはここから入っていけるぞ」と自慢げに東を指差した。なんだ、ここは、伊谷さんと一緒にウガラに来た最初の日に素通りしてしまったブエンジ村ではないか。あの日ここから東に向かえば良かったのだ。丘陵地の高台を通っているムパンダロードを外れ、私はウガラの奥へと続く林道へ分け入った。

激しい起伏の中、林道は少しでも傾斜の緩やかな場所を選んで、蛇行しつつ奥地へと続いていた。昨夜の雨で林道の土はドロドロである。スピードは時速三〇キロ程度しか出せない。やがて道は斜面を下ってゆき、一つ目の川に架かった橋を渡った。ここがングェ川であり、後に私たちの調査の拠点になる場所である。しかし当時はそんなことは知る由もない。目の前の悪路を進むので精一杯だった。

もう一つ川を渡る。疎開林の中の三叉路を南東に向かう。次に現れた「ムフバシ」と呼ばれる川にも幸い橋がかかっていた。しかしそれを渡ると、前方に急斜面が立ちはだかった。四輪駆動車のトヨタ・ハイラックスとはいえ、「こんな坂を車で登れるもんか」と思わず叫びたくなる急坂である。林道ではなく、まるで登山道だ。案の定車は立ち往生した。おまけに一度エンストすると、キーを回してもエンジンが一発ではかからなくなった。ボンネットを開けてみるとバッテリーに穴が空いて液が漏れている。これはまずい。再度エンストしたら、押しがけも困難なこの場所から動けなくなってしまうかもしれない。

そうして私はまたしてもブカライの一歩手前で引き返したのであった。

「ブカライへの道は果てしなく遠い」そう痛感しつつ、私はウビンザに戻った。実は私は、この後ケニアのナイロビを経由して、一一月には三谷正純さんの待つコンゴ共和国のブラザビルに飛び、引き続きヌアバレ・ンドキ国立公園でチンパンジーとゴリラの調査を行う予定になっていたのである。その日程が迫ってきていたのだ。

一〇月一五日、私はオスカと二人でキゴマに出た。キゴマには、ちょうど、ＪＩＣＡ（Japan International Cooperation Agency: 国際協力事業団）の専門家としてタンザニアでチンパンジーの調査を行っていた福田史夫さんがマハレから出てきており、一緒に夕食をとりつつ情報を交換した。

オスカには汽車で自分の家まで帰ってもらう。キゴマ駅からウガラ駅までの切符を買って渡し、翌日見送った。車とキャンプ用品は、私の次にタンザニア調査に来る予定の加納さんのために、キゴマのホテルに預けた。車のバッテリーは買い換えたが、窓ガラスはないままである。でもこれは我慢してもらおう。

そうして一年目のタンザニア調査は、結局これで終わってしまった。私は一〇月一七日に飛行機でダルエスサラームに戻った。そして、一〇月二一日には、まだ痛む首を抑えつつ、よろよろとタンザニアを後にして、コンゴ共和国へと向かったのである。

だが、翌年の夏。私は再びタンザニアに舞い戻り、ブカライを目指した。次章でソクェは今度こそ我々の前に姿を見せる。

コラム②……マハレ山塊国立公園

タンザニア西部のタンガニイカ湖畔にあるマハレ山塊国立公園について解説しておこう。

一九五〇年代に今西錦司さんによって始まった日本の「サル学」は、伊谷純一郎さんらによってさらに発展していった（伊谷 1977）。一九六一年に京都大学アフリカ類人猿学術調査隊が組織され、タンザニアのタンガニイカ湖に面したカボコ岬に調査基地が建設された。一九六五年には、内陸部のカサカティで伊沢紘正さんらが調査を行い、加納隆至さんはさらに内陸部のフィラバンガでチンパンジーの人付けを試みた。そして同じ頃、当時大学院生であった西田利貞さん（京都大学大学院理学研究科教授、日本モンキーセンター所長も務める）はカボコ岬の少し南にあたるマハレのカンシアナでチンパンジーの餌付けを試み、その試みが一九六六年に成功した。これが今日に至るマハレでの長期観察の始まりである（西田 1973）。

その後餌付けは一九八七年に廃止されたが、それまでに人慣れしたチンパンジーは人を恐れなくなっており、人付けによる観察が現在まで続けられている（西田ら 2002; 中村 2009）。ただ、その一方で、マハレ以外のタンザニアのチンパンジー調査地、カボコ岬やカサカティやフィラバンガは消滅していった。

マハレにはＪＩＣＡ（Japan International Cooperation Agency: 国際協力事業団）の協力が加わり、一九八五年にはカンシアナを含む約一六〇〇平方キロメートルの地域がマハレ山塊国立公園に指定された。一九九四年にはマハレ野生動物保護協会（ＭＷＣＳ: Mahale Wildlife Conservation Society）というＮＧＯが設立され、マハレにおける様々な研究活動（対象はチンパンジーに限らない）、タンザニア人研究者の育成、環境の保護と保全、周辺地域への社会貢献などが進められている。

現在マハレ山塊国立公園内には数百頭のチンパンジーが生息していると推定されているが、観察されているのは、カンシアナに約三〇平方キロメートルの行動域を持つＭ集団に属する数十頭のチンパンジーである。外国人観光客やタンザニアの一般の人々も、入園料を払えば、園内に滞在してチンパンジーに遭うことができる。最近は観光客も研究者も増えてきた。そこで現在では、チンパンジーを観察する上で幾つかの規則が設けられている。例えば、風邪等をひいている時にはチンパンジーの追跡を行ってはいけない。感染症が人からチンパンジーに移るのを防ぐためだ。そうでない日にもマスクを着用し、チンパンジーの一〇メートル以内には近づかないようにする。追跡は一時間で打ち切る。そばに人がいるだけでも、チンパンジーの行動は制約を受けるし、精神的なストレスもかかるからだ。

こうした規則を守った上でチンパンジーを観察するとなると、動物園の方がむしろじっくりとチンパンジーを見ることができるかもしれない。しかし、マハレでは、チンパンジーだけではなく、他の野生動物や周りの自然も同時に楽しめる。交通の便は悪いが、時間のとれる読者は一度マハレを訪れてみてはどうだろう。少なくともウガラに来るよりはお勧めである。きっと日本では味わえない様々な体験をすることができるだろう。

第三章……東限のチンパンジー調査

▼遂にブカライへ

初めてタンザニアを訪れた一九九四年の翌年、一九九五年の七月三〇日。私は再びアフリカに戻ってきた。「アフリカの毒」という言葉がある。「アフリカの水を飲んだ者はアフリカに帰ってくる」という意味だ。その言葉通りであった。一九九五年三月末に日本に帰国し、数か月間日本で態勢を整え、仕切り直しての調査再開だった。

この年は伊谷さんに加え金森正臣さん（当時愛知教育大学教育学部教授）と共にタンザニアに向かった。金森さんはげっ歯類（ネズミの仲間）の研究者である。これが初めてのアフリカだ。

七月二九日の早朝五時、愛知県犬山市の下宿を出る。今回は関西空港発。エアー・フランスのＡＦ二九一とＡＦ四六五便を乗り継ぎ、翌日ダルエスサラーム着。調査許可取得などを済ませ、八月五日、ダルエスサラームを出発した。

南周りでウガラを目指す。モロゴロ、イリンガ、ンベヤと各一泊。八日には七時〇〇分発で、スンバワンガを通過し、一気にムパンダまで。夜九時〇〇分、ムパンダ着。

翌八月九日にはウガラ駅に向かった。昨年一緒に調査をしたオスカを雇うためである。しかし彼は原野の彼方に出掛けていて会えなかった。やむをえず私たちは三人でウビンザへ向かう。この日は午後に村を出たので、ウビンザまでは行きつかず、途中のムパンダロード沿いの廃屋で寝た。翌一〇日、ウビンザを通過し、一旦キゴマまで出る。そうしておいて、八月一五日、ウガラ方面に向かった。

誰か良いトラッカーを見つけられないだろうか。その辺を歩いている男にいきなり声をかけてみることも考えた。しかし大外れということもあり得る。そこで私たちは加納さんが推薦する人物に会ってみることにした。加納さんは昨年ウガラの西にあるリランシンバという地域でチンパンジーを調査した。その際、調査の手伝いや荷物運びなどをしてもらうために、二〇人以上もの人を雇ったそうだ。そのうちでよく働いてくれた人ならば信頼できるだろう。加納さんが推薦したのはアントニー・マテオ・ンキンキ（通称アントニー）という男だった。彼は「ニャムウェジ」という民族。もともとタンザニア中央部に住んでいた人たちである。父親がゲーム・スカウトだったこともあり、動植物に詳しく、私たちの仕事もよく理解してくれそうだった。もう一人は、第一章で登場したエマニュエリ・カゴマ（通称エマ）である。彼はキゴマ周辺に住んでいる「ハ」という民族。推薦理由は「いつでもどんな仕事でも嫌がらずにニコニコと笑って働いてくれたから」というものだった。

アントニーが住むカズラミンバ村に着いてみると、その村は私が想像していたよりもずっと大きかった。アントニーの家の場所までは加納さんに教えてもらっていない。市場で「アントニーという男を探しているのだが、知らないか」と聞いてみる。すると「その人の名字は何だ」と聞き返された。しまった。名字までは加納さんに聞いておかなかった。住所も不明だ。電話は勿論ない。「これは探し当てられそうもないぞ」と一瞬あせった。しかし、それでも何人かのアントニーと会って、やがて目的のアントニーが見つかった。

アントニーを車に乗せ、次にはエマの住むムワミラ村へ。今度はアントニーがエマの家を知っているので大丈夫だ。幹線道路から南に入り、きっと車など一度も通ったことのない畑の畔道を強引に突き進むと、エマの家の前に着いた。エマも車に乗せる。

こうして私たち一行がウガラに入ったのは、八月一五日だった。日本を発ってから既に二週間が経過している。一年目ほどではないが、準備と移動でこれだけの日数がかかるのが当時は普通だった。ウガラ初日はングェ川で泊った。本書の冒頭で紹介した通り、ブカライと並んで、後に私たちの調査の拠点となる場所である。夜にはテントの近くでブッシュベイビー（ガラゴとも呼ばれる夜行性の原始的なサルの仲間）が鳴いていた。

翌一六日の九時三五分、私たちはさらにウガラの原野へと入っていった。ングェからブカライまでは、さらに悪路が続く。

今回は車を二台連ねてウガラまでやって来た。一台は昨年三回転の事故を起こして大破したあのトヨタ・ハイラックス。もう一台はイギリス製の名車ランドローバーだ。根本さんに手配を頼んで借りてきた。一足先に帰国する伊谷さんがトヨタ・ハイラックスに乗って帰り、残る私と金森さんはランドローバーを使う予定である。ングェからブカライまでには途中で分かれ道がある。北東に向かうとマラガラシ川の方へ、南東に向かえばブカライだ。小さな峠を越えると、イサ平原へと下り、次にムフバシ川を渡る。

ムフバシ川に架かった橋を渡ると、いよいよ去年引き返した難所が迫った。高台に登る急斜面である。今度こそこの坂を登りきろう。伊谷さんが先にトヨタ・ハイラックスで登り、私は伊谷さんの通った通りにランドローバーを走らせた。成功だ。

急斜面を高台まで登り切って、さらに南に進む。丘の上を走り続けると、やがて道は下りになった。その坂を下りきった川辺林の傍には小屋があり、木こりたちが住んでいた。「ブカライはどっちだ。この道をまっすぐ進めば着くのか」と尋ねると、「ここがブカライだ」と木こりたちが答えた。

一九九五年八月一六日の午後二時一二分、私たちは遂にブカライに到達したのだ。

林道はまだ続いていたので、もう数キロメートル走る。午後三時〇八分、とうとう林道は行き止まりになった。そこには使われなくなった小屋があり、踏み固められた小道の先には源流に近い小さな支流があった。GPSで測ると、南緯五度二六・八分、東経三〇度四四・一分。地形図と照らし合わせると、そこはモゴグエシ川の最上流部にあたっていた。私たちはその小さな支流の前にテントを張ってキャンプ地とした。

支流の水は残念ながら澄んではいなかった。水深はおそらく一メートルもないだろうが、茶色く濁って川底は見えない。しかしエマとアントニーは、その水をコップですくうと無造作に飲み、「この水は茶色いだけできれいだ」と言った。伊谷さんは「お前ら、不死身か」とつぶやいた。私たちはもちろん一度沸かしてから飲む。小型のシロアリ塚を三角形に置いてつくった竈にヤカンを載せた。

「ブカライというのは、この乾いたウガラ地域にあってさえ、満々と水をたたえた湿地が周囲に広がる緑豊かな場所だろう」と私は想像していた。しかし、いざ着いてみると、そこに広がっているのは、これまで通ってきたのと同じカラカラに乾いた疎開林だった。落葉した林が広がる乾季のウガラでも、川辺には常緑樹が緑の葉をつけている。だがテントの前にあるのは、川幅がほんの五〇センチメートルたらずの支流だ。それをポンと飛び越して五メートルも先に歩くと、すぐに川辺林を通り抜けてしまった。「これがブカライというのはあんまりだなぁ」と私たちは思わずつぶやいた。

しかし、木こりたちが話してくれた通り、ソクェ（チンパンジー）はこのブカライでたくましく生きぬいていた。ブカライに着いて二日目、私たちはウガラに来て初めてソクェに出遭ったのである。

八月一七日の朝八時三一分、皆でキャンプを出る。支流の細い川辺林沿いに一〇分ほど歩いていくと、早くも二個のベッドが「カバンバドゥメ」と呼ばれる木の上に見つかった。既に葉はなくなって枝の骨組みだけになった古いベッドだが、ブカライにチンパンジーがいることはこれで間違いない。

川辺林内を歩いたり、川辺林を横目に疎開林を歩いたりしていくと、まだ緑の葉が残った新しいベッドも次々と見つかった。やはりブカライには多くのチンパンジーが住んでいるようである。

一〇時二七分、昨日木こりたちがいた小屋を通りかかった。木こりたちに尋ねると、「今日の朝、南西からチンパンジーが鳴くのが聞こえた」と教えてくれた。さっそくそちらに向かってみよう。

すると、一二時二四分。丘の手前で「ホーゥ、ホーゥ」というチンパンジーの声が聞こえた。ウガラに来て初めて聞くチンパンジーの声である。風下からまわりこんで近づくことにする。二九分、今度は「キー、キー」という子供のチンパンジーが鳴く声がした。そして三四分、疎開林の丘の岩陰に若いオスのチンパンジーが見えた。約五〇メール前方だ。そのオスのチンパンジーは、こちらを窺いつつ丘を登って行き、やがて姿を消した。今度は三九分、別の二頭のチンパンジーが四〇メートル先にいた。岩から頭を覗かせてこちらを窺っている。オトナのメスとワカモノ（性別不明）だ。二分ほど私たちを窺った後、岩の向こう側に姿を消した。私たちはその岩まで行ってみたが、もうそのチンパンジーを見つけることはできなかった。

しかし、この日は、チンパンジーの足跡や新しいベッドもさらに見つかった。やはりブカライはすばらしい。私たちはここに定着してチンパンジーの調査を始めることにした。

▼ブカライで暮した日々

八月二〇日、伊谷さんはトヨタ・ハイラックスで一人帰路に着いた。実はこの車は伊谷さんがウビンザに出る途中ウガラの真ん中で壊れて動かなくなり、伊谷さんは一人でウビンザまで歩くはめになったそうである。そうとも知らず、私たちが九月九日にウビンザを通りかかると、またしても我が愛車トヨタ・ハイラックスはガレージに横たわって修理中だったのである。しかしそれはまた別の話。本書では省こう。

私と金森さんは三週間ほどブカライに滞在した。金森さんは罠でネズミを捕まえる。捕まえたネズミは体を計測し、皮と頭骨の標本を作ってゆく。私は、チンパンジーを探したり、チンパンジーのベッドの位置を記録したり、見つけたチンパンジーの糞を分析したりする日々だ。

八月一七日にウガラで初めてチンパンジーを目撃して以来、八月一九日と二五日にもチンパンジーに遭えた。チンパンジーの声は毎日のようにキャンプまで聞こえてきた。目撃地点や声の聞こえてきた方向とそこまでのおよその距離、そして新しく作られたベッドの位置などから考えると、彼らは約一〇平方キロメートルの範囲内を移動し、夜には間隔一キロから五キロメートルの幾つかの常緑林を泊り渡っているようだった。

ところが、である。八月二九日に声を聞いたのを境に、チンパンジーはブカライから気配を消してしまった。別の地域に移動してしまったらしい。ウガラのチンパンジーは、一定期間ある場所に滞在した後に、おそらくはその時期に豊富に果実が実っている場所を求めて、長距離を移動して別の場所に移るのかもしれなかった。

それでも、ポリ（原野）を歩いていると、様々な動物たちと遭えた。ハーテビースト、コモンダイカ、ブッシュバック、キイロヒヒ、モリイノシシ、イボイノシシなど。夜になると、キャンプにはライオンやハイエナの声、時にはジャッカルの声も聞こえてきた。空には南十字星が輝いていた。

九月七日、私たちは一旦ウガラを出ることにした。キャンプを片づけ、八時三四分発。一一時一二分、せっかくなので、途中の三叉路を北東に進んで、まだ訪れていないウガラ北東部に行ってみる。午後一時〇〇分、道はムフワジ川の下流に着いた。嬉しいことに、ここには水が流れており、久しぶりにたっぷりと水浴びをした。GPSと地形図によると、マラガラシ川本流が近いはずである。また、この橋を渡って林道を東に進めば、昨年私と伊谷さんがウガラ川に沿って北上し最後に引き返した箇所にまで至るのかもしれなかった。

午後一時三四分、エマとムフワジ川の下流に歩いて行ってみると、午後二時四九分、マラガラシ川本流に出た。周りはヤシの木が生えた平坦な地形である。近くでウォーターバックに出遭った。名前から察するに、やはり彼らは水辺が好きなのだろう。しかしチンパンジーの痕跡はなかった。マラガラシ川本流付近は草地になっており、川沿いに深い森が広がっているわけではなかったのだ。

翌九月八日、逆にムフワジ川の上流に歩いて行くと、やがて丘が迫り、それまでの平坦な川辺林は渓谷林となった。そして森が深くなった所でチンパンジーのベッドが見つかった。どうやらチンパンジーは平坦地よりも丘陵地が好きなようである。

九月九日の一一時一〇分、ムフワジ川の臨時キャンプ発。ングェを通り抜けて、午後二時、ウビンザに着いた。（ここで翌朝にトヨタ・ハイラックスが壊れてガレージに横たわっているのを見つけたわけである。）

なお、一旦ウガラを出たのは、リランシンバという地域でも調査をしてみるためだった。このリランシンバ地域については、第一二章で詳しく述べることにしよう。

九月二九日、リランシンバでの調査を終え、先に帰国する金森さんをキゴマ空港まで見送ると、研究者は私一人になった。残された調査期間はもう一度ウガラで過ごすつもりである。一〇月二日の八時三三分、私はキゴマを後にして、再びブカライに向かって一人ランドローバーを走らせた。アフリカの原野にウガラへと続く道が赤色の土の筋となって真っ直ぐに延びていた。

途中のカズラミンバ村でアントニーを拾い、ムワミラ村でエマを拾う。この日はウビンザの小さな宿に三人で泊った。

翌一〇月三日の九時〇〇分、ウビンザ発。九時二〇分、ブエンジ村からウガラへ。一〇時〇六分にングェ川を渡って、一一時四五分にムフバシの川着。この日はここで泊る。周辺を歩いてチンパンジーのベッドの有無を確認しておくためだ。しかし、乾季も後半になると、川の水は哀しくなるほど減っていた。八月には細いながらも清流が流れていた。それが今では、川底に水たまりが点在しているだけである。もちろん土の下には伏流水が流れているのであろうが、「ブカライでは飲み水を確保できるだろうか」と不安になる。川辺には三人の木こりたちがいて、ちょうど料理していたイモムシをくれた。小さいのを選んで食べたが、一〇センチメートルほどもある蛹（さなぎ）は抵抗があって遠慮しておいた。

一〇月四日、ムフバシの周囲を歩くと、モリイノシシ、ハーテビーストの一〇頭の群れ、サバンナモンキー、アカオザルを見かけた。だがチンパンジーはいない。やはりブカライに期待しよう。

一〇月五日の朝六時四五分、起床。アントニーとエマはあっという間にキャンプを片づけた。やる気満々である。八時〇〇分発、ブカライへ向かう。高台へと登る急斜面、最大の難所がすぐに迫る。無事突破した。それから走ることさらに一時間、九時三六分、私たちは二度目のブカライに着いた。

夏の間小屋に住んでいた木こりたちはいなくなっていた。雨季になって林道の状態が悪くなる前に、それまでに伐採した木材を運び出して街へと帰ったらしい。となると今この地域一帯にいる人間は私たち三人だけだろう。

夏の間滞在したキャンプ地に来てみると、ここの支流にも既に水は流れておらず、水たまりが点在する状態だった。そのうちの一つ、直径二メートルほどの茶色い水たまり。これが、これからここで暮す私たち三人の生命線だ。昔はここにもトングェの人たちが小さな村を作って住んでいたのだろうか。とすればこの水場は乾季の終わりまで枯れないでいてくれるだろうか。

一一時四一分には、テントの組み立てや竈作りも終え、午後からはさっそく周囲を歩きに出かけた。近くにマクスと呼ばれる果実が熟していた。「チンパンジーはこれを食べにやって来るかもしれない」と希望が持てる。

八月にベッドがあった小高い丘の小さな常緑林に行ってみると、新しくベッドが増えていた。「やっぱりソクェはブカライが大好きなんだ」とアントニーが叫んだ。こうして私たちのブカライでの調査生活が再び始まった。

さて、とは言っても、チンパンジーを見つけることはなかなかできなかった。あちこちに新しいベッドは見つかるものの、実際出遭うには至らない。それでもブカライ滞在中には様々な野生動物と出遭えるのが楽しみだった。

毎朝キャンプ地から歩き始めるとすぐイボイノシシの親子に出遭った。近くに住みついているらしい。ブッシュバックや数頭からなるハーテビーストの群れにも度々出遭った。あるいはめったに遭えないが美しい巨体のローンアンテロープ。「どの糞がどの動物のものか」を教えてもらうと、楽しみが一つ増えた。夕方には毎日のようにキイロヒヒの群れがキャンプのそばを通過していった。夜には「ウゥーィ」というブチハイエナの遠吠えが聞こえてくる。時には遠くからライオンの吼え声が響く。歩いていてアフリカゾウには何度か出遭ったし、バッファローにも出くわした。ばったり出くわしてしまった時にはたいてい相手の方が逃げてくれるのだが、私たちの方が逃げたこともある。

エマと歩いていた時のことである。川辺林にぽっかりと空いた草地に分け入った時、前を歩いていたエマが私の方を振り返って「バッファローだ」とつぶやいた。彼が先に動物を見つけた時には、「ほら、あそこに○○がいる」と教えてもらうことにしている。しかし教えてもらうまでもなく、すぐ数メートル先にバッファローの巨体があるのだ。一瞬の沈黙の後エマはそろそろと私の横を後ずさりしながらすり抜けたかと思うと、音も立てず今通ってきたケモノ道を逃げ始めた。彼がこれほど速く走るのは初めて見た。もちろん私も走って逃げた。

ブッシュバックやクリップスプリンガーも見た。となると、この時点で、キャンプの近くにたくさん生息しているはずなのにまだ目にしていないのは、オオトカゲであった。私はチンパンジー調査の傍ら、既に帰国した金森さんに頼まれて、せっせとネズミも捕まえていた。罠を仕掛けて捕まえたネズミは、体長等を計測し、剥いだ皮は広げて乾かして標本に、頭骨は別に切り取って標本にする。せっかくなので肉は料理して食べることもあった。皮と頭骨は板に貼りつけて、テントの傍らで数日干しておく。ところが、頭骨と皮を干しておくと、夜中の間になくなってしまうのだ。トラッカーたちは「オオトカゲの仕業だ」と言う。試しにトラバサミを仕掛けてみると、一〇月二〇日、見事にオオトカゲが捕った。これでせっかく捕ったネズミを奪われる被害はなくなるだろう。「貴重な動物性タンパク源だから、オオトカゲも食べよう」と私は提案したが、「オオトカゲは食べ物ではない」とエマもアントニーも反対した。仕方がないのでオオトカゲは料理せずに弔った。

ある日ふと水筒から飲む水が臭いことに気がついた。前の晩に沸かしておいた水は、朝には冷たくなっている。赤道直下ながら、高度が高いので、夜明け前には一〇℃くらいまで冷え込むのだ。しかし、水筒の水は午後には生ぬるくなり、夕方にはぬるめのお茶くらいの温度になっている。一度気がつくとそれは我慢できない臭いだった。ポカリスウェットの粉を入れてごまかすことにする。

夜にはヒョウがキャンプの近くにまで来ている気配がするようになった。動物たちにとっても利用できる水場が限られてきたのだろうか。

体を洗うための水場も危うくなってきた。水浴び場とはいっても、ブカライのそれは、飲み水を取る水たまりの少し下流の水たまりである。ブカライに来た時にはバスタブ程度だったのが、今では洗面器程度の水たまりになってしまった。いよいよ水がなくなってきたと実感する。

ところが一〇月一六日には、朝起きると、これまであたりまえのように続いていた晴天が曇り空になっていた。やがて遠くで雷の音が鳴り響くことが多くなり、二〇日の夜には遂にザーザーと雨が降り始めた。雨季の到来である。

一〇月二一日、久しぶりにチンパンジーと遭えた。いつものようにベッドをチェックしながら崖の合間にある小さな常緑林の森に向かうと、九時〇一分、目の前の木の枝が揺れた。チンパンジーだ。前を歩いていたエマは、「まだベッドに座っていたチンパンジーと目が合った」と言う。若いオスだ。新しいベッドがもう一つあり、メスと一緒だったようである。リランシンバ地域でもオスメス二頭で遊動していたチンパンジーを見たことを思い出した。驚いて樹上高く駆け登ったそのチンパンジーは、逃げようと森の木々を渡り歩く。しかし、行き詰まってしまう。この常緑林から逃げ去るには一旦木から下りなくてはならない。疎開林では木と木の間が離れているため、樹冠を伝っていくことはできないからだ。それをためらっているチンパンジーは、私たちと膠着状態になった。一二時一七分、少し距離をとってやると。彼は枝を渡って常緑林のはずれの崖に移動していった。私たちもそれを追って崖を乗り越えたが、既に彼の姿はなく、目の前には疎開林が広がっているのみであった。見渡すと、雨季の到来を待って芽吹いてきた疎開林の木々は、まだ開ききっていない赤紫色の葉によって、まるで紅葉しているかのように見えた。

翌一〇月二二日にも、姿こそはっきり見られなかったものの、声と木の葉の揺れる動きをたよりにチンパンジーたちの後をしばらくついて行くことができた。その日の深夜には、ひときわたくさんのチンパンジーが鳴いた。何処かへと出かけていたチンパンジーたちは、再びブカライに戻ってきたのだ。明日は早起きして声のした方に行ってみよう。

しかし、眠りにつきながら私は、「そろそろブカライを出ようか」と考えていた。飲み水はなんとか乾季終了まで持ちこたえてくれた。だが雨季に入ると、今度は雨水で林道がドロドロとなって、車で街まで出られなくなってしまう恐れがある。また、持ってきた食料もだいぶ乏しくなっていた。菜っ葉類は干からびる前にとうに食べてしまった。トマトやナスなどの野菜も食べつくした。残っているのは、日持ちのするタマネギとジャガイモとニンジンだけである。

一〇月二五日、私は明日にはウガラの北西部ングェまで出ることに決めた。ブカライ最後の晩はカレーライスを作ることにする。おぉ、幸いなことにカレーの材料タマネギとジャガイモとニンジンは健在ではないか。辛いのが好きな私は、それまで大切にとっておいた日本製のカレールーにピリピリ（スワヒリ語でトウガラシは「ピリピリ」というおもいきり覚えやすい名前だ）を加えて鍋に入れた。

こうして一〇月五日から二六日までの私のブカライ滞在は終了した。

▼ングェ滞在

一〇月二六日の朝九時、荷造りが終わったところで本格的に雨が振り出した。久しぶりに座ったランドローバーの運転席でしばらく様子を見るが、滞在を延長する気にはなれない。思い切って雨の中を走り出した。最大の難所（今度は下り）を通過すると、やがて青空が見えてきた。午後になって無事ングェ川のキャンプ地に到着。南緯五度一三分、東経三〇度二八分。ウビンザの街からそれほど離れていないこのングェまで出ておけば、何かあっても脱出できるだろう。キゴマからダルエスサラームへはまだ四日かけての車の旅が残っているものの、これで文明に一歩近づいた。この日は出発したきり何も食べていなかったので、少し早いがご飯を炊いてコンビーフ・スープをおかずに夕食を食べ始めた。

と、その時である。午後四時三〇分。遠くからチンパンジーの鳴き声が聞こえた。私たちは互いに顔を見合わせる。確かにチンパンジーだ。食べかけの食器を置いて、声のする方向へエマと共に急いだ。まだ土地感はないが、せっかくのチャンスを無駄にしたくはなかった。

声をたよりに数十分歩くと、後にシセンシ川と呼ばれるようになったングェ川の支流の対岸斜面の樹上にチンパンジーがいた。「ソクェだ。ソクェがたくさんいる」とエマが叫んだ。全部で一四頭。チンパンジーたちは、支流に沿って徐々に上流方向へと移動して行き、傾斜がきつくなって渓谷となった常緑林で動きを止めた。暗くなってくると、チンパンジーたちはやがてその常緑林でベッドを作り始めた。私たちはそのまま真っ暗になるまで、見られる限りを見続けた。午後六時三三分、閑かになる。

月明かりをたよりにキャンプに帰って行くと、アントニーが懐中電灯を振って迎えてくれた。明日は、彼らが起きて移動し始める前に、彼らが泊った常緑林に行って待ち構え、観察を続けることにしよう。

翌一〇月二七日、早起きして五時四四分にエマと歩き始める。シセンシ川上流の常緑林に着くと、まだ起き始めのチンパンジーを見ることができた。やがてチンパンジーたちはシセンシ川の渓谷林を出て、ゆっくりと対岸の疎開林へと消えていった。

一〇月三〇日、この日は朝五時三〇分にチンパンジーの声が聞こえた。さっそく飛び起きて、そちらに行ってみた。残念ながらチンパンジーは見つからなかったが、直径三〇センチメートルほどもある大きなキノコが群生しているのを見つけた。バッグ一杯に詰めて持ち帰り、ソテーにして食べる。

一一月一一日、この日はチンパンジーを見ることができた。だが、それよりも覚えているのは、アントニーがヤマアラシを捕まえたことである。午後六時四四分、キャンプへ帰る途中の疎開林で、私たちはヤマアラシとばったり出くわした。アントニーはすぐさまパンガ（刃渡り五〇センチメートルほどの山刀）を片手にヤマアラシに飛びかかった。仕留めたかと思ったが、次の瞬間ヤマアラシは走り出して、数メートル先の岩陰に隠れた。アントニーは再びヤマアラシに突進してパンガを振り下ろす。今度こそ仕留めたかと思ったが、ヤマアラシはまた突如走り出して数メートル先の草陰に隠れた。アントニーは三たび突進してパンガを振り下ろす。まるでトムとジェリーの追いかけあいのようなシーンを繰り返すこと数度、遂にヤマアラシは動かなくなった。

ヤマアラシは大変美味しいらしい。実際その日の夕食にすると、金森さんの研究用に捕ったネズミたちよりずっと美味しかった。しかしヤマアラシの怨念であろうか。この晩アントニーは、日が暮れてから川に水浴びに行こうとして、大蛇に遭い腰を抜かした。第一章で、アントニーをキャンプに残してエマと私で調査に出かけたのは、アントニーはこれでぎっくり腰になって歩けなかったからである。

その後私たちは一一月一四日までングェでの調査を続けた。二一日間の滞在中に七度チンパンジーに出遭った。声を聞いた日は一〇日にのぼるから、二日に一日はチンパンジーの声を聞けていたことになる。またングェのチンパンジーはブカライのチンパンジーほどには人を恐れないという印象を受けた。人を見る機会がブカライよりも多いためかもしれない。ングェはブカライよりもずっとウビンザやムパンダロードに近いから、ングェ周辺には蜂蜜採りなどのためにブカライより多くの人が入っているからだ。「このングェもチンパンジーの良い調査地になるかもしれない」と私は感じた。

ウガラ滞在の最後の夜には、川辺林にホタルが飛んでいたのを覚えている。

一一月一四日の朝六時四〇分、起床。エマとアントニーにこれまで働いた分の給料を支払う。久しぶりに会う家族に給料を持って帰れるわけで、二人は嬉しそうだ。朝食後、テントをたたんで、一時間後の七時四〇分には、ウガラを去る準備が整った。

ングェ川から高台を走るムパンダロードまで林道を上り、ブエンジ村からマラガラシ川までムパンダロードを下る。九時〇〇分、ウビンザ着。市場でしばらく時間をとってあげると、アントニーとエマは受けとった給料で買い物に忙しい。

一〇時三〇分、「そろそろ行こう」とウビンザを出る。一一時三〇分、ムワミラ村。エマを車から降ろす。久しぶりに家に帰ってきた父親を見つけ、子供たちがエマに抱きついてきた。微笑ましい光景だ。

一二時三〇分、今度はアントニーの住むカズラミンバ村着。ただしアントニーにはキゴマまで車に乗ってきてもらう。カズラミンバ村とキゴマの間には一か所湿地帯があり、そこを通過する際には車が泥にはまりこんでスタックしてしまう危険が高かったからである。しかし、午後六時〇〇分、無事車はキゴマに着いた。一安心である。私は久しぶりのベッドでぐっすりと眠った。

キゴマからダルエスサラームへの帰り道は、根本さんにジュマという運転手を手配してもらっておいた。乾季ならまだしも、雨季に一人でキゴマからダルエスサラームにまで走って戻るのは（道路事情が格段に良くなった今でさえ）避けたい旅だ。ジュマには列車でキゴマまで来てもらっていた。車のキーを渡し、車の具合をチェックしてもらうと、「この状態でよくここまで悪路の中を走って来られたなぁ」と言われた。

車の修理と調整が終わり、一一月一八日の八時五〇分、キゴマ発。南周りで帰路につく。運転はジュマに任せ、午後四時一一分、ムパンダ着。

一一月一九日の八時二〇分発。今日も雨だ。しかし、ジュマの運転で、午後三時二〇分、スンバワンガ着。道路に面した店先でビールを飲んでいると、「オガワっ」と見知らぬ人から声をかけられた。ただでさえ日本人は珍しいのに、昨年事故と車の修理で長い間スンバワンガに滞在していたから、私はスンバワンガではちょっとした有名人であるらしかった。

翌二〇日の八時〇〇分、スンバワンガ発。一〇時一一分、トゥンドゥマを通過。ここからは舗装道路だ。ひたすら飛ばして、午後七時四二分、ムベヤ着。都会が近づいてきた。二一日の八時一〇分、ンベヤ発。午後五時二〇分、あと少しでダルエスサラームではあるが、一歩手前のモロゴロでもう一泊。そして一一月二二日、私は一〇日ぶりにダルエスサラームに帰ってきた。

ウガラで作った植物標本は、ダルエスサラーム大学のフランクの所に持っていき、同定（種名を判定してもらうこと）してもらった。同定してもらうには普通は謝金を支払うが、頼んだ相手は昨年事故を起こして我々の車を大破させたフランクである。昼食を奢っただけで、二〇〇標本の同定を押しつけた。ただしこの年以降はちゃんと一標本につき何ドルという形で謝金を支払って同定してもらっている。

その後私は一一月二六日にダルエスサラームを発ち、パリで二泊して、一一月三〇日に帰国した。

こうしてタンザニア調査二年目の一九九五年は、ウガラ地域のブカライとングェでの滞在で、なかなかの成果を収めることができたのである（小川 2000a）。また、この年の雨季になってから滞在したングェが、後に調査の拠点となっていった。

コラム③……タンザニアの食べ物（おかず編）

タンザニアで私が最もよく食べるおかずは、「ダガー」である。体長五センチメートルほどの小魚の日干しだ。タンガニイカ湖産のものは淡水イワシの仲間である。ビクトリア湖産も売られているが、タンガニイカ湖産の方が上質とされている。その他には、タンガニイカ湖で獲れる「ムゲブカ（またはミケケ）」と呼ばれる魚や、マラガラシ川で獲れるナマズなど。干したり燻製にした物を市場で購入する。それらを「マウェッセ」と呼ばれるヤシ油で炒めた後、タマネギやトマトと煮詰めることが多い。半乾きの物を買うとウジがわいてしまうので、十分乾いたものを買うか、キャンプで干してしっかりと乾かす。食べようとする時には、鰹節(かつおぶし)ほども硬くなっているので、夕食のおかずにするには昼間から煮込み始めないといけない。

魚と並ぶ貴重なタンパク源は豆である。トラッカーの家に突然おじゃました時などには、キャッサバのウガリと煮込んだ豆をごちそうになることが多い。ちょっとぜいたくな時には、ダガーや近くの川で釣ってきた「ミドゥリ」という小魚が加わる。きっとこれらが彼らの普段の食事なのであろう。

調査地に入る際には、私は近くの市場で牛肉や山羊肉を五〇〇グラムほど買っていくことが多い。しかし、それを消費してしまうと、肉類はコンビーフなどの缶詰に頼るしかない。缶詰は割高なので毎日食べるのは贅沢である。というわけで、日常の主なおかずは干し魚と豆の煮込みとなる。

コンゴ共和国では、イモムシをよく食べる。市場ではよくジャガイモやタマネギが「一山幾ら」で売られている。それらと同じようにイモムシ数匹を集めて「一山幾ら」で売っているのである。きっと死ぬとすぐ腐ってしまうのだろう。生きたままの状態だ。当然イモムシたちは逃げ出そうとモゾモゾモゾモゾ動いてゆく。それを常に手で集め集め売っているのである。ただ、タンザニアの私の調査地近辺では、イモムシが売られているのを目にしたことはほとんどない。自分で捕ったものを時々食べる程度であるようだ。季節によっては飛び立とうと出てきたシロアリやバッタを食べるそうだ。

野菜や果物は、それほど種類が豊富なわけではない。「アフリカは熱帯の南国」というイメージを持ってしまうと、訪れた時にがっかりするだろう。特に菜っ葉類はあまり手に入らない。「ムチチャ」、「チャイニーズ」と呼ばれる菜っ葉、たまにホウレンソウがあるくらいだ。「キサンフ」と呼ばれるキャッサバの葉も食べられるのだが、あまりおいしいとは思えない。それにウガラでは、どうせ菜っ葉類はすぐ干からびてゆくので、買い込んでも無駄である。比較的長持ちするキャベツがなくなると、菜っ葉類は食卓から消える。それ以降も食べられる主な野菜は、トマト、キュウリ、ナス、ピーマン、ニンジン、タマネギ、オクラなど。最後まで残るのはやはりタマネギだ。

果物は、ミカン、レモン、バナナ、パパイヤ、マンゴー、アボカド、スイカ、パイナップルなど。パパイヤやマンゴーは調査地に実っていることがある。かつて誰かが植えたものだ。日本で買えば結構な値段がするから、それらがただで頂戴できるのは幸せであった。

ウガラ地域、ングェの景観
（手前の樹上に座っているのはヒヒ）

第四章……南限のチンパンジー調査

▼発見、南限のチンパンジー

一九九五年の夏の終わり、ウガラでの調査を終えてダルエスサラームに戻った時に、JICA（国際協力事業団）の一員としてタンザニアに滞在していた赤井勲さんという方から興味深い話を聞いた。「スンバワンガの近くにソクエ（チンパンジー）がいる」という噂があるそうなのだ。スンバワンガはタンザニア南西部の街である。調査地ウガラから南回りでダルエスサラームに戻る時にいつも通る街だ。

一九六〇年代の加納さんの調査によると、タンザニアにおけるチンパンジー生息地の南限はワンシシ地域になっていた。それより百数十キロメートルも南のスンバワンガ近くにチンパンジーが住んでいるとは、にわかには信じがたい話だった。でも本当ならばおもしろい。帰り道にスンバワンガを通った時に、ちょっと足を延ばして確認して来れば良かった。だが今からでは帰国の便に間に合わない。そこで私の次にタンザニアに来る予定になっていた加納さんにこの話を伝えた。

加納さんは一九九六年の二月にスンバワンガに寄って、チンパンジーのベッドを見たという人物に会っておいてくれた。ルクワ州の自然資源課に勤めているハッサン・ムケニという人だ。ムケニさんは「一九九五年の一〇月に、キスンバ村の北西、タンガニイカ湖から約一〇キロメートル離れた付近で、ソクェのベッドを見た」と加納さんに語ったそうである。猛禽類も樹上に巣を作る。それと見間違えた可能性はないだろうか。また、チンパンジーがいたとしても、例えば人に飼われていたチンパンジーが逃げ出しただけかもしれない。本当に野生のチンパンジーが昔からそこに生息していたのだろうか。やはり直接その場所に行ってみて確認する必要がある。

翌一九九六年の夏、私はムケニさんがチンパンジーのベッドを見たという場所にまで行ってみることにした。

一九九六年九月二日、ウガラでの調査を終えた私と金森さんは、トラッカーたちをムワミラ村まで送った後、ウビンザを南下してスンバワンガに向かった。

スンバワンガでムケニさんの自宅を探し当てると、彼は家にはいなかったが、家族が電話をかけてくれた。何度か試しているうちに電話がつながって、電話口にムケニさんが出た。私は「あなたがソクェのベッドを見た場所に行ってみたい。車は持っているから、そこまで案内してもらえませんか。明日からにでもすぐに出発したい」とムケニさんに頼んだ。しかし、彼は今スンバワンガから八〇キロメートルほど離れた村にいるそうだ。私たちの残りの日程を考えると、彼の帰りを待っているわけにはいかない。でもムケニさんは言った。「ベッドのあった所にはカトンコラという男と一緒に行った。カトンコラはキスンバ村に住んでいる。彼に頼めば案内してくれるだろう」と。

翌日私と金森さんは自然資源課の事務所にも行ってみた。だが新しい情報は得られなかった。「調査許可証を見せろ」と言われ、私たちの調査について説明させられただけだった。おまけに「君たち外国人だけでは危険であるから、銃を持ったレンジャーを連れて行け」と言われた。「面倒なことになったな」と思ったが、断るわけにもいかない雰囲気だ。助言に従いレンジャーを一人連れて行く。紹介されたのはシャバニ・カブガさん。はりきってはいるが、基本的に街の人のようだ。チンパンジーや野生動物には全く詳しくなさそうである。「これならウガラでいつも一緒に調査をしているトラッカーをここまで連れてくれば良かったなぁ」と内心後悔した。

九月四日の七時三三分、私と金森さんはシャバニさんを車の後部座席に乗せ、スンバワンガから西へ向かった。私にとっては初めての道である。数時間走ると、キスンバ村に着いた。カトンコラは、この村のどこかに住んでいるはずである。家の住所はわからない。電話もない。「行けば会える」と言ったムケニさんの言葉を信じるしかない。「ここはカトンコラの家ですか」と、しらみつぶしに聞いていく。「違う。そのカトンコラって一体誰だ」という返事がしばらくは続いた。しかし、やがて、「違う。でもカトンコラなら知っている。もう少し先だ」という返事が増えてきた。そしてほどなくカトンコラの家が見つかった。彼の名はエクリール・クリニカ・カトンコラ（通称カトンコラ）。この地域には多く住んでいる「ムフィパ」と呼ばれる民族だ。

カトンコラに会うなり、私は「ソクェのベッドがあった場所に今から案内してくれないか。今日はそこで泊ることになるかもしれないけど」と頼んだ。何処かもわからず、そこまで何時間かかるとも知れない場所を目指すのだ。現在の時刻は一一時。なるべく早く出発したい。カトンコラはあっさり「いいよ」と言ってくれた。カトンコラも車に乗せ、すぐに出発する。

カフコカという小さな村を通過し、ボマムウィンビという川を渡る。カトンコラの指示に従い、北西に向かって、道なき道を進んでいった。しかし、そうしたら、本当に途中で道がなくなってしまった。カトンコラも「この先はどこを通って行ったのか、忘れてしまった」と言う。彼がチンパンジーのベッドを見たという場所には地名や住所があるわけではない。特に目印もない。そこから半日ほど歩くとキニカという小さな村があるそうなのだが、地形図には載っていない。地形図を見せながら、私は「ここがあなたの住んでいるキスンバ村だよ。キスンバ村から私たちはこう進んできて、今この辺にいるはずなんだ。さぁ、ソクェのベッドがあった場所はどっちだ？」と尋ねる。が、カトンコラは「うーん」と唸ったきりである。目的地は彼しか知らないのだから、どうしようもない。仕方がないので、最後に彼が「多分あっちだ」と指差した方向からずれないようにして、できるだけそのまま真っ直ぐ十数キロメートルを進んでいった。幸い地形は平坦であり、道がなくても、車は疎開林の木と木の間をすり抜けて走っていくことができた。

やがて地形は下り坂になった。川が近いようである。GPSと地図によると、先にあるのはルワジ川だ。チンパンジーのベッドがあったのは、ルワジ川の川辺林の中なのだろうか。

行く手の草丈は高く、二メートルほどもあった。枯草が野火で焼き払われていない。この周辺にはほとんど人が入っていないらしい。道なき道を進む車のフロント・ドアからは、車のバンパーで草をなぎ倒した部分の、わずか数十センチメートル先までしか見通せない。溝や崖があったら、気づかず落っこちてしまうだろう。午後二時一九分、草で見通しはますます悪くなり、傾斜もきつくなってきた。このまま突き進むと危険だ。私は車を疎開林の斜面に停めた。

カトンコラは「ここからは見覚えがある」と言う。金森さんとシャバニさんを車に残し、私とカトンコラはそこから歩くことにした。しばらく坂を下っていくと川に出た。GPSと地形図を照らし合わせると、ここはやはりルワジ川である。川の対岸には、疎開林の斜面に三本の支流が常緑林の緑の筋を作っているのが見えた。「あそこだ！　あそこで見たんだ」と、カトンコラはそのうちの一本の常緑林を指さした。

靴とズボンを脱いでルワジ川を渡渉する。水深は腿の中ほどまで。水の流れは意外と速かったが、木の棒を杖にしてなんとか無事ルワジ川を渡りきった。

そしてカトンコラが対岸から指差した川辺林に入ってみる。あった！　双眼鏡で覗くと、チンパンジーのベッドらしい。新しくはないが、まだ枯葉の残った二個のベッドが、三メートルの間隔をおいて、同じムエンゲレという木の上にひっそりと作られていた。ベッドまでの高さは約二〇メートル、樹高は二五メートルくらいだろう。これは本当にチンパンジーのベッドなのだろうか。偶然にツタがからまって葉が密集しているだけではないのか。他の木の枝葉が邪魔していて見にくい。猛禽類の巣とも見間違わないようにしなくてはならない。見分けるポイントは、猛禽類が拾ってきた小枝を木の又に積み重ねて巣を作るのに対して、チンパンジーは木の枝を内側に折り込んでベッドを作る点である。枝が曲げられていたり折られていたりすればチンパンジーの仕業だと判断することができる。何度も何度も双眼鏡で覗いた。どうやらチンパンジーのベッドらしかった(Ogawa et al. 1997)。

夕方五時〇三分、私とカトンコラは車まで戻った。できれば車をルワジ川までつけてキャンプをしたい。しかし、川の近くは崖になっていて、車では下りきれなかった。車をここに置いて、荷物を担いで下り、川辺でキャンプするという手もある。だが、まだ周りの様子もわかっていない。そんな場所に車だけを置いていくのはあまりに不用心だ。この草の生え方ではもし野火が来たら車は燃え上がってしまう。結局私たちは斜面の途中でキャンプした。川から水をくみ上げるのが大変だったが、カトンコラが二〇リットルのポリタンクに水を入れて登ってくれた。せっかくチンパンジーのベッドを発見したので乾杯したかったが、ビールは持ってきていない。夕食も、仕事に慣れたいつものトラッカーではないので、あれこれ指示するよりも自分で作ってしまった方が早い。四人分の食事を作って食べると、疲れていた私はすぐに眠ってしまった。

▼ルワジでチンパンジーの糞を探せ

さて、チンパンジーのベッドは見つけたわけだが、できれば糞もほしかった。糞が手に入れば、チンパンジーが何を食べたのかがある程度わかるし、チンパンジーのＤＮＡも抽出できるからだ。糞に混じっていた微量のＤＮＡからでも、それを実験室で増幅させて分析することが、当時は既に可能になっていた。ＤＮＡが得られれば、ここに生息するチンパンジーについて多くのことがわかる。

翌九月五日、私たちは周辺にチンパンジーのベッドや糞や他の痕跡がないかどうかを、手分けして探した。私はシャバニさんと組んで歩く。ただシャバニさんは一度もチンパンジーのベッドを見たことがない。探すといっても、それがどんな物か知らないわけで、役には立ちそうもない。本人もそれは自覚している。しかし、せっかくここまで来たので、何かは活躍したそうだ。「あそこにあるのはどうだ。ベッドじゃないのか？」と何度も私に聞いてくる。またチンパンジーの糞とは明らかに大きさも形も違うキイロヒヒの糞を見つけ、「これはチンパンジーの糞ではないのか。どうだ、どうなんだ？」と聞いてくる。わずらわしいことこの上ない。

いいかげん嫌になってきた頃、突然前方の枝がバサッと大きく揺れた。大きな動物がいる。アフリカゾウだろうか。それともバッファローか。シャバニさんは「今こそ私の出番だ」とばかりにライフル銃の安全装置を外した。次の瞬間木の陰から現れたのは、金森さんであった。野生動物と間違えられて、あやうく銃で撃たれるところであった。

「やれやれ」と思いながら疎開林を歩いていると、幸運にも一個の糞を見つけることができた。古いので既に乾燥して固まっているが、大きさと形から判断してチンパンジーの糞に間違いない。私は見つけた糞を手で拾ってビニール袋に入れた。

後日談になるが、この時見つけた糞は、そのひとかけらをエタノールに溶かしてチューブに詰め、大切に日本に持ち帰った。すると、乾燥疎開林地帯のチンパンジーの地域変異に関心を持ってくれた竹中修さん（京都大学霊長類研究所教授）が忙しい時間をさいて分析してくれた。

タイトなスケジュールだったそうだが、学会発表前日に分析結果が出たそうだ。果たしてルワジ地域のチンパンジーのDNAは他の地域のチンパンジーとどの程度違っているのだろうか。分析結果は、ルワジのチンパンジーが他のチンパンジーとは極めて異なっていることを示していた。チンパンジー（*Pan troglodytes*）は三亜種（または四亜種）に分類され、一番東に分布している亜種はヒガシチンパンジー（*Pan troglodytes schweinfurthii*）だ。タンザニアにいるのはこのヒガシチンパンジーのはずである。ところがルワジのチンパンジーのDNAは、ヒガシチンパンジーとは大きく異なっていた。ということは、ルワジのチンパンジーは別の亜種とするべきなのだろうか。もしかしてルワジに生息しているのはチンパンジーですらなく、別の新たな謎の類人猿なのであろうか！

ところが何か変である。あまりにもDNAが違いすぎている。照らし合わせてみると、それはヒトのDNAであった。私のDNAだ。糞を見つけて拾いあげた時に、糞に触った私のDNAが試料に混ざってしまい、それが増幅されていたのであった。竹中さんは、翌日の学会発表でこの結果を正直に報告し、会場の笑いは大いにとったそうだ。

この事件以来、「DNAを採取するためにチンパンジーの糞を拾う時には、使い捨てのビニール手袋を必ずはめよ。使い捨てのマスクも着用せよ」というルールが、竹中さんから私たちフィールド・ワーカーに言い渡された。

九月六日には、カトンコラに案内してもらい、キニカ村を訪れた。コスモス・ジュングという人が一九九一年にカサンガ村から来て畑を耕すようになったのがキニカ村の始まりだという。キニカ村は最近できた村だった。ルワジにチンパンジーがいることが知られていなかったのは、そのためもあったようだ。コスモスとカトンコラは従兄弟（いとこ）同士だそうだ。カトンコラは何度かキニカ村を訪れているうちにコスモスからチンパンジーの話を聞き、それが何人かを経て私たちにまで伝わったわけである。

コスモスは一九九四年に初めてチンパンジーを見たそうだ。翌年には「子供を背中に載せているソクェを見たことがある」という人にも私は会った。どうやらこのルワジのチンパンジーは飼われていた個体が逃げ出したものではなさそうだ。野生のチンパンジーが昔からルワジには生息しており、それが現在も繁殖していると考えられた。

九月七日には、さらに古いベッドを一つ発見した。今回はこれで帰国することにしよう。私たちは、ボマムウィンビまで戻って車を川辺に停め、その傍らにテントを張って泊った。ボマムウィンビ川には透きとおった水が流れており、快適なキャンプ場である。八日、キスンバ村でカトンコラを車から降ろし、スンバワンガに戻ってシャバニさんと別れた。


帰国後に文献を調べてみると、それまでに確認されているアフリカ全土におけるチンパンジー分布の南限は、タンザニアとはタンガニイカ湖を挟んだ位置にあるコンゴ民主共和国にあった。そして、私たちがチンパンジーのベッドと糞を発見した場所は、わずかではあるがそれよりも南だった。即ち、ルワジのチンパンジーは、研究者によって生息が確認された南限のチンパンジーということになる（Ogawa et al. 1997; 小川ら 1999a）。このニュースは、「一〇〇年ぶりにチンパンジーの分布域記録が南に更新」と銘打って、タンザニアと日本の新聞で報道された。そして、この発見に気を良くした私たち加納隊のメンバーは、以後ウガラのチンパンジーの生態調査から、タンザニア全土のチンパンジーの分布調査へと研究テーマを拡大させていったのである。

▼ウガラ縦断

時は九月にルワジで南限のチンパンジーを発見する少し前に遡る。昨年に引き続き三年目となるこの年、私と金森さんは七月一四日に日本を出国し、七月二七日からウガラに滞在してチンパンジーの生態調査にいそしんでいた。

この年は、エマの紹介で、もう一人トラッカーとしてフェストゥス・マテヨ・ルンディという若者を連れてきた。昨年雇ったアントニーは村人たちとカバ狩りに行った時に反撃してきたカバに潰されて死んでしまったからである。昨年私が帰国してすぐの出来事だったらしい。

私たちはしばらくングェに滞在し、八月一日にはキャンプをブカライに移した。そして八月九日には、私は、ブカライからさらに南に向かって走り、ムパンダロードまで出てみる計画を実行した。

ブカライはウガラ地域のほぼ真ん中である。しかし、ウガラ中央部に入るには、もう一つ南からの道がある。ウビンザからブエンジ村を経て南東に入ってきた林道は、このブカライで行き止まりとなる。ムパンドレからの道だ。そして、ブカライから疎開林の木と木の間を抜けてゆけば、一昨年の一九九四年に伊谷さんと私が初めてウガラに入ったムパンドレから延びている道にまで車で行けることを、私は昨年のうちに確かめておいたのである。

それは昨年の一九九五年九月五日のことだ。テントの中で地図を眺めていると、その時自分がいるブカライは一九九四年に私と伊谷さんが入った林道とそれほど離れていないことに気づいた。「よし、その林道まで行ってみよう」と、翌日キャンプから疎開林を歩いていくと、見覚えのある林道に出た。やっぱりそうだ。あの時私と伊谷さんはブカライの一歩手前まで来ていたのだ。

もし車で疎開林を突っ切ってこの林道まで来ることができれば、一昨年に南から入って来た林道と、昨年と今年に北から入って来た林道が繋がり、南からも北からもブカライに来ることが可能になる。私たちは、木と木がランドローバーの横幅以上に空いている隙間を探しながら、うねうねと疎開林を進んでみた。細い木なら強引に車でなぎ倒して通過してしまう。アントニーに車の先方を歩いてもらい、「こっちだ。この木とこの木の間なら車が通れる」「いや、無理だった。一旦バックしよう」「この細い木は車で押し倒してしまおう」（時には意外と幹が太くて車では押し倒せず）「ダメだ。パンガ（山刀）でこの木は刈り取ってしまおう」などと、進むこと数キロメートル。私たちは林道に出た。

それから一年後の一九九六年八月九日、私と金森さんはウガラ縦断を決行した。まずブカライのキャンプ地から道なき道を突き進み、南から延びてきている林道に出る。それを南下してシャングワ川に。シャングワ川は一九九四年に伊谷さんと一泊した川。ウガラで唯一清流が流れていた場所である。ここで数泊して植生調査を行った後、八月一四日、私たちは見事ウガラ縦断に成功した。

その後私たちは八月一五日から一六日にかけてムパンダロード沿いのンコンドウェでも植生調査を行い、一七日にはシャングワ川に戻った。一九日から二四日までブカライ、二五日から三〇日まではングェに滞在。八月二八日にングェ川の支流ルタンダ川を訪れた時には、崖の上から見下ろすと、川辺の草地で一頭の大きなオスのバッファローが悠然と草を食んでいるのが見えた。その光景をエマと一緒にずっと眺めていたことを、今でも鮮明に覚えている。八月二九日には、エマとキャンプ地からングェ川を下流に歩いて行き、マラガラシ川が見える所まで行ってみた。徐々にウガラは、少なくともングェのキャンプから一日で歩いて帰って来られる範囲は、自分の「庭」になりつつあった。

そうして方々を歩きまわり、夏休みも終わろうかという八月三一日。私たちはウガラを離れた。エマたちを村まで送って、ウビンザ泊。ムパンダを経由して、スンバワンガ泊。そこからルワジに向かって南限のチンパンジーを発見したのは、前節で紹介した通りである。

その後、私たちは九月九日にスンバワンガを出て、南周りでダルエスサラームに戻り、九月一四日に帰国した。

コラム④……タンザニアという国

この本の舞台タンザニアについて解説しておこう。ただし、私自身が訪れたことのない場所については、書物などの受け売りであることをお断りしておく（栗田・根本 2006; 根本 2011; 吉田 1997; 掛谷 2002）。

タンザニア（正式な国名は、タンザニア連合共和国）は、アフリカ大陸の東に位置する。東経三〇～四〇度。東はインド洋に面し、西はタンガニイカ湖に接している。南北ではアフリカ大陸のほぼ中央。南緯一～一一度であるから、赤道の少し南だ。北はケニア、ウガンダ、ルワンダ、ブルンジと陸地で国境を接し、南はザンビア、マニラウィ、モザンビークと陸地で国境を接している。西の国境タンガニイカ湖の対岸にはコンゴ民主共和国がある。東西は約一一〇〇キロメートル、南北は約一二〇〇キロメートル。四角形に近いので、端から端までの距離は日本よりも短いが、陸地面積は九四万五〇九〇平方キロメートルと日本の二・五倍ある。

アフリカ大陸の東部にはグレートリフトバレー（大地溝帯）が貫いている。この大地の割れ目に形成された南北に長い湖、それがタンガニイカ湖である。タンザニア北部にある丸い形の湖はビクトリア湖だ。キリマンジャロは、言わずと知れたアフリカ大陸の最高峰。標高五八九五メートルで、タンザニア北部にそびえている。

タンザニアは赤道付近に位置するが、海岸部のダルエスサラームなどは別にして、さほど暑くはない。内陸部には高原地帯が広がっているからだ。月によってそれほど気温は上下しないので、夏と冬といった季節感覚はない。あるのは乾季と雨季である。六月から一〇月頃までが乾季で、一一月から五月頃までが雨季となる。一一月から一二月が少雨季、三月から五月が大雨季とされる。ただし、場所によって、年間二〇〇〇ミリメートル以上雨が降る所も、四〇〇ミリメートル以下しか降らない所もある。

世界的に有名なセレンゲティ国立公園やンゴロンゴロ保全地域にはサバンナが広がっている。だが、この本で登場するカタビ国立公園、マハレ山塊国立公園、ゴンベ渓流国立公園にはサバンナ・ウッドランド（乾燥疎開林）が広がっている。アフリカで有名な木はバオバブであろう。だがチンパンジーの生息地にはバオバブは生えていない。私は調査地への行き帰りに目にするだけだ。また、アフリカといえばサバンナに生えるアカシアの木を思い浮かべる人が多いだろうが、これまたチンパンジーの生息地ではあまり生えていない。これまで紹介してきたように、タンザニア西部に広がる疎開林に生えているのは、現地で「ミオンボ」と呼ばれるマメ科のブラスキテギア属とジュルベルナルディア属の落葉樹である。

タンザニアは、大陸部のタンガニーカとインド洋に浮かぶザンジバル島から構成される連合共和国である。その近代史は、他のアフリカ諸国と同様に、植民地支配からの独立の歴史としてまとめられるだろう。一九八〇年代にヨーロッパ人によるアフリカの分割が行われ、大陸部はドイツ領、ザンジバル島はイギリスの保護国とされた。それに抵抗してタンガニーカではアブシリの反乱、ムクワワの反乱、マジマジの反乱などが起こっている。第一次世界大戦が終わると、ドイツ領は解体されて、大半はイギリスの委任統治領となり、東北部はベルギーの委任統治領となった。第二次世界大戦後には、世界的な脱植民地化の流れに乗って、タンガニーカ・アフリカ人民族同盟（ＴＡＮＵ）が次第に支持を集め、一九六一年にタンガニーカは平和裡に独立して翌年共和国となった。一方、ザンジバルも一九六三年には立憲君主国として独立し、翌年にはザンジバル人民共和国となった。両国は合併して、一九六四年にタンガニーカ・ザンジバル連合共和国が成立し、同年タンザニア連合共和国と改称して現在に至っている。

タンザニア建国の父は、初代大統領ともなったジュリウス・ニエレレである。ニエレレは、スワヒリ語を公用語として、パン・アフリカ主義とアフリカ社会主義の精神に基づいて安定した政治を行った。独裁者とはならず最後まで清貧を貫いたニエレレは、引退して一九九九年に没した後もタンザニアの多くの人々に慕われ尊敬されている。ただし、一九六七年に発令されたアルーシャ宣言から始まる「ウジャマー政策」と呼ばれるアフリカ社会主義政策は、経済的には失敗した。そこで、一九八五年の選挙で二代目の大統領となったハッサン・ムウィニは、アフリカ社会主義を脱し、経済の自由化を進めた。外国資本を導入し国営企業も民営化されたことによって、一九八〇年代半ばまで低迷していたタンザニア経済は次第に復興していった。

タンザニアの経済は、基本的には農業によって支えられている。輸出品としては、キリマンジャロ・コーヒーが有名だ。また例えば、魚フライとして私たち日本人がよく食べている白身魚は、ビクトリア湖で獲れるナイルパーチであったりもする。

タンザニアの人口は、二〇一二年現在で約四八〇〇万人。首都は中央部に位置するドドマであるが、経済と政治の実質的な中心地は依然としてインド洋に面したダルエスサラームである。

タンザニアには一二〇～一三〇程度の民族集団（エスニック・グループ）がある。本書で登場する「トングェ」や「ハ」や「ベンデ」などは、こうした民族の呼称である。民族とは、同じ文化を持つ人たちからなる集団のことであり、自分たちがその集団に所属しているという意識を持っているものだ。最もわかりやすいのは、同じ言葉を話す人たちということであろう。ただし、タンザニア全土で話されているスワヒリ語は、もともと東アフリカを中心に交易などのために使われてきた言語であり、それを公用語として採用したものである。タンザニアの人々は、スワヒリ語以外に、自分たちの民族の言葉を母語として持っている。

民族間の対立が深刻な紛争をもたらす例は世界各地で知られているが、タンザニアではそれほど深刻な民族集団間の対立はない。大多数を占めて支配階層を形成する民族集団がタンザニアには存在しなかったことが幸いしているようである。そんなタンザニアは、民族紛争の絶えない隣国からの難民も受け入れてきた。また、私たち外国人にも、親切かつフレンドリーに接してくれることが多い。

タンザニアは、アフリカ諸国の中でも経済的には決して豊かとはいえないが、平和が比較的長く保たれている国である。そして何より、タンザニアの人々こそがタンザニアの最大の魅力であると私は思っている。

キスンバ村の人々

第五章……再びウガラ川へ

▼ウガラ各地へ

一九九七年、この年にはもう一度ウガラ東部のウガラ川方面を探索してみることにした。七月一三日、金森さんと共に名古屋空港発。調査許可と在留資格を取得して、七月二四日の八時四九分、ダルエスサラーム発。なお今回の車はトヨタのプラドである。これまでの車はもうボロボロになっていた。そこで加納さんがお金をかき集めて新車を購入してくれたのだ。北周りで、途中ちょっと寄り道をしてビクトリア湖畔の街ムワンザを訪れ、七月二九日の午後四時二一分にキゴマに着いた。

この年はジュマネ・マピンズリ・バラムウェジ（通称バラムウェジ）という若者を雇った。本書冒頭で紹介したトラッカーの登場である。昨年雇ったフェストゥスは警察官になってしまった。そこでエマに「できれば英語もできる若者を見つけておいて」と頼んでおいたのだ。バラムウェジはエマと同じ「ハ」という民族で、カズラミンバ村に住んでいる。彼はその後長きにわたって私の調査を手伝ってくれるトラッカーに成長していった。

バラムウェジとエマを車に乗せ、私と金森さんは七月三〇日にウガラに入った。ングェで二日間調査をして、ムフバシの水場に移動。イサ平原を調査するためである。

この平坦地に水はほとんどない。イサ川とその支流沿いには、常緑樹が川辺林を形成してはいる。しかし、丘陵地の谷に形成される渓谷林と違って、平坦地に形成されている川辺林は、概して幅が狭く樹高も低い。場所によって川辺は常緑樹が途切れて草地となっている。乾季も半ばを過ぎると水は干上がってしまう所が多い。イサ平原はまさしくそのような場所であった。

そこで私たちは二〇リットルのポリタンクに飲み水を詰めて車に積みこんだ。川に水がないのを覚悟の上で、行ける所まで入り込もうという作戦である。車を停めた場所から周囲を歩いてチンパンジーのベッドをチェックし、水を使い果たしてしまったら水のあるムフバシまで戻るつもりだ。脱水症状にならないように飲み水は十分摂る。しかし水浴びはあきらめる。食器洗いも省略。各自「これは自分の食器だ」と決め、食後は、食器をロールペーパーでふき取るか、ペロペロときれいに舐めとって終わりとする。そんな一泊二日の調査を何度か決行した。バラムウェジは「ソクエ（チンパンジー）の調査ってこんなにハードなの」とショックを受けていたようだが、文句は言わず頑張ってくれた。


そうしておいて私たちは、六日にはブカライに向かった。ブカライならいつものキャンプ地に水があるはずだ。ところがこの年のブカライの水は汚かった。あのエマでさえ「この水は飲まない方が良い」と忠告した。私とエマは車に積んでいた水を水筒に詰めて、半日だけブカライの様子を歩いて見てまわり、夕方には四人でブカライを出た。昨年見つけておいたウガラ縦断ルートを通って、いつも清流が流れているシャングワ川へと向かったのである。

夕方五時四八分、シャングワ着。ところが今年はここにも水がなかった。川底が湿ってはいたが、少し掘ったくらいでは水は出てこなかった。私たちはさらに林道を南下してムパンダロードのムパンドレにまで抜け、午後六時四四分、ようやく水のある川にたどり着いた。ンコンドウェである。サバンナモンキーが私たちを迎えてくれた。その日はンコンドウェ川のほとりに車を停めて泊った。

八月七日、次はウガラの北東部に向かう。一九九四年以来である。八時四〇分発。ムパンダロードを南下。九時一八分、一九九四年にも通った脇道を抜けてウガラ駅へ。懐かしのウガラ川、ウガラ駅、駅近くの村のオスカの姉の家である。オスカにも会えるかと期待したが、今回もまた彼は原野の彼方に出掛けていて村にはいなかった。

午後一時五〇分、私たちはウガラ駅を後にして、林道をさらに北上した。一九九四年に通った道だ。午後二時五〇分、ニエンシ川（ニアマンシ川）の下流部まで来ると、川のそばにはカバの骨が転がっていた。川辺にはカバが出入りする道が掘られている。ングェやブカライとは異なり、この付近にはカバがたくさん住んでいるようだ。「ニエンシ川にはワニも多いから気をつけろ」と言われた。しかし平坦な地形のこの付近にはチンパンジーのベッドはなかった。ここから上流部の丘陵地に向かえば、チンパンジーのベッドが見つかるだろうか。もし見つかれば、そこがウガラのチンパンジーの行動域の端、引いてはアフリカ全土のチンパンジーの生息地の東端になるはずである。

八月一〇日、エマと一緒に私はニエンシ川沿いに上流部へ向かってトコトコと歩いてみた。丘陵地にさしかかると、思った通り遠く丘の斜面にチンパンジーのベッドが見えた。やはり丘や傾斜地になるとチンパンジーのベッドは出現するのであった。

翌八月一一日は、ブコンベ川を北に渡り、ムトンゲシ川まで進んだ。一九九四年と同様、乾季の今ムトンゲシ川に水は流れていなかった。川底の所々に水たまりが残るのみの状態だ。しかしこの水で我慢しよう。私たちはポリタンクに水をつめてムトンゲシ川上流部を訪れ、チンパンジーのベッドを確認した。一九九四年にベッドがあった場所には、一九九七年の今もやはりチンパンジーたちがベッドを作っていた。森の中をブッシュバックが駆けてゆき、ケモノ道にはあの時と同じようにアフリカゾウの糞がたくさん転がっていた。

▼ハンティング基地への拉致事件

八月一二日、さらにウガラの奥を目指す。ムトンゲシ川を渡った所まで一旦戻り、今度は下流に向かって、一九九四年に私と伊谷さんが入り込んだイガルラまで行ってみようとした。

ところが、その時、一台のトラクターが前方からやって来た。「ジャンボ（こんにちは）」と声をかける。が、どうも険しい顔をしている。「お前たちはここで何をしているのだ」と男たちは聞いてきた。「僕らはソクェの調査をしているんだ。タンザニア政府からもらった調査許可証もちゃんと持っているよ」とにこやかに答える。しかしその男たちは「ここは我々の土地だ。勝手に入ることは許さない。我々の基地までついて来い」と言ってきかなかった。「わかった。この先には行かずに、今来た道を戻るよ」と言うと、今度はトラクターを移動させて私たちが帰ろうとする道を塞いだ。ライフル銃も持っている。やむをえず私たちはそのトラクターについていった。午後三時一〇分、私たちはこの男たちに拉致されてしまうのであろうか。

私たちの前を走るトラクターは、しばらく疎開林の中を進むと、今度は進路を東に変えて急斜面をウガラ川に下っていった。どうやらウガラ川を東に渡るつもりらしい。ウガラ駅付近ではウガラ川は満々と水を湛えている。しかしこの付近では川周辺は草原になっていた。ウォーターバックが何頭もいる。こんな場所は雨季にはスワンプ（湿地草原）となるのだろう。しかし乾季の今、地面はほぼ乾いており、ぬかるみにはまることなく車を走らせていくことができた。草原をうねうねと進むと、最後にウガラ川に突きあたったが、川幅はわずか数メートルに狭まっていた。車一台が通れる木製の細い橋が架かっており、トラクターと私たちのプラドはウガラ川を東に渡った。

すると、突然目の前に立派な建物が現れた。門には花と動物の骨が飾ってあり、ジープが数台停めてある。コッテージ風の部屋はきっとシャワー・ルームつきであろう。有名な国立公園やリゾート地で目にするような施設である。奥からオーナーらしき欧米人が現れた。

アフリカゾウやバッファローなどをライフル銃で撃ってしとめることを趣味とする人たちが欧米などにはいる。いわゆるスポーツ・ハンティングだ。外国からタンザニアにスポーツ・ハンティングを楽しみにやって来る人たちを顧客として運営している、ここはそんなスポーツ・ハンティング施設だったのだ。会社名は「ロビン・ハート・サファリ」。この土地でスポーツ・ハンティングを行う権利を政府から買い取って営業しているのだそうだ。

現れたオーナーらしき人物に私たちがここに強引に連れてこられた経緯を話すと、「あぁ、それはすまなかった。この付近ではチンパンジーは見かけないが、まぁゆっくり食事でもしていってくれ」とレストランに案内された。テーブルの上にはローストビーフや生野菜のサラダなど。私がタンザニアでは初めて目にする料理が並んでいた。まるで冒険映画でよく見るシーン、未開の地の王国に招待されたような気分だ。これらの料理はきっとスポーツ・ハンティングを楽しみ終わって夕方に帰ってくる顧客たちの夕食なのだろう。私は遠慮して申し訳程度に一皿分だけいただいたが、エマがそんなことを気にするはずもない。ここぞとばかりの勢いで猛然と食べ始めた。先ほど私たちに「ついて来い」と言った男たちは、いつの間にか姿を隠していた。きっと気まずかったのだろう。

オーナーの話によると、一九九四年に私と伊谷さんが「まるで飛行場みたいだ」と思った平坦な草地は、実際に彼らが飛行場として利用している場所だった。「その先まで行ってみようと思っている」と私が言うと、「今はその道は塞がっている。整備していないので車で入るのは無理だろう」と言われた。結局この年は、私と伊谷さんが一九九四年に入った所まで行くことはできなかった。

夕方五時三六分、エマはまだまだ食べ続けていたが、私たちはニエンシ川（ニアマンシ川）まで引き返すことにした。スポーツ・ハンティング施設のオーナーは「今日はここに泊っていけ」とまでは言ってくれなかったのだ。

ウガラ川を西に渡って、先ほど下った急坂を登る。しかしそこで車がオーバー・ヒートしてしまった。実はそれまでも新車プラドは冷却装置がうまく働かず、登り道で何度かオーバー・ヒートを起こしかけていた。それを騙し騙しここまで来ていたのだ。だから先ほども急坂を下るのは嫌だったのである。車に積んでいたなけなしの水をエンジンにかけて冷やし、しばらく待つ。その間に周りは薄暗くなってきた。

やがて運転は再開できたが、すっかり日が暮れてしまった。真っ暗な中、危険な思いをして狭い林道を走るはめになる。夜七時五二分、ようやくブコンベ川まで戻ってきた。ニエンシ川と比べて水は汚い。しかし今日はもうここでキャンプとしよう。私たちを拉致して強引にハンティング・キャンプまで連れて行った男たちは、今頃シャワーでも浴びているのだろうか。まったくひどい話であった。

▼ルワジでの放牧体験

八月一三日、私たちはウガラ東部から引き上げてングェに戻り、八月二一日には、ングェでの調査を終了した。この後は、ＭＭＷＲＣ（マハレ山塊野生生物研究所）のマサウエを誘って、金森さんと三人でルワジ地域のチンパンジー調査に行く予定である。

八月二三日の朝七時〇〇分、キゴマ発。午後六時、ムパンダ着。翌二四日、スンバワンガ着。八月二五日、二度目のルワジ行きに出発だ。今回は二月に加納さんが通ったという北側からのルートでキニカ村を目指す。昨年は、キスンバ村から行こうとして、途中で道がなくなってしまったからだ。スンバワンガから、チャポタ村とカサパ村を通って、キニカ村着。加納さんがテントを張ったというルワジ川支流のキニカ川の川辺で私たちもキャンプをした。

翌日から二日間は三人でルワジ川の支流キニカ川やムサランバ川を歩く。しかしチンパンジーはいない。ベッドすらも見つからなかった。そこで私たちは二手に分かれて調査することにした。マサウエと金森さんにはルワジ川より一つ北の水系に車で調査しに行ってもらった。

私はキニカ村でコスモスおじさんとコロンゴという若者を雇い、昨年チンパンジーのベッドを見つけたルワジ川のほとりにテントを張った。そして、金森さんたちが帰ってくるまでの間、毎日チンパンジーの痕跡を探して周辺を歩きまわった。一度でもいいからチンパンジーを目撃できないかと期待しながら。コロンゴは動植物にこそあまり詳しくはなかったが、朝から晩までチンパンジーを探して歩き続ける私に、文句の一つも言わずにつき合って歩いてくれた。おかげで、成果こそ全く上がらなかったが、気分よく調査をすることができた。

ウガラと違ってルワジでは水の確保に苦労しない点も嬉しかった。うっとうしいツェツェバエもいない。今回のように清流流れるルワジ川の川辺にテントを張ると、まるで日本でキャンプ生活を楽しんでいるかのようである。さらにルワジには断崖を流れ落ちる見事な滝が何本もある。それらの滝はいずれも絶景だ。「ここでチンパンジーの生態調査を上手く進められるのなら、調査の拠点をウガラからルワジに移そうか」という誘惑にかられた。しかしルワジでは「一度で良いからチンパンジーの姿を見たい」という願いは叶わなかった。これではチンパンジーの生態調査を進めることは難しい。やはり「厳しい環境であるウガラだからこそ、そこに生息するチンパンジーを研究する意義も深いのだ」と自分自身に言い聞かせ、ウガラでの調査を続けよう。

ルワジ滞在最後日の九月二日。私はチンパンジーを探すのはあきらめ、かねてより一度体験したいと思っていたことを実行した。放牧である。キニカ村の村人に頼んで、放牧を一日やらせてもらったのだ。家畜は牛一一頭と山羊六頭。手伝いに犬二頭。犬の名前はナンブンペとアトロング。牛飼いは、キニカ村の一〇歳くらいの少年アレキサンダー君と、新米の私である。

朝九時四四分、牛たちと山羊たちを囲っている柵を開けて村を出る。一〇時〇四分、キニカ川を通過。その際牛たちに川の水をたっぷり飲ませるのを忘れてはいけない。そうして、アレキサンダー君に教えを乞いつつ、一日放牧を楽しんだ。

午後四時五二分、キニカ川を渡ってキニカ村へと戻る。牛たちと山羊たちを柵の中に入れて今日の仕事は終了である。私がお礼を言って自分のテントに戻ろうとすると、別れを惜しむかのようにアレキサンダー君がぽつりとつぶやいた。「ここにずっと住んだらいいのに」午後五時一六分、日没を前にして、私の放牧の一日が終わった。

九月三日、戻ってきたマサウエと金森さんと共にキニカ村を去る。街に出る途中の一〇時一一分、マサウエと私が崖の上からルワジ川の斜面を眺めると、チンパンジーのベッドがあった。枝が内側に折れ曲がっており、確かにチンパンジーが作ったベッドだった。実はこの瞬間まで、私はルワジに生息しているのが本当にチンパンジーだという確信を持てずにいた。昨年既にチンパンジーのベッドを見つけてはいた。しかし、ベッドらしき構造物を下から何度双眼鏡で覗いてみても、チンパンジーの仕業と判定できる枝の折れ曲がり部分を完全には確認できずにいたのである。どのベッドも木が密集した常緑林の高い所に作られていたからだ。しかしこの時見つけたベッドは崖の上から見下ろしてチェックすることができた。枝が折り曲げられている様子がはっきりとわかる。間違いなくチンパンジーのベッドだ。マサウエとかたく握手をした。

午後にはキスンバ村を経て、タンガニイカ湖畔の街カサンガへ。マサウエにはここから定期船リエンバ号に乗ってキゴマに帰ってもらった。私と金森さんは午後三時〇一分にカサンガを出る。辺りが暗くなろうかという午後六時五〇分頃、私たちはスンバワンガに着いた。

九月四日の七時五〇分、スンバワンガ発。南周りで、途中ミクミ国立公園のロッジで一泊し、九月六日の午後五時にダルエスサラームに戻った。

九月一〇日、ダルエスサラーム発。帰路の途中でロンドンに寄った。郊外にあるキューガーデンで働くカジ・ボレッセンさんという植物学者に会い、植物標本を同定してもらうためである。こうして私は、九月一二日にロンドンを発ち、九月一三日に名古屋空港に帰って、この年の調査を終えた。

コラム⑤……タンザニアでのキャンプ生活

タンザニアでのキャンプ生活の様子を紹介しよう。

「アフリカでの調査は暑くてさぞかし大変でしょう」とよく言われる。しかしタンザニアのチンパンジー生息地は暑くはない。例えばウガラ地域は、ほぼ赤道直下に位置するが、標高が九八〇〜一七一二メートルある。七〜九月は、日本にいた方がよほど暑い思いをする。確かにウガラでは乾季に最高気温が四二℃になったこともある。だから、日中に疎開林の日なたを歩いていると、それなりに暑い。しかし日本のように蒸し暑くはない。乾季の湿度は四〇～五〇％だ。暑くて苦しんだ記憶よりも、寒くてつらかった記憶の方が多いくらいである。ノートの記録を確認すると、一九九六年八月二日にはブカライで五℃まで冷え込んだ。その日の朝トラッカーたちはたまらずテントから出てきて「寒い。寒い」と言いながら焚火を囲んで暖をとっていた。従って夜にはTシャツの上に少し厚手のトレーナーを着る。

服は川で洗濯である。洗濯は石鹸を渡してトラッカーにしてもらうが、洗った服は乾季には半日もあれば乾いてしまう。服を絞らないでそのまま干すトラッカーがいるほどだ。

調査地では基本的にテント生活である。日本でキャンプを楽しむ時と同じように、テントの床にマットを敷き、寝袋で眠る。最初に持っていった寝袋は夏用で薄かったので朝方寒く感じることが多く、春夏秋三シーズン用の寝袋に買い替えた。また、最初に使ったムーンライトI型という一人用のテントは、長期間暮すにはあまりに小さかったので、その後四人用のテントに買い替えた。長年使っていると、テントは出入り口のファスナー（チャック）が上手く閉まらなくなってくる。ファスナーに隙間が開いていると、そこから蚊が侵入してくる。そうなると買い替え時だ。

キャンプ生活中にお風呂はどうするか。川で水浴びである。ただし乾ききった乾季のウガラでは川での水浴びにも一苦労する。川にはバスタブよりも小さい水たまりしかなかったりするからである。鍋に沸かしてもらったお湯を水と混ぜ、バケツ一杯のお湯浴びをする研究者もいる。しかしお湯を使うと「小川もムゼー（おじいさん）になった」とからかわれるので、今のところ川での水浴びを貫いている。

炊事は薪で行う。場所によっては薪を集めるのが一仕事となる。しかし、ウガラのングェやブカライでは、疎開林から枯れ枝を集めて来るのは、熱帯多雨林やサバンナに比べるとそれほど大変な仕事ではない。現在日本で登山やキャンプをする場合には、焚火をして良い場所は極めて限られている。炊事はカートリッジ式のガスコンロやガソリンストーブなどですることがほとんどだろう。キャンプ場で薪や炭を使おうとすると、下にコンクリートが張られた専用の炊事場を使用するか、バーベキューセットを自分で持ち込むしかない。ウガラのフィールドで、夜トラッカーたちと焚火を囲むのは、何にも代えがたい贅沢な一時に感じる。

第六章……日本での研究生活

▼ポスドク時代

話は少し遡る。一九九五年の三月、私は初めてのアフリカ訪問（タンザニアとコンゴ共和国）を終えて、八か月ぶりに日本に帰った。アフリカにいる間に、学位（博士号）取得の手続きも無事終了し、私は博士となっていた。四月からは、愛知県犬山市の京都大学霊長類研究所に研修員として籍を置きつつ、伊谷さんの紹介で京都市にある立命館大学の非常勤講師としても働き始めた。

毎週月曜日の夜は講義の準備をしながら徹夜し、朝になるとそのまま愛知県犬山市の下宿から京都に向かった。朝七時、下宿から犬山駅へ自転車で行き、犬山駅から名古屋行きの満員の名鉄電車に乗る。三〇分で名古屋駅に着くと、そこから京都行きの高速バスに乗り込む。高速バスの往復切符を購入するのが最も安く京都まで行く方法だった。約三時間バスの中で眠り、京都駅に着くと、そこからさらに四〇分間京都市バスにゆられて、昼頃に立命館大学に到着だ。

三限目と四限目の授業を終えて、夕方に京都駅に戻る。駅前で弁当とビールと「週間ファイト」というプロレス新聞を買って高速バスに乗り込み、バスの中でやっと一息、くつろいだ時間を三時間ほど過ごす。夜九時過ぎになって犬山駅に戻ると、下宿に向かうか、あるいは研究所に行って自分の研究活動を再開する。毎週火曜日はそんな生活だった。

このように、現在の日本では、大学院の博士（後期）課程を修了して博士になったからといっても、すぐに常勤の研究職に就ける人はほとんどいない。いわゆるポスドク（ポスト・ドクターの略）となって、任期付きの研究員として働くのが普通である。そうして常勤の研究職に就けるまでの数年間（場合によっては十数年間）を食いつなぐのだ。大学の助教や講師の座を巡る競争は厳しい。公募された一名のポストを巡って、関連分野を専攻してきた全国の若手研究者がこぞって応募するからである。その倍率は一〇〇倍を超えることもざらにある。しかも、最近日本の多くの大学では任期制が導入されており、助教や講師の多くは数年契約である。特に一九九〇年代に大学院の定員が増加されてからは競争率が上がり、せっかく博士になっても常勤の研究職に就くことはますます厳しい状況になっている。

そうすると、非常勤講師として大学で特定の授業だけを担当させてもらい、生活費を稼ぎながら常勤職に就けるまで食いつなぐケースが出てくる。講義を担当すれば教育歴がつくので、多少なりとも就職に有利になるかもしれない。だが大学の非常勤講師の報酬はわずかなものである。非常勤講師だけで生計を立てようとすると、週に相当数の講義をこなさなくてはならない。そうすると研究して論文を書く時間がとれなくなり、研究業績を増やせなくなって、常勤職に応募しても採用されないという悪循環に陥っていく恐れもある。人によっては、お金を稼ぐためと割り切って、時には自分が教えている大学生たちに混じってコンビニ店員のバイトなどもこなしたりする。

私自身は、コンビニでのバイトこそしなかったが、立命館大学、京都大学、東邦学園短期大学（現愛知東邦大学）、愛知教育大学、日本福祉大学などの非常勤講師をして数年間食いつないだ。また、幸いにして私の場合、途中からCOE研究員に就かせてもらえた。霊長類研究所が中核的な研究拠点に指定され、COE研究員の人員枠が確保されたからである。しかし、その任期が終了すれば、翌年からは給料がもらえるポストに就ける保証はない。三〇歳過ぎにしてアルバイトで食っていくしかないのはなかなかきつい。私は全国のポスドクと競って、ひたすら各地の大学や研究機関の公募に応募した。しかし書類選考であっさり落とされる。そしてまた見つけた公募に応募する。そんな日々が続いた。

私事ながら、私が結婚したのはそんな時期であった。COE研究員の任期の最後の年のことだ。結婚する時には「もし翌年職を得られなかったら、妻に食べさせてもらおう」と私は考えていた。つまりひもになる魂胆であったのだ。幸いCOE研究員の任期が終了した一九九七年の四月からは、霊長類研究所で教務職員（文部技官）というポストに就かせてもらえた。ただしこれも三年間の期限付きである。三年以内に他の職を確保しないと、今度こそ路頭に迷うことになる。おまけに一九九七年の九月にタンザニアから帰ってくると、「赤ちゃんができた。四月に生まれる」と妻に言われた。「教務職員の期限は二〇〇〇年三月に切れるから、その時子供は二歳で、その時点で私に職がなかったら妻に働いてもらって、私は主夫となって家事と子育てかなぁ」と考えを巡らした。後で聞くと、博士を取得したポスドクがそんな危うい状況で食いつないでいるとは、妻は知らなかったそうである。

▼大学でのお仕事

だが、これまた幸いなことに、教務職員の任期が切れる前に、私は中京大学の公募に通った。一九九八年四月一日から中京大学に助教授として採用されたのである。中京大学は私立大学なので、結局私は霊長類研究所の教務職員である一年間だけ国家公務員だった。退職金を五万円程もらった記憶がある。

一九九八年の四月に娘が生まれ、その翌日が初めての教授会だった。私は任期付きの時代に別れを告げ、妻子持ちの助教授となったわけである。月給が一挙に倍になった。

そういうわけで、現在私は中京大学の教授となっている。主な担当科目は春学期に「生物学A」、秋学期に「生物学B」だ。私は、教育自体は嫌いではないし、非常に大切なことだと思う。「教育は国家の急務なり」である。ただし自分が人前で話すのは得意ではない。大勢の学生相手に講義をすることが商売である大学の先生なんぞになってしまったのは、人生の選択を失敗していると言えるかもしれない。正直言って研究や調査の方が好きである。本人の意識としては、教育者であるのは仮の半分の姿であり、のこり半分は研究者である。インディ・ジョーンズも普段は大学でもっともらしく考古学を教えているが、映画の大半は遺跡に眠る宝物を発掘しに冒険に出かけてゆく。私がタンザニアでチンパンジーの調査に出かけるのもそれと似たようなものであると捉えていただくと、かっこよく思われそうで大変嬉しい。

コラム⑥……チンパンジーってこんな生き物

チンパンジーの（主に）社会や生態について簡単にまとめておこう。

コモンチンパンジー（または単にチンパンジー、学名は *Pan troglodytes*）は、系統的に最もヒト（*Homo sapiens*）に近い動物である。チンパンジーは約七〇〇万年前にアフリカの何処かで私たちヒトにつながる系統と分岐した。私たちヒトにつながる系統にはその後も多くの分岐があった。しかしネアンデルタール人や北京原人などの系統はすべて絶滅してしまったので、現生動物の中ではチンパンジーが最もヒトに近い生き物である。チンパンジーとヒトのDNAは九八%以上が同じであると言われている。

ヒトにつながる系統と分岐した後、チンパンジーにつながる系統もまた、ビーリャ（ピグミーチンパンジーやボノボとも呼ばれる。学名は*Pan paniscus*）と、コモンチンパンジーという二つの種に分岐した。コモンチンパンジーはさらに三亜種（または四亜種）に分類されている。そのうちで最も東に分布しているのがヒガシチンパンジー（*Pan troglodytes schweinfurthii*）である。タンザニアに生息しているのは、このヒガシチンパンジーだ。タンザニアではスワヒリ語で「ソクエ」または「ソコムツ」と呼ばれている。

ビーリャ及び他の属の大型類人猿、即ちアフリカに住むゴリラ（*Gorilla* spp.）とアジアに住むオランウータン（*Pongo* spp.）がほぼ熱帯多雨林に生息するのに対して、チンパンジーは熱帯多雨林だけでなく疎開林地帯や、森と草地が混在する環境にも生息地を広げている。

チンパンジーは一産一子で、双子が生まれる頻度はヒトよりも低い。出産間隔もヒトより長く、離乳をして次の子を出産するまでには五～六年かかる。生まれたアカンボウは四～五歳になるとコドモ期に入って次第に母親から離れて活動するようになり、一〇～一五歳のワカモノ期を経て、生後一五年ほどでオトナとなる。寿命は五〇年くらいと言われている。

オトナの体重はメスが三〇～四〇キログラム、オスが四〇～五〇キログラム程度である。アカンボウやコドモ期のチンパンジーは可愛いが、オトナのオスは猛獣に近い。もし人間が襲われたらひとたまりもないであろう。

チンパンジーは複数のオスと複数のメスからなる群れ（単位集団。「コミュニティ」とも呼ばれる）を形成して生活する。一つの群れには通常二〇～一〇〇頭程度の個体が含まれる。しかし、群れの全個体がほぼいつも一緒に行動するニホンザルなどとは異なり、チンパンジーは普段様々な個体の組み合わせからなる小さなサブグループ（「パーティ」とも呼ばれる）に分かれて遊動している。幾つかのサブグループが合流したり、また別れて別のサブグループになったりと、離散集合を繰り返して暮しているわけだ。

ほとんどのオスは生涯生まれた群れにとどまるのに対して、メスはオトナになると自分が生まれた群れを出て別の群れに入りそこで子供を残すことが多い。このように、多くの動物では、少なくともどちらかの性が自分の生まれた群れを出てゆくことによって、近親交配が回避されている。ただし、ニホンザルなど多くの霊長類はオスが生まれた群れを出ていくことが多いのに対して、チンパンジーは逆である。また、ニホンザルのオスは生涯の間に何度も群れを渡り歩くが、チンパンジーのメスは一度別の群れに入って子供を産んでしまったらもう群れを移ることはほとんどない。

チンパンジーの場合、オスは生まれた群れにとどまるので、同じ群れのオス同士は父と息子や兄弟といった血縁者同士である。しかし、群れ内の個体間には直線的な優劣関係（順位関係）があり、特にオス間には順位を巡る厳しい争いがある。ところが、群れ内のオス間では協力関係も重要であり、連合を形成して群れ内の他のオスに対抗したり、自分たちと血縁関係にはない他の群れのオスたちと激しい戦いを繰り広げたりもする。

群れ内には一生続く「夫婦」のようなオスとメスのつながりは存在しない。オスは複数のメスと、メスも複数のオスと交尾する。そのため、生まれてきた子供の父親が誰であるのかは、チンパンジー自身にもわからないようだ。ただし、一定の期間特定のオスとメスが他の個体から離れて二頭で遊動するコンソートと呼ばれる「恋人」関係は存在する。

チンパンジーの社会では子殺しが発生することがある。オトナのオスがオスのアカンボウを殺してしまう例が多い。チンパンジーの子殺しの多くは、ライオンなどの他の動物と同じく、他個体の子供を殺してしまうことによって自分と共通の遺伝子を持った個体をより多く残そうとする繁殖戦略の一つと捉えられている。ただしそれには当てはまらない子殺しの例も報告されている。

チンパンジーは果実、種子、花、葉、樹皮、根茎など、植物の様々な部位を食べる。中でも好んで食べるのは果実である。チンパンジーは特に熟した果実を好んで食べる。ヒヒなどがまだ熟していない果実でも食べてしまうのに比べて、チンパンジーはまた、アリなどの昆虫やシロアリなども食べるし、小型から中型の哺乳類も捕まえて食べる。集団でアカコロブスなどのサルを狩猟することもある。狩りで得た肉は、独り占めすることはなかなかできずに、複数個体にちぎり分けられて食べられていくことが多い。

チンパンジーは様々な道具を作り使うことでも有名である。シロアリ塚の穴に蔓や草本の茎をさしこんでシロアリを釣ったり、石や倒木を使ってアブラヤシなどの堅果を割ったり、木の葉をスポンジのように使って木の洞にたまった水を飲んだりする。

こうしたチンパンジーの暮し方を調べることは、他の生き物の暮し方を調べるのと同じ意味でおもしろいだけではなく、私たちヒトの祖先である初期人類の生活様式を再現し、人間の社会や生き方について考える上でも役に立つだろうと言われている。

第七章……ウガラでのヒヒの調査

▼ワンペンベにも行ってみた

一九九六年に見つけた南限ルワジのチンパンジーの生息地は果たして何処まで広がっているのだろうか。気になる南側はすぐザンビア共和国との国境だ。ザンビアでの調査は今に至るまで実現していない。一方北側はどうなっているのだろう。一九九九年にはルワジ川の北を調べてみることにした。

一九九九年七月一五日、金森さんと日本発。台北、香港を経由し、南アフリカ航空でヨハネスブルグに寄って、一七日にタンザニア着。

七月二一日にはダルエスサラームを発って、南周りでスンバワンガを目指す。順調にチャリンゼとモロゴロを経由し、イリンガ着。二二日にはムベヤを経由し、スンバワンガに着いた。なお新車プラドはもうない。他の調査隊に貸したら、事故で大破してしまったのである。今回は伊谷さんが日本から苦労して輸入したトヨタ・ランドクルーザーの新古車だ。ウインチ（車がスタックして動けなくなった時に、近くの木や岩に結びつけたワイヤーをゆっくりと巻きあげて、車を移動させる装置）も付いていて心強い。タンザニアでは、日本車の人気はどれも高いが、中でも一番人気はランドクルーザーである。この年以降の調査では、もっぱらランドクルーザーに乗っている。

七月二三日の九時三〇分、スンバワンガを北上し、とにかく私たち二人でルワジ川の一本北を流れるテンブワ川まで行ってみて、その先で道案内を探すことにした。

一一時〇〇分、ンクンディ村を経由し、脇道を入って行き、ムソワという小さな村で聞き込みを行った。「一九八七年に二頭のソクェをタンガニイカ湖の近くで見た」「一九九九年にソクェのベッドを一個テンブワ川の川辺林で見た」といった人たちに会うことができた。そして、村人の中からルーシー・ムワナンジュラ、リヌス・ルビア、オト・ムワロンゴの三人を雇った。

「その日からすぐ調査について来てくれる人がそんなに簡単に見つかるのか」と疑問に思う読者もいるかもしれない。しかし乾季の今、畑を耕して暮している男たちは基本的に暇なのである。「でもそんなに適当に雇ってしまって大丈夫なのか」と思う読者も多いだろう。良くはないかもしれないが、仕方がない。他に良い方法があったら教えてほしいものだ。ただ、ラジカセを持ち歩き、それをガンガン鳴らしている人は、私は雇わないことにしている。彼らにとって高価なラジカセは文明の象徴である。ラジカセから聞こえてくる騒がしい音楽やニュースに惹かれている人よりも、自然を愛し静かに鳥や虫たちの声に耳を傾けている人の方が好ましい。最初から英語で話しかけてくる人も雇わない。自分が英語を喋れることをひけらかし、周囲の人にわざと聞こえるように私に英語で話しかけてくる人が時々いる。そうした人が良い人物であった試しはない。自分から「私はよく働くし、優秀だから、雇ってくれ」と売り込んでくる人を雇うこともない。むしろ「仕事や金もうけには関心がない。でもこの辺の動植物はよく知っている。チンパンジーを探して歩くだけでお礼をもらえるなら、おもしろそうだし、なんなら一緒に行ってもいいよ」という人を探すのがコツである。野生の蜜蜂の巣を探して原野を歩いていたり、山奥で魚を釣って暮しているような人に、こちらから話しかけてみるのだ。今回雇った三人も、私の方からチンパンジーの情報を尋ねた時に、「ポリ（原野）を歩いていたらソクェに出遭ったことがある」「去年ソクェのベッドを見た」と教えてくれた人たちである。

午後三時三七分、林道を横切る沢に水が流れていたので、そこに車を停めてキャンプ地とした。さっそく彼らを連れて周囲を歩いてみる。アフリカゾウやブチハイエナやキイロヒヒの糞があった。だが、残念ながら、チンパンジーの痕跡は見つからない。しかし、翌七月二四日、疎開林を歩いていると、ムトゥンドゥの木の枝が折れているのを見つけた。ヒヒには折ることのできない太さの枝だ。チンパンジーが折ったものに違いない。後に霊長類の研究者仲間にその写真を見せると、「たったこれだけでチンパンジーがいたという証拠になるの？」と言われた。だが、かすかな手がかりも見逃さないようにしてタンザニア各地でチンパンジーを探してきた私にすれば、それは「ここにチンパンジーがいた」という確かなる証拠であった。

七月二五日、もう一本北の水系もあたってみた。村々で尋ねると、「一九八四年にカラ川の近くで二頭のソクェを見た」「一九八七年に一頭のソクェを見た」と言う人たちがいた。チンパンジーはこの付近まで生息しているらしい。

さらに、ムンドェという村に行ってみると、「一九九八年の一一月に、メスのソクェが何度も村に出て来て畑を荒らすようになったので、鉄砲で撃って殺した」という話を聞いた。しかも、そのチンパンジーの頭骨を持っている人が村にいると言う。「ぜひ見せてくれないか」と私は村人に頼んだ。しかし頭骨の存在は彼らがチンパンジーを殺してしまったという証拠になりかねない。「突然やって来たどこの馬の骨ともわからぬ外国人にそんな物を見せるのは危険だ」と判断されたようだ。最初は「誰それが持っているかもしれない」と言っていたが、やがて「捨ててしまってもうない」という返事に変わった。私は「この件を誰かに言いつけるつもりはない。単に研究のために見せてほしいだけなのだ」と話をしてみたが、その後は警戒されてしまい、結局頭骨は私たちの前には出てこなかった。

私たちはチンパンジーの頭骨を入手するのはあきらめ、二七日の午後にはタンガニイカ湖畔の街ワンペンベにまで足を延ばした。小学校の校庭にテントを張って泊らせてもらう。

七月二八日、湖岸を歩いてみると、そこにはキャッサバ畑がずっと続いていた。マハレでは湖岸に沿って深い常緑林が発達している。しかし、この付近一帯は耕されて畑となっており、チンパンジーは住んでいそうになかった。サバンナモンキーの群れだけがキャッサバ畑の中をひょいひょいと駆けぬけて行った。

七月二九日の朝八時四四分、私たち一行はワンペンベを後にした。三人のトラッカーをムソワ村で降ろし、午後三時四五分、私と金森さんはスンバワンガに戻った。

▼ウガラのヒヒたち

八月の調査はウガラのングエで行う予定だ。七月三一日、スンバワンガを北上し、ムパンダ着。翌八月一日、一旦キゴマまで出た。八月三日に、加納夫妻とマハレ調査隊のメンバー（西田利貞さんと当時京都大学大学院理学研究科大学院生の中村美知夫君と座馬耕一郎君）がチャーター便でキゴマに来るからである。私たちはランドクルーザーで空港まで迎えに行った。

翌八月四日、せっかくの機会なのでアリーズという店で一緒に昼食を食べた。思い起こしてみると、私が西田さんとタンザニアで会ったのはこの一度きりだ。食事の最中にも、西田さんは新人の座馬君に寸暇を惜しむかのようにいろいろな情報を伝えていたのが印象的だった。

その後、翌日には西田さんと中村君と座馬君はマハレへ、加納夫妻はリランシンバへ、私と金森さんはウガラへと散って行った。

私と金森さんは八月五日にキゴマ発、その日のうちにウガラのングェに入った。

この年雇ったのはエマと、バトロメオ・カドゥゲンジ・ビタングゥワ（通称バトロ）と、アリマシ・サル（通称アリマシじいさん）である。私のスワヒリ語もようやく上達し、普段のキャンプ生活や調査には不自由しないようになっていた。そこで、英語は話せないが、エマの推薦してきたバトロを雇うことにした。エマとバトロは同じ民族の「ハ」。ムワミラ村に住む友人同士だ。アリマシじいさんは、「トングェ」である。ポリ（原野）を歩くには少々おじいさんであるが、キャンプ・キーパーとしてなら働いてもらえるだろう。ひょっとして古き時代のトングェの話も聞かせてもらえるかと思って一緒に来てもらった。加えてもう一人、アルファーニ・ムロレロワ（通称アルファーニ）を雇った。アルファーニはキサトという村に住んでいる。キサト村はウガラ地域内、ブエンジ村からングェ川に下っていく途中にできた新しい村だ。一九七〇年代に政府の政策によってウガラの外に移住させられてしまったのだが、昔住んでいた民族だ。村人の何人かはトングェで、かつてウガラに住んでいた場所の近くに舞い戻ってきたようである。アルファーニもトングェであり、ウガラの土地や自然にも詳しい。私の方から頼んで一緒に来てもらった。

この年はングェに定着してヒヒも調査する計画だ。ウガラではチンパンジーを観察することはほとんどできない。でもヒヒならば毎日キャンプの前を通って行く。私が双眼鏡で覗くと、ヒヒもこちらの様子を窺っているほどだ。今年はそんなヒヒたちを観察してみよう。

なお、マラガラシ川の南にはもともとキイロヒヒ（*Papio cynocephalus*）が、マラガラシ川の北にはアヌビスヒヒ（*Papio anubis*）が生息していた。しかし、近年マラガラシ川に架かった橋を渡って、アヌビスヒヒが南に侵入してきている。この章ではまとめて単に「ヒヒ」と呼ぶ。

ウガラには複数種の霊長類が生息しているが、常緑林から疎開林に出てゆくのは、ヒヒとチンパンジーとサバンナモンキーである。このうちヒヒとサバンナモンキーは、ウガラのさらに東のサバンナ地帯にまで分布している。また、私たちヒトの祖先は、チンパンジーと分岐した後サバンナへも分布を広げていった。それに対してチンパンジーは、このウガラの乾燥疎開林地帯を分布の東限とし、サバンナ地帯には生息していない。森から出なかったアカオザルやブルーモンキー、疎開林まで出たチンパンジー、さらにサバンナへと出て行ったヒヒとサバンナモンキーと人類、それぞれの違いをもたらしたものは一体何だったのか。チンパンジーだけではなく、ヒヒの生態も調べれば、そのヒントがつかめるかもしれない。

八月六日から九月四日まで、私は毎日ヒヒを観察した。ヒヒの群れを見つけたら、ひたすらその後をついていく。それまでに受けた印象から、「ヒヒたちは人を恐れず、近づいても逃げはしないだろう」と私は思っていた。しかし、やはり野生動物である。ある距離よりも近づこうとすると、じわじわと後退して一定の距離を維持する。そこでもう少し近づくと、遂には一斉に走って逃げだす。私も小走りでついてゆくと、ヒヒはぐるっと回り込んでもといた場所に戻ってくる。きっと食べかけの果実があったのだろう。「邪魔をして悪かった」とヒヒたちに詫びて、ある程度の距離を取って観察を続ける。そんなことの繰り返しだった。

詳細は後述するが、ヒヒの調査で得られた結果はごく平凡なものであった（小川 2000b）。群れの構成、生息密度、行動域面積などは他の地域と大差なかったのだ。チンパンジーにとってウガラは極限の生息地であり、その生息密度は低く、行動域は広大なものになる。しかし、ヒヒにとってウガラは、他の地域とたいして変わらない生息地の一つであるらしかった。

八月二〇日、シセンシ川とムゴンドルウェ川の間の丘をバトロと歩いていると、一頭の大きなグレイタークードゥーが疎開林を駆けて行った。

▼加納さんが人骨を拾った

八月二九日、加納夫妻がングェにやって来た。金森さんが車を出してリランシンバに迎えに行き、今日二人のトラッカーと共に到着したのである。トラッカーはタノとアンドリアーノの二人だ。

キャンプ地では、加納夫妻が仲睦まじくキャンプ生活を送っていたのが印象的だった。加納さんが釣った魚を奥さんの典子さんが佃煮にしてくれた。テントから水場に行くまでのほんの十数メートルに間に典子夫人が道を間違えそうになった時、「まったく、なんという方向音痴だ」とこぼしつつ、しかしトラッカーよりも早く駆けよって道を教えてあげたのは加納さんだった。私が加納さんとフィールドで一緒に過ごしたのは、この時が最初で最後である。加納さんのウガラ滞在はごく短く、昼間はそれぞれ別の調査をしていたため、一度も一緒にウガラを歩くことなく終わってしまったのが、今にして思えば心残りである。

八月三〇日、加納さんはムゴンドルウェ川の最上流部まで歩いて行き、日が暮れようとする頃にキャンプに帰ってきた。動物の骨を持っている。何の骨を拾ってきたのだろう。キャンプの皆が興味津々にその骨を取り囲んだ。哺乳類の頭の一部であることは間違いなかった。しかし、どんな動物の物であるのかについては、誰も確信を持てなかった。「チンパンジーのだったら良いのに」と私は内心思った。アルファーニは「ライオンの頭骨だ」と主張した。典子さんが「でもこの丸い部分はまるで人の頭みたいよ。もしかして人間の骨じゃないの」と言ったが、そんな素人の発言は誰も信じなかった。

ところが、である。その骨を形態学者に判定してもらうと、なんと本当に人骨だったのである。現在この骨はダルエスサラームの博物館に静かに保存されている。

九月三日、私と金森さんの調査はそろそろ終了である。ムベヤからダルエスサラームへの飛行機を予約していたので、この後車でルワジの調査に向かう加納夫妻にムベヤまで送ってもらった。途中、カタビ国立公園の野生動物を眺めて過ごし、九月八日、ムベヤ着。翌九日、私と金森さんは飛行機でダルエスサラームに戻った。九月一三日、ダルエスサラーム発。南アフリカに寄って、九月五日に帰国した。

この翌年の二〇〇〇年の夏には珍しくタンザニアには行かなかったので、特にする話がない。次章では、二〇〇一年の夏に飛ぼう。

コラム⑦……タンザニアの食べ物（飲み物編）

タンザニアの飲み物の話、まずは水。ウガラでは水の確保には散々苦労した。乾季も中盤を過ぎてくると、ウガラではほとんどの支流は干上がる。良くても川底に水たまりが点々と残るだけの状態となる。その水たまりが徐々に小さくなっていくのだ。コップについだ水はもちろん茶色い。

二〇一〇年の乾季のある日、ウガラのングエでの出来事である。キャンプの近くを一人の男が通りかかった。「喉が渇いた。飲み水はないか」私は自分たちが毎日飲んでいるングェ川の水場に案内してやった。すると、私たちの水場（ングェ川の水たまり）を見たその男は、しばしその茶色い水たまりを見て考えた末、「こんな汚い水は飲めない」と言った。「沸かした後だって嫌だ」とまで言われた。

ウガラから街へ出た日のことである。一旦沸かして冷やしたングェ川の水をペットボトルに入れて市場で飲んでいた。すると市場の人に「日本人は油を飲むのか」と驚かれた。見ると、私が飲んでいた水は、確かにちょうど食用油くらいの色あいであった。しかし不思議と私はウガラでお腹を壊したことはない。ちなみに、タンザニアの街では、ミネラルウォーターは普通に手に入る。日本のように一・五リットルや二リットルのペットボトルに詰められて売られている。中の水を飲み終わったペットボトルは、食用油を入れたり、収穫した蜂蜜を入れたりと、用途が広い。

タンザニアのお茶は、「チャイ」と呼ばれる紅茶である。トラッカーたちはたっぷりと砂糖を入れて飲む。そのため、私が買ってきた砂糖は、どんどんと消費されていく。お店では「チャイ・ヤ・マジワ」と「チャイ・ヤ・ランギ」のいずれかを選べることがある。「マジワ」は「ミルク」であるから、「チャイ・ヤ・マジワ」はミルクティー。「チャイ・ヤ・ランギ」はお湯でいれた紅茶である。「ランギ」とは「色」のことで、ミルクティーと違って濃い色をしているからだ。ウガラではお茶の葉を入れる前から既に水が茶色い。沸かしたお湯を誰かに渡す時に、冗談で「カリブ、チャイ・ヤ・ランギ（色つきのお茶をどうぞ）」と言ったりする。

コーヒーは、タンザニアといえばキリマンジャロ・コーヒーが有名である。日本へのお土産に買うこともある。豆とコーヒー・フィルターを買ってゆき、レギュラーコーヒーを楽しんだ年もある。

最後にビールについて。タンザニアのビールは美味しい。かつてドイツ領だったことも影響しているのではないかと思う。今でもその頃にドイツ人たちが建てた建築物が地方の田舎に残っている。昔からあるビールの代表格は、「キリマンジャロ」と「サファリ」。最近ではその他にもいろいろな銘柄が販売されている。日本では普段発泡酒で我慢している私であるが、タンザニアではビールを飲む。手に入れば必ず飲む。ウガラからキゴマの街に出てきた時には、なにはともあれビールである。タンガニイカ湖を眺めながら、よく冷えたビールで乾杯だ。タンザニアの人は冷やさないで飲むことも多いが、ビールはやはり適度に冷えたものがうまいと私は思う。だから、長く過酷な調査を終えて街へ出た時に、よく冷えたビールを飲むのは、人生最大級の喜びである。

ムパンダロードを南下中に見かけたローンアンテロープ

第八章……南東端のチンパンジー

▼ムフトにいる謎の霊長類

ある日、耳寄りな情報が舞いこんだ。それは「ムフト村の近くには黒くて大きな霊長類が住んでいるらしい」という噂であった。もしかしてこれはチンパンジーなのではないか。話はまた昔のテレビ番組「水曜スペシャル―アフリカの乾燥疎開林に謎の珍獣を追え―」のようになってきた。一九九六年のルワジにおける南限チンパンジーの発見に気を良くしていた私は、「これでまたチンパンジー分布の記録更新だぁ」とばかりに、早速そこへ行ってみることにした。

その噂を教えてくれたのは、伊谷原一さんの弟である伊谷寿一さん（京都大学アフリカ地域研究センター教授）だった。伊谷寿一さんはタンザニアで暮す人々を対象に社会人類学的な調査をしている。人類進化の解明を視野に入れた「サル学」を発展させた伊谷純一郎さんの息子のうち、長男の原一さんはアフリカ類人猿の研究へ、次男の寿一さんはアフリカの人々の研究へ進んだというわけだ。

伊谷寿一さんからムフト村への行き方が書かれたメモをもらった私は、二〇〇一年七月一六日、金森さんと共にタンザニアに向かった。名古屋空港からキャセイパシフィックで香港へ。エミレーツ・エアー・ラインでドゥバイを経由して、一七日、ダルエスサラーム着。七月二〇日、今回は国内線の飛行機でキゴマへ。キゴマのホテルに預けておいた車を受けとって、七月二二日にはもうングェにいた。早いペースで現地入りである。七月二二日からウガラ、リランシンバ、ワンシシなどで調査をした後、私と金森さんはエマとバトロを乗せて南下し、八月九日にスンバワンガに着いた。

八月九日の七時二三分、私たちはスンバワンガからさらに約二〇〇キロメートル南下した。謎の霊長類が住んでいるというムフト村は、スンバワンガとトゥンドゥマの間にある。幹線道路沿いには村が点在し畑が広がっていた。近くにはチンパンジーはいそうにない。しかしその東のルクワ湖との間には「ウフィパ・エスカープメント」と呼ばれる大きな断層崖がある。その崖付近や急斜面には人の手の入らない自然が残っているだろう。そこにチンパンジーが生息している可能性はなくはなさそうだった。しかしまずは情報源のムフト村に行ってみよう。

伊谷寿一さんからもらったメモには、「ムニュンガ村の小学校の横にある脇道を東へ入り、車で一五分ほど進むとムフト村に至る。その村にはジェームス・シムコンダという老人が住んでいる。その人に会うと良い」と記されてあった。ダルエスサラームで買ってきた五万分の一の地形図を見ると、ムニュンガ村もムフト村も載っていた。私は、助手席の金森さんに地図とGPSをチェックしてもらいながら、道路を南下して行った。「この辺のはずだ」という所に小学校があった。聞いてみるとまさしくムニュンガ村である。左折して狭い脇道へと入る。

一一時三〇分、ムフト村に着いた。

「この村にジェームスという名のおじいさんはいないか」と村人に聞いてみる。それほど大きな村ではない。ジェームスさんは間もなく見つかった。自宅の庭に建てた東屋で、ヒエでつくった地酒をのんびりと飲んでいた。一九一二年生まれ。民族はニャムワンガだそうだ。

私としては、できれば今日か明日にでも、チンパンジーがいる場所に案内してもらいたい。だがジェームスさんは完全にくつろぎムードである。仕方がない。今日のところは、この庭にテントを張って、いろいろと話を聞かせてもらおう。そう申し出ると、ジェームスさんは「あぁ、かまわんよ」と快諾し、お酒を勧めてくれた。

ところが、そう順調には事は運ばなかった。外国人が来ているという噂を聞きつけたのであろう。村の役人がやって来たのである。タンザニアの各村にはスワヒリ語で「ムテンダジ」と呼ばれる役人がおり、住民の出生や婚姻などを管理している。そのムテンダジに「こっちに来い」と言われた。ついていくと、一部屋だけの小さな役場があった。「在留登録をせよ」と言われ、宿舎によくある宿泊者名簿のようなノートに名前と住所を書かされた。

これまで私は主にタンザニア北西部で調査を行ってきた。トラッカーのエマたちが住んでいるムワミラ村に泊ったことも度々ある。しかしムワミラ村で「在留登録をせよ」と言われたことは一度もなかった。どうも北西部と南西部ではかなり勝手が違うようである。おまけに「この村に滞在したいなら、今通って来たはずのムニュンガ村で許可を取ってこい」とその役人は言った。確かに伊谷寿一さんからもらったメモには、「まずムニュンガ村に寄って紹介書を書いてもらい、それを持ってムフト村に行くと良い」と書かれてあった。

後にタンザニアで人々の調査をしている研究者に聞いてみると、タンザニアの田舎に住み込んで調査をする手順は次のようなものであるらしい。まず、タンザニア政府の科学技術省から調査許可を取得する。これは動物調査の場合も同じだ。調査許可証にはどの州で調査を行うかも書かれており、その州の地方行政に協力を求める文言も添えられる。これらの文書は英語だ。次に、それらを持って目的の村が含まれる地方行政区分の役所に出向き、目的の村に宛てた紹介状を書いてもらう。この紹介状はスワヒリ語で書いてもらわないと、滞在先の村長や役人が英語を読めない場合には役に立たない。最後に、その村に行って村長及び役人に挨拶をし、書いてもらった紹介状を見せて滞在を申し出る。これが鉄則であるらしかった。

仕方がないので、私たちは今来た道を引き返し、ムニェンガ村の役所に行く。ムフト村の役人も車の後部座席に乗り込んできた。ごまかさないかどうか見張っているつもりらしい。調査許可証を見せ、私たちがこの州でチンパンジーの調査をする許可をタンザニア政府から得ていることを示す。ムフト村に宛てたスワヒリ語の簡単な手紙も書いてもらった。

私はついでに、ンダランボに住むというニャムワンガ族のフム（王様）にも会って挨拶しておくことにした。ニャムワンガという民族は今でも王制を維持している。「やっぱりフムにも挨拶に行け」と後で言われたら二度手間になる。私たちは幹線道路を走ること一時間、フム（王様）の家の前に着いた。現在のフムはチカナムリコ王である。チカナムリコ王は普段はごく庶民的な生活をしているようであった。ただ、政治的な力は持っていないが、伝統的な催事などの際には活躍するのだろう。私たちは敬意を払って慇懃無礼に挨拶をした。チカナムリコ王は快く私たちを迎えてくれた。

「さぁ、これで文句なかろう」とばかりに、また一時間走ってムフト村に戻ると、次にはムフト村の村長さんに挨拶だ。村長さんは「あぁ、よく来た。ようこそ、ようこそ」と陽気に握手を求めてきた。これでやっとこの村への宿泊許可が下りたようだ。横に立っていたムテンダジ（村の役人）は終始堅い表情のままであった。

ちなみに、この年の調査の帰り際の話。帰国するにはまだ日数に余裕があったので、私たちはもう一度ムフト村に立ちよった。ジェームスさんは「あぁ、調査はどうだった？　まぁ、ヒエ酒でも」と私たちを迎えてくれた。ところがそこにまたこの役人が現れたのである。「この村に泊るつもりなら許可をもらって来い」と前回の訪問時と全く同じように彼は言った。「許可なら一度もらったじゃん。なのにまたムニュンガ村まで戻らないといけないのかよ」と抗議したが、彼は頑として受け入れない。私たちは結局ムフト村に滞在するのはあきらめて別の村に向かった。

タンザニアでは村長は村人の中から選挙で選ばれる。それに対して、ムテンダジ（村の役人）は中央から派遣され、一〇年くらいで交代してゆく。だいたいどの村でも村長はおおらかで、ムテンダジは小うるさい。役人が小うるさいのは世界の常であろう。

ただし、役人だけではなく、一般の人々もよそ者に対しては警戒心が強いことが、タンザニア南西部ではよくあった。同じタンザニア西部でも、北方の村では人々は概してフレンドリーである。しかし、南方では、私たちは時として非常に警戒された。確かに、欧米人やアジア人など、それまで見たこともない外国人が突然やって来て、自分の家の隣の空き地にいきなりビニール製の家（テントのこと）を建て始めたりするのである。「こいつら一体何者だ」と思われるのも無理はないかもしれない。

例えばこの年の八月三一日、私たちは、チンパンジーがいるかどうかを確認するため、幹線道路から外れてなるべく自然が残っている所にまで入り込んだ。手前のモヴゥという村で村長と役人に会って挨拶をすませ、さらに延びていた林道を奥へ分け入って川辺に着いた。川辺は切り立った崖になっており、車で入れるのはそこまでだ。対岸には家が二軒見えているが、今から歩いて聞き込みに行くには少し遠い。川には水も流れているし、今日はここにテントを張って泊ろう。おっと、忘れていけないのは、草を焼き払っておくことだ。そうして翌朝、私たちは対岸の家にインタビューに行った。一軒目には誰もいなかった。置いてある薪や食器の様子からは、人が住んでいる気配がする。しかし何度呼んでも返事はない。もう一軒を訪ねると、奥から一人の男が出てきた。険しい顔をしている。私が「ジャンボ（こんにちは）。僕たちはソクェの調査をしています。ここにチンパンジーはいませんか」と（きっと変なイントネーションの）スワヒリ語で話しかけた。すると、やっと少し安心した様子で、その家の主人は喋り始めた。「昨日突然車が対岸に停まって中から外国人が出てきた時には、強盗団かと思った。もしあなたたちが夜中に私の家に近づいてきたら、戦うつもりで弓矢を一晩中抱えていたのだ」隣の家族は、私たちを恐れて、夜中のうちにモヴゥ村に避難したそうだった。

さて、話は八月九日に戻る。ムニュンガ村の役所とチカナムリコ王の自宅まで行って挨拶を済ませた私たちは、これでようやくムフト村に滞在しチンパンジーに関する聞き込みを始められることになった。

私はジェームスさんに、「黒くて大きな霊長類」が住んでいる場所や、その動物の特徴についてインタビューを開始した。正確を期するためにエマに通訳を頼む。通訳といってもエマは英語は喋れない。私がへたなスワヒリ語でエマに言ったことを、わかりやすいスワヒリ語に直してエマがジェームスさんに質問するということだ。ジェームスさんの言ったことを私が聞き取れなかった場合にも、エマがわかりやすいスワヒリ語にして私に伝える。

ジェームスじいさんはゆっくりと語り始めた。「彼らは人間を恐れて森の奥深くに住んでいる。だからニャニ(ヒヒ)のように村の近くにまでやって来ることはない」「うんうん」と私たちは頷く。「一九四九年頃までは時々山で見かけたが、それ以降は見てはいない」幹線道路からこの村までは耕作地が広がっている。その謎の霊長類が住んでいるのはここから数キロメートル東のウフィパ・エスカープメントと呼ばれる断層崖に違いないと私は思った。尋ねてみると、「そうじゃ、東の森にならきっと今でも住んでおることじゃろう」とジェームスさんは答えた。

「昔の話じゃが、鉄砲で捕まえたこともある。祭りの時にはその毛皮を身にまとって踊ったものじゃ。今でも毛皮を持っている人がおるやもしれない」それを聞いて私とエマは喜んだ。毛皮が手に入れば、チンパンジーがいたという確実な証拠になるし、DNAも採取できる。

その「黒くて大きな霊長類」は、彼らの言葉ニャムワンガ語では「ニンベカ(または単にベカ)」と呼ぶらしかった。「ニンベカの姿形は、人間によく似ている」と、ジェームスじいさんは続けた。

ところが、「ニンベカ」の特徴を聞いているうちに、だんだんと話はあやしくなっていった。「彼らは何処でどうやって寝るの?」と聞いてみる。「彼らは木の上で眠る。カロンゴと呼んでいるサルの仲間と同じだ。木の枝の上に座って眠るのだ」私とエマの間に「あれっ」という空気が流れた。読者の皆さんは既にご存知のように、チンパンジーは木の枝を折りたたんでベッドを作り、その上に寝転んで眠る。樹上で寝る点は多くのサルたちと同じであるが、ベッドを作るのがチンパンジーの特徴である。「彼らは、木の枝を折り込んでベッドのようにして、その上で眠るの？　それとも木の枝の上にそのまま座るようにして眠るの？」と丁寧に聞いてゆく。誘導尋問にならないように気をつけなくてはならなかった。ジェームスじいさんは答えた。「ニンベカがどんな格好で眠るかまでは知らない」「じゃあ、タカの巣のような物、でも木の枝が折り曲げられている物は、この近くで見たことある？」「ない」私たちの顔が曇った。「その動物に尻尾はあるの？」「もちろんある」私たちはがっかりしてうなだれた。

最後に「その動物は、この写真のどれ？」と、チンパンジー、アヌビスヒヒ、キロイヒヒ、アカオザル、ブルーモンキー、サバンナモンキー、アカコロブス、アンゴラクロシロコロブスの写真を見せた。タンザニアに住んでいる霊長類たちである。ジェームスじいさんは、チンパンジーとブルーモンキーとアンゴラコロブスのすべてを「これと、これと、これだ」と指差した。エマは私にぽつりと言った。「彼が言っている動物は、ソクェじゃない」

というわけで、誠に残念なことながら、この付近にはチンパンジーは生息していないようであった。南限のチンパンジーの発見に引き続き、ここにもチンパンジーがいるのではないかと期待したのだが、柳の下に二匹目のドジョウはいなかったというわけである。私たちは、ムフト村に住む人たちに、老人にも若い人にも、いろいろと話を聞いてみた。しかし、チンパンジーやチンパンジーのベッドを見たことがある人は、一人もいなかった。チンパンジーのベッドがどんな物かを知っている人すらいなかった。これにてムフト村におけるチンパンジーの調査は終了である。

なお、「黒くて大きな霊長類」というのは、おそらくアンゴラクロシロコロブス（*Colobus angolensis*）ではないかと思われた。アンゴラクロシロコロブスはトングェ語では「ベガ」と呼ばれている。ニャムワンガ語の「ニンベカ（またはベカ）」という呼び方もこれに近い。ただ、アンゴロクロシロコロブスはタンザニアではごく一部の地域に生息するのみである。マハレでは高度一五〇〇メートル以上の森林地帯にしかいない。その点を考えると、ムフト村の近くに数十年前まで住んでいた「黒くて大きな霊長類」というのは、ブルーモンキー（*Cercopithecus mitis*）かもしれなかった。ブルーモンキーは広範囲に分布しているわりと大きな灰色のサルである。

▼チンパンジーの毛皮を求めて

ムフト村にチンパンジーはいなかった。しかし昔は今の南限ルワジより南東までチンパンジーの生息地が広がっていた可能性はある。かつてヒガシチンパンジーは中央アフリカから東に分布を広げていった。それはどのようなルートだったのだろう。それは各地のチンパンジーのＤＮＡを分析すればわかって来るはずである。しかし、この時点で、ウガラ以外の地域のサンプルはまだあまり集められていなかった。ルワジのチンパンジーに至っては、ＤＮＡが抽出できるかどうか心もとない古い糞しか手に入っていない。そこで私はチンパンジーの毛皮を持っている人を各地で探してみることにした。

実はウガラのキサト村に住んでいるトラッカーのアルファーニに聞いた話によると、「タンザニア南西部に住んでいる人たちなら、チンパンジーの毛皮を持っているかもしれない」ということだった。アルファーニは「我々トングエの仲間には、祭りの時にはシンバ（ライオン）かチュイ（ヒョウ）の毛皮を着て踊る習慣があった。南西部に住んでいるムフィパはソクエ（チンパンジー）の毛皮を着て踊るはずだ。今でも王や村長は毛皮を保管しているかもしれない」と教えてくれたのである。確かにジェームスじいさんも「祭りではベカの毛皮を身にまとって踊った」と言っていた。ただしそれはチンパンジーの毛皮ではなかったのかもしれないが。

私はニャムワンガ族のフム（王）にもう一度会って尋ねてみることにした。八月一二日、再びンダランボにあるチカナムリコ王の家に行く。チカナムリコ王は「そうだ。祭りの時には動物の毛皮を着て踊ったものだ」と答えた。そして「今でも残っているかもしれない。探してみよう」と、私たちを期待させる言葉を残して奥の部屋へ消えた。しかし、奥から出てきた彼の答えは、「残念ながら王家の祭り用の毛皮はもう失くしてしまったようだ」ということだった。しかし、チカナムリコ王は続けた。「祭りの毛皮は失くしてしまったが、ソクェの毛を持っている男なら知っておるぞ。これからその男に会いにムニムワンガに行きたまえ。彼に道案内をさせる」と言った。まるで秘宝を求めて旅をする冒険映画のように話は展開する。私はチカナムリコ王の横に立っていた男を車に乗せ、ムニムワンガに向かった。

ムニムワンガでは、古びたある一軒家に案内された。中から二人の男が現れた。出てきた男たちに、私が連れてきた案内人がひそひそ声で話しかける。すると男たちは机の引き出しから袋を取り出した。袋の中から出てきたのは、動物の骨やら、植物の根やら、得体のしれない粉やら液体やらであった。彼らはきっと呪術師である。どうもまずい道に踏み込みつつある感じだ。呪術師に控えめに尋ねると、イリンガの方にはもっと大きな闇市場があって、呪術に使われる様々な品が取引されているという話だった。ちなみに、日本に帰ってから友人の社会人類学者にこの時の話をすると、「呪術師と関わるのは危険なので、深入りしない方が良いよ。呪いをかけられるしね」と言われた。人間の皮を剥いで呪術に使うという恐ろしい事件も報道されたことがあるらしい。

私は早々に引き上げたかったが、しかし、なにせ王様に紹介されたのだから、いまさら「何も要らない」と帰るわけにもいかない雰囲気だった。仕方がないので、私は男たちが「ソクェの毛だ」という黒い毛を少々購入した。本物かどうかは定かではない。また、たとえ本物であったとしても、それがもともと何処に住んでいたチンパンジーの毛であるか不明なので、研究の役にはあまり立たない。この時購入した毛は、タンザニアからは持ち出さず、ダルエスサラームの倉庫に保存したままである。

八月二九日には、ラエラという街まで南下して、ムフィパの先代の長にも会って尋ねてみた。彼は教えてくれた。「うーん、ここにはソクェは住んではいないからなぁ。確かに私が子供の頃には、祭りで何かの動物の毛皮をかぶっていたのを見た記憶はあるね。ミランジという村に住んでいる今のムフィパの長が保管しているかもしれない。行ってみたらどうだ」

ミランジ村にも行ってみる。ムフィパの現在の長はまだ若者だった。彼は言った。「そんなの見たことない」横にいた老人が口をはさんだ。「わしらが子供の頃には、祭で毛皮を着て踊ったもんじゃよ。しかしそれはソクェじゃなくてトゥイガ（キリン）じゃった気がする。今はもう祭りといっても、酒を飲んでクク（ニワトリの肉）を食べるだけじゃ。わっはっは」

私は、チンパンジーの毛皮探しはこれであきらめ、スンバワンガに戻った。

▼ワンシシにも行ってみた

話は少し前後するが、この年は私と金森さんとエマとバトロでワンシシ地域にも行ってみた（Ogawa et al. 2004）。ワンシシは、私たちがルワジのチンパンジーを発見する以前には、タンザニアのチンパンジー生息地の南限とされていた所である。ジム・ムーア（カリフォルニア大学サンディエゴ校教授）とシャドラック・カメニヤ（ゴンベ渓流研究所アクティング・ダイレクター）が、近くのマカモヨという場所には行ったことがあった。しかし、ワンシシの丘に登った霊長類研究者は、加納さんによる調査以来初めてとなるはずだ。今でもここにチンパンジーが生存しているかどうかを確認し、できれば糞か毛を採集してＤＮＡ分析に加えたいと思っていた。

二〇〇一年八月三日の八時四五分、ムパンダ発。ムパンダを少し北上し、九時三〇分、イフクトゥワという村の三叉路を西へ。一一時一四分、カトゥマ村を通過。一一時四四分、カパンガ通過。そのまま幹線道路を西に進んでゆけばタンガニイカ湖に至る。その分れ道を南西へ行けばワンシシに向うはずだ。周りには竹林が広がっていた。

午後二時一五分、ワンシシの丘の麓にあるカスンガ村着。村で聞き込みをしてみると、チンパンジーはワンシシの丘の上に今でもいるそうだ。村に泊ると何かと面倒なので、村はずれの一軒家の前にテントを張らせてもらった。

八月四日、ワンシシの丘陵地帯にそびえるピークの一つ、マガンゲ山に登ってみる。前日にカスンガ村で二人の道案内を雇っておいた。一人はアリ、もう一人はトバシ・マニュンクエ。トングェに比較的近いベンデという民族の若者だ。八時一五分、キャンプを出発し、しばらくは畑の畔道を歩く。やがて畦道は登山道となって、辺りは一面竹林になった。さらに斜面を登ってゆくと植生は疎開林になる。そして尾根沿いの道から谷を見下ろすと、疎開林の斜面にチンパンジーのベッドが見つかった。糞も見つけた。おっと、うっかり触ったり唾が飛んだりして、また私自身のＤＮＡが混ざってしまわないように、手袋とマスクをしてから採集だ。午後一時三〇分、私たちはマガンゲ山の頂上に着いた。帰りは、道なき道をだらだらと下って、午後四時〇〇分、キャンプ着。

八月五日、マガンゲ山の東にある頂のカロレ山へ同じメンバーで。キイロヒヒとブッシュバックの声を聞き、アフリカゾウが泥浴びをした跡、モリイノシシの糞、それにウガラでは珍しいシマウマの糞と足跡なども見ることができた。できればワンシシ地域のチンパンジーの毛や毛皮も手に入れたかったが、庭先に停めてもらった家の老人の話では「知り合いが昔は持っていたが、今はもうない」とのことだった。八月六日、私たちはワンシシに別れを告げ、ムパンダに戻った。

▼エマとバトロ都会へ行く

この年はルワジにも行っている。八月一四日、七時起床。七時三〇分、スンバワンガを出て、一〇時四〇分、キスンバ村着。

一九九七年にキニカ村で雇った若者コロンゴは、キスンバ村に引っ越してきており、私を見るなり走りよってきた。だが、残念なことに、彼はまだ午前中だというのに酒を飲んでいた。これでは調査に連れて行くわけにはいかない。その後もキスンバ村を通るたびにコロンゴは私を見つけて走りよってきたが、いつも酔いつぶれていた。「また雇ってくれ」と言う申し出を断り続けて数年、遂に今日までしらふのコロンゴを見ることはなかった。私は畑に働きに出ていたカトンコラを呼んできて車に乗せた。午後二時〇〇分、ボマムウィンビ川着。周辺を歩きまわる。

八月一五日の夜遅く、カトンコラがコモンダイカを仕留めてキャンプに戻ってきた。そうだ、忘れていた。「我々の調査隊では、ハンティングは禁止だ」とカトンコラにも伝えておかねばならなかった。

私たちはその後数日間、キャンプを移しつつ、ルワジ地域の方々を歩いた。ベッドと古い糞は見つかったが、チンパンジーには出遭えなかった。今に至るまで、声を聞くことすら一度もないままである。八月一九日、キニカ村へ。

その後も、私はあちこちの村を訪ね歩いた。村々では特に老人たちにチンパンジーについて聞いてみた。ルワジのチンパンジーに関する情報もさることながら、ルワジの南ザンビア共和国にもチンパンジーは生息しているのか、あるいはかつて生息していたのかを知りたかったからである。私がインタビューした人の中にはザンビアから移り住んできたという人もおり、「当時ザンビアにもチンパンジーがいたと祖父から聞いた」と語ってくれた老人も何人かいた。その可能性は大いにあるだろう。しかし、彼らが話してくれた地名を頼りにして、ザンビアのその地にたどり着くことは至難の業に違いない。結局ザンビアでの調査は、実現しないまま現在に至っている。

なお、インタビューに協力してくれた人たちには、お礼に少額のお金を渡すこともある。でも、立ち話でちょっと聞いただけの場合には、アメなどで済ます。ただ、ある田舎の村の老人にアメを渡すと、「これは何だ」と聞かれたこともあった。タンザニアにはまだアメやキャンディの類を食べたことが一度もない人も暮しているのだった。

八月二八日、私たちはルワジの調査を終了して、スンバワンガに戻った。

結局この年の調査は、ウガラ地域、リランシンバ地域、ワンシシ地域、ムフト村を始めとするウフィパ・エスカープメント沿いの村々など各地を訪れ、最後にスンバワンガに戻ってきた。旅もそろそろ終盤である。

ここまで南下してきたのにエマとバトロをムワミラ村まで送り届けると、往復四日はかかる。彼らには申し訳ないが、正直面倒だ。私は「せっかくここまで来たのだから、ダルエスサラームまで一緒に行かないか」と彼らを誘ってみた。ダルエスサラームからは列車に乗って二泊三日でキゴマに戻ることができる。あるいは飛行機も飛んでいる。その切符などは買ってあげるつもりだ。手放しで喜ぶかと思ったが、エマもバトロもすぐには決めかねていた。二人ともダルエスサラームには生まれてこの方一度も行ったことがない。そもそもスンバワンガでさえ、私と一緒でなければ来ることはなかったであろう。生まれ故郷を離れてこれほど遠くまで来たのは初めての経験である。見知らぬ土地での調査で不安だったのは、私よりむしろ二人のトラッカーたちであったかもしれない。ダルエスサラームまで行くか、ここからまっすぐ帰るか。その晩は二人して緊急会議が開かれたようだった。

八月二九日から数日間、行く先々の村で聞き込み調査をしながら、私たちはスンバワンガからさらに南下していった。エマの不安は募る一方であったようだ。道路沿いに見えた田舎町の市場を指さして、エマは「あの大きな市場で買い物をしよう。それで十分だ。こんな市場まで見ることができて、あぁ本当に満足だ。それが終わったらムワミラ村に帰ろう」などと言いだした。大きな市場といっても、地方の田舎の市場である。タンザニア最大の都市ダルエスサラームとは比べ物にならない。私としては、せっかくなので冥土の土産話にダルエスサラームまで連れて行ってあげたい。エマをなだめすかしつつ車を走らせ、ジェームスじいさんの住むムフト村近くまで再び南下してきた。八月上旬以来である。（そして九月二日、もう一度ムフト村に泊ろうとすると、役人に「許可を取ってこなければダメだ」と追い出されたのは、先述した通りである。）

私たちは、ムフト村とジェームスじいさんに別れを告げ、ウフィパ・エスカープメントに向かって、ムコウェという村に車を停めた。幸いムコウェ村の役人はムフト村のように小うるさくはなかったので、事情を話すと、村長の家の庭にテントを張って泊らせてもらうことができた。

私は食後に一息ついて地図を眺めた。ウフィパ・エスカープメントを東側へと下る道が一本、このムコウェ村から出ているのだ。いつものように幹線道路を南下すればトゥンドゥマから舗装道路を通って帰れるが、あえてムコウェ村からウフィパ・エスカープメントを下ってみよう。そうしたらその東にあるルクワ湖にも寄ることができる。ムコウェ村に泊ったのは、実はそのためでもあった。

九月三日の朝七時四七分、ムコウェ村発。この先では薪が手に入るかどうかも不明である。途中の疎開林で数日分の薪を集めて車の上に積んだ。

そして八時五一分、ウフィパ・エスカープメントの断崖を斜めに横切る急坂を下りきると、東の彼方まで平原が続いていた。そこには私が見慣れた木々であるミオンボからなる疎開林はもうなかった。目の前に広がっている植生は、「シケット」と呼ばれる藪（やぶ）である。樹高三メートル程度の灌木しか木がないので、チンパンジーはベッドを作って住めそうにない。カオゼという村に定着し、私は金森さんの手伝いをすることにした。チンパンジーがいないので、せっせとネズミ捕りである。

九月六日の八時四七分、ネズミ捕りも終えてカオゼ村発。まっ平らな平原をひたすら東へ。エマもダルエスサラームまで行くことにしぶしぶ合意した。午後四時二七分、丸一日走って、ルクワ湖に着いた。ルクワ湖のほとりにテントを張ってキャンプをする。ウフィパ・エスカープメントから積んできた薪がやはり役に立った。

九月八日の午前一〇時、ルクワ湖発。未舗装道路を南東に突き進むと、午後四時二七分、舗装された幹線道路に出た。トゥンドゥマとムベヤの間である。ムロワという小さな街の宿に泊る。ここまで来れば、残りの行程は舗装道路をダルエスサラームに向かってまっしぐらである。余った薪は宿のオーナーに売りつけた。翌九日、ムベヤを通過し、イリンガ泊。一〇日、モロゴロ泊。九月一一日の一一時四四分、エマとバトロを乗せたランドクルーザーは、タンザニア最大の都市、インド洋に面するダルエスサラームに到着した。

ダルエスサラーム滞在中、エマとバトロには駅の近くの安宿に泊ってもらった。キゴマ行きの列車が発車するまでの数日間、彼らには人生初のダルエスサラーム見物を楽しんでもらえば良い。

二日後の九月一三日、私は宿まで彼らの様子を見に行った。「どこかに遊びに行ったか」と聞いてみると、どこにも行っていない。宿の周りを歩いただけだそうだ。せっかくダルエスサラームまで来たのに、バスに乗って海岸や繁華街にすら行っていない。「宿から離れると、迷子になって戻って来られなくなるかもしれない」と恐れている。「家族にお土産は買ったか」と聞くと、騙されて高く売りつけられそうで、怖くて買っていないらしい。何たる田舎者。ダルエスサラームでのエマとバトロは、ウガラの原野を悠々と歩いていた時の二人とは別人のようだった。

結局エマとバトロは、私たちの次に調査地に入る加納さんの車に乗せてもらい、一週間後にムワミラ村へと帰って行った。

私と金森さんは、九月一六日、ダルエスサラーム発。エミレーツ・エアー・ラインでドゥバイ、香港へ。そこからキャセイパシフィックで名古屋へ向かい、九月一八日に帰国した。

コラム⑧……ウガラの動物たち（霊長類編）

タンザニアでは様々な野生動物と遭えるのが楽しみの一つだ。国立公園（ミクミ、カタビ、マハレ山塊、ゴンベ渓流など）を訪れた際には、勿論いろいろな動物を見ることができた。だが、コラムではそれらは割愛し、私がウガラで実際に目にした動物たちを中心に紹介していこう。疎開林地帯にはサバンナ性の動物と森林性の動物が両方住んでいる（Iida et al. 2012; 福田 2001; Ogawa et al. 2007）。

まずは、私たちヒトやチンパンジーが含まれる霊長類（サル目）から始めよう。学名と現地名は、表を参照していただきたい（表8.1）。

ウガラに生息するオナガザル科のサルたちは、その暮しぶりから二つのグループに大別できる。一つは川辺林などの常緑林に住みついている、言わば森林性のサルたちだ。ウガラにはアカオザルとブルーモンキーがいる。アカオザルは、その名の通り赤い尾を持ち、鼻の頭が白い。体重はメスで三キログラム、オスで四キログラム程度。小柄なサルだ。ブルーモンキーは、アカオザルよりひとまわり大きく、メスで四キログラム、オスで七キログラム程度。ずんぐりとした印象を受ける。この二種のサルを疎開林で見かけることはほとんどない。なお、葉っぱをよく食べるアカコロブスというサルは、マハレに近い南東部を除き、ウガラには生息していない。

アヌビスヒヒ及びキイロヒヒとサバンナモンキーは、言わばサバンナ性のサルたちだ。彼らは疎開林と常緑林の両方で見かける。アヌビスヒヒは、ドグエラヒヒやオリーブバブーンとも呼ばれる（バブーンはヒヒの英名）。アヌビスヒヒとキイロヒヒは、チャクマヒヒ（*Papio. ursinus*）及びギニアヒヒ（*P. papio*）と合わせ、サバンナヒヒ（*P. cynocephalus*）として一種にまとめられることもある。その場合アヌビスヒヒとキイロヒヒは亜種の違いとなる。サバンナヒヒは、アフリカのサハラ砂漠以南の比較的乾燥した地帯に広く分布する。メスが一四キログラム、オスが二五キログラム程度。地上性の強いサルである。最近タンザニア西部では、キイロヒヒよりも大柄なアヌビスヒヒがマラガラシ川を越えて南下し、キイロヒヒの生息地にまで分布を広げつつある。サバンナモンキーは、ミドリザルやベルベットモンキーとも呼ばれ、サハラ砂漠以南の沙漠を除くアフリカ全土に広く分布する。村落近くの二次林にも生息し、ダルエスサラームの街中にもいるほどである。メスが三キログラム、オスが四キログラム程度で、黒い顔をしており、オスは青い陰嚢を持つ。

チンパンジーについては、他のコラムでまとめたので、ここでは省略しよう。基本的には森林性の霊長類であるにもかかわらず、ウガラなどの疎開林地帯では常緑林だけでなく疎開林も利用して暮している。なお、タンザニアにはゴリラは生息していない。

ウガラには原猿類（曲鼻亜目）に分類される原始的なサルの仲間も生息している。ブッシュベイビーとも呼ばれるガラゴたちである。夜行性で、夜時々キャンプに鳴き声が聞こえてくる。ウガラにはグレイターガラゴとレッサーガラゴの二種がいるようだ。

霊長類以外の哺乳類については、コラム⑨で紹介しよう。

表8.1　ウガラ地域に生息する霊長類

和名	スワヒリ語	学名	ハ語	トングェ語
サル目				
ヒト科				
チンパンジー	ソクウェ，ソコ・ムトゥ	*Pan troglodytes*	Imanfu	Insoko, Intanda
オナガザル科				
アヌビスヒヒ	ニャニ	*Papio anubis*	Inkobhe	Inguje
キイロヒヒ	ニャニ	*Papio cynocephalus*	Inkobhe	Inguje
サバンナモンキー	キマ，トゥンビリ	*Cercopithecus (Chlorocebus) aethiops*	Ikende	Kajanda
ブルーモンキー	キマ，トゥンビリ	*Cercopithecus mitis*	Ikende	Nsima
アカオザル	キマ，トゥンビリ	*Cercopithecus ascanius*	Chondi	Kasolima
アカコロブス	キマ，トゥンビリ	*Colobus badius*	Ikende	Ndugulugu
ガラゴ科				
グレイターガラゴ	コンバ	*Otolemur crassicaudatus*	Akahelele	Kabundi, Pelele
レッサーガラゴ	コンバ	*Galago senegalensis*	Akahelele	Kabundi, Pelele

ハ語とトングェ語は基本的に複数形で記した。

第九章……雨季のタンザニア

▼イサへ自転車で

今回は雨季にタンザニアを訪れてみることにした。私はタンザニアに七月から一一月末までは滞在したことがあった。しかし、特に大学に就職してからは、私がタンザニアである程度長い日数を過ごせるのは日本の夏休みに限られてしまうようになった。だが、それだと、データが乾季に偏ってしまう。雨季の様子も知っておきたい。そこでこの年は、会議と会議の間にぎりぎり長く日数をとって、二月から三月にかけての二六日間タンザニアに滞在した。

この時には、ちょうどアドリアーナ・ヘルナンデスがウガラでチンパンジーの調査を行っていた。アドリアーナはメキシコ人で、ジムのいるカリフォルニア大学サンディエゴ校の近く、南カリフォルニア大学の大学院生である。「乾燥地帯のチンパンジーを研究したい」と、ジムや私に相談してきたのが二〇〇一年であったと思う。私はアドリアーナに、ウガラへの行き方から、キャンプ生活で気をつけるべきこと、ウガラでチンパンジーがよくいる場所に至るまで、できる限りのアドバイスを送った。アドリアーナは、予備調査を経て、昨年から長期間ウガラのイサに滞在していた(Hernandez-Aguilar 2006)。そこで今回私は彼女のキャンプを訪れてみることにした。

二〇〇三年二月一三日、私がアフリカに行くことを、娘は前日になって知って驚いていた。関西国際空港から、オランダ航空でシベリアの雪原の上を飛び、アムステルダムで一泊。そこからサハラ砂漠を越え、二月一四日にダルエスサラームに着いた。

日本出発前に、アドリアーナから、彼女が滞在しているイサのキャンプ地の緯度と経度は知らせてもらっておいた。南緯五度二五分、東経三〇度三五分だそうだ。イサ川上流部には一九九七年に行ったことがあったので、大体の見当はつく。きっとブカライに行く道の途中から、南へ入ってゆくあの林道の先だろう。ただ、本当にこれだけの情報でキャンプ地までたどり着けるのか、私は若干心配だった。きっとアドリアーナもそう考えたのだろう。ダルエスサラームの根本さんの家でインターネットを使わせてもらうと、アドリアーナの衛星電話からEメールが届いていた。「イサへの詳しい行き方はジュマ・ムコンドさんに聞いてください。ジュマさんはウビンザに住んでいます」と書かれていた。

さて問題は移動手段だ。乾季と違って、雨水でドロドロになった未舗装道路を自動車で走るのは、かなり危険である。キゴマまでは幹線道路とはいえ、途中から未舗装となる道を二〇〇〇キロメートル以上走りぬけていくのは大変だ。ウガラの悪路に至ってはタイヤがぬかるみにはまり込んでスタックしまくるに違いない。そこで私が立てた計画は次のようなものであった。

ダルエスサラームからキゴマへは飛行機で行く。そしてキゴマの市場で自転車を買う。その自転車で一日走って、エマたちの住んでいるムワミラ村まで行く。ムワミラ村からはトラッカーたちと一緒に、やはり自転車で二泊程度しながら、アドリアーナのキャンプ地まで行こう。

実は自転車は私の趣味の一つである。サイクリングと言うよりは自転車旅行。これまであちこちの国を走ってきた。世界一周をしたわけではないが、二〇歳の時に日本を縦断して以来、地球のあちこちを走ってきた。この時点で、まだ自転車で走ったことがない大陸は、(南極は除き)アフリカ大陸を残すのみであった。「いつの日にか、アフリカも自転車で走っておかねば」と常々思っていたのである。

しかし「その計画はやめた方が良い」と止められた。ＪＡＴＡツアーズの運転手の一人が根本さんにそう忠告したそうである。後述するが、当時ムワミラ村の近くにはコンゴ民主共和国からの難民キャンプが造られていた。「難民キャンプの近くを外国人が無防備に一人で走っていると襲われる」と心配されたのである。仕方がない。私はキゴマからムワミラ村までは車を使うことにした。

二月一八日、ダルエスサラームから国内線の飛行機でキゴマへ。そしてキゴマで車と運転手を手配した。その車に乗って、二〇日、キゴマを出発。ただし自転車での旅をあきらめたわけではない。ウビンザからは自転車のつもりだ。と言うより、雨季のウガラに車で入っていくのは難しいので、延々と歩くか自転車しかないのである。

今回のメンバーは、エマとバトロに加え、ジェラード・シモン（通称ジェラード）。私がムワミラ村に着くと、比較的暇な乾季とは違って、皆自分の畑に出て仕事をしていた。村の子供たちにアメを一粒ずつあげて、畑にいる彼らを呼びに行かせる。やがて全員村に戻ってきた。久しぶりの再会である。

「彼らには自分の自転車でウビンザまで行ってもらい、そこで待ち合わせしよう」と私は考えていた。しかし「ウビンザまでは車に乗って行きたい」とトラッカーたちは言う。「じゃぁ、自転車はどうするのだ」と聞くと、「ウビンザには知り合いがたくさんいるから、その人たちに借りれば良い」との答えだ。私はトラッカーを全員車に乗せてウビンザに向かった。

ウビンザではアドリアーナの友人ジュマさんを探しあて、「明日イサまで自転車で行きたいので、案内してくれ」と頼んだ。ところが「イサは遠い。そんな大変なこと、私には無理だ」と彼は答えた。「でも、アドリアーナが食料の調達を頼んでいる人たちがウビンザに住んでいる。彼らに頼めばイサまで案内してくれるだろう。荷物もその人たちの自転車に分散させて積めば良い」私はジュマさんの助言に従って、アドリアーナが雇っている三人に道案内と荷物運びを頼んだ。三人は「我々に任せておけ。道案内も、あなたたちの荷物運びも、途中の昼ご飯も、何も問題ない」と力強く言った。従ってメンバーは私たちにこの三人を加えて、計七人の自転車部隊となった。夜の間に全員分の自転車を手配しておいてくれるそうだ。この日はジュマさんの家の中庭にテントを張らせてもらった。イサまでは七〇キロメートルの悪路。ハードな行程を考慮して、翌朝は夜明けと共にウビンザを出発しよう。

二月二一日の朝六時半、集合。雨季ながら、幸い雨は降っていない。しかし、かき集められた自転車を見て、私の不安は的中した。自転車といっても、悪路に強いマウンテン・バイクがタンザニアにあるはずもない。最近ダルエスサラームの街中ではマウンテン・バイクやスポーツ・タイプの自転車を見かけるようになった。しかし、当時タンザニアに流通していたのは、切り替えギアのない中国製の自転車である。それはもちろん承知していた。しかし、トラッカーたちが友人知人から借りてきた自転車には、ペダルがなかったのである。ペダルがあるべき部分に一本の棒はつき出ている。しかし足を乗せるステップは紛失しているのだ。さらに、私にあてがわれた自転車には、ブレーキすらなかった。ブレーキがなくても走れるだろうと思うかもしれない。しかし、ブレーキがないと、止まろうとするたびに走行中の自転車からひらりと飛び降り、数歩走りながら自転車を減速させて止まらなくてはならない。やってみると、これは大変体力を消耗する動きだった。しかし、七時〇〇分、とにかく私たち七人はウビンザを出発した。数回ペダルを漕いだかと思うと、ひらりと飛び降りて、しばらくは自転車を押して歩く。そんなことがひたすら続いた。道は、林道と言うより、ほとんど山道である。

九時四五分、ングェ川通過。早くも疲れてきた。もう少しましな自転車はなかったのか。しかし、前後を見ると、トラッカーたちが乗っている自転車も私と同じような状態だ。おまけに三〇キログラムほどの荷物を荷台にくくりつけている。私も我慢して進むほかなかった。

午後二時半過ぎにようやく昼食となる。彼らはウガリを作り始めた。昼食の間に少しでも休んでおこう。そしてたくさん食べておこう。

午後三時三〇分、再び進行を開始して、イサ平原に入った。坂がゆるやかになると、多少は楽になった。午後四時、突然前を進んでいたバトロが、自転車を放り出して、後方にいる私の方に走って逃げてきた。何が起きたのかわからないが、とにかく私も逃げた。数メートル走ってから聞いてみると、大きな蛇がいたそうだ。やはり雨季は乾季以上に蛇には気をつけないといけない。

そして午後七時三〇分、既に真っ暗になった中、私たちはようやくイサ平原の上流部にあるアドリアーナのキャンプに到着した。

アドリアーナのキャンプは結構な大所帯だった。この時のメンバーは、夫のオスロさん、調査助手のブソティ・ジュマさん、タノじいさん、ラマザニ青年、英語も話せるキャンプ・キーパーのアブダーラ・サイディさんらだった。また、この時キャンプにはいなかったが、ダルエスサラーム大学植物学研究室で働いていたヤハヤ・アベイドさんという植物学者に手伝ってもらって、植物の同定を進めていた。二月二二日、午前中はアドリアーナと様々な話をし、午後には近くをぶらりと歩いてみた。夕食に私が酢豚（インスタントの粉を水で溶き、野菜と炒めたもの。豚肉は入っていない）をふるまうと、翌日メキシコ人のアドリアーナはタコスを作ってくれた。二三日と二四日にはアドリアーナたちと一緒に丘を登り、チンパンジーにも遭うことができた。

二月二五日からは、ブカライに歩いて行ってみる。一泊して戻って来よう。途中一度も訪れていない場所を通ることができる。その方面にはアドリアーナもまだ行ったことがないらしい。雨季なので、雨に降られる可能性は高いが、水場が見つからずに苦しむ恐れがないのがありがたかった。これまでの調査では私はウガラ内を主に車で移動していた。車で入れる所まで入って周辺を日帰りで歩くということも各地で繰り返してきたから、ウガラを誰よりもくまなく見てまわったという自負はある。しかし、かつて一九六〇年代に加納さんと伊谷純一郎さんは、最初から最後まで歩いてウガラ川に到達し、また歩いて戻ってきた。そのような調査をしていないことに、私はなんとなく引け目を感じていた。しかし、今回は自転車でイサまで入り、ここから一日歩いてブカライに行く。ウガラを端から端まで歩いて横断とまではいかないが、これでウガラ全体を体で感じることができる気がした。

二月二五日、アドリアーナには自分の調査予定があったので、メンバーは私、エマ、バトロ、ジェラードの四人である。八時二六分、私たち四人はトコトコと歩き始めた。一旦南東へ斜面を登って、高台を東へ。道はないので、GPSと方位磁石を頼りに進む方向を決めて歩き続けた。ベッドが見つかればノートに書きとめ、糞があれば採集する。途中の常緑林で、チンパンジーの親子連れ（母と子供）に遭うことができた。午後四時一三分、目的の沢の上流部着。水があったので、そこを今晩のキャンプ地にする。テントを張って夕食の準備をトラッカーに頼む。日が暮れるまでの間に、私はエマともうひと歩きした。

翌二六日、テントをたたんで、八時三〇分発。同じルートをたどって帰ってもつまらないので、北よりのイサ平原を歩く。幸い雨に降られることもなく、一二時三〇分、アドリアーナのキャンプに戻ってきた。夕方になると大粒の雨が降り始めた。

その日の晩、ラジオを聴いていたアドリアーナのトラッカーが「もうすぐ戦争が始まる」と教えてくれた。ウガラにいると遠い世界のことのように感じてしまうが、中近東ではイラク戦争が始まろうとしていた。湾岸戦争終了時に受諾した決議に反してイラクが大量破壊兵器を所持しているとして（実際には所持していなかったことが後に判明）、アメリカ合衆国がイラクに侵攻する直前だったのである。念のため、私はアドリアーナの衛星電話を使わせてもらって、Eメールをチェックした。妻からEメールが届いており、「戦争が始まるので私たちの海外旅行は延期する。気をつけて帰ってきてね」と書かれていた。実は私も、戦争が始まるのを見越して、今回はオランダ経由でタンザニアに来ていた。だから帰り道も戦争の影響はないだろう。

その他に届いていたEメールは、査読の依頼だった。査読とは、他の研究者が学術雑誌に投稿した論文を読んでコメントを書き、その論文が雑誌に掲載する価値があるかどうかを評価する仕事である。報酬は出ないので、ただ働きだ。できれば逃れたい仕事である。せっかくウガラでもEメールを読めるようになったと思ったら、こんな用事が届くとは。がっかりである。以来私は、衛星電話を持ってウガラに入った時も、後に普及した携帯電話を持ってタンザニアの街にいる時も、緊急事態以外は極力Eメールを読まないようにしている。ウガラには普通の携帯電話の電波はもちろん届かないが、街にいる時も携帯電話の電源はオフにしている。

その後私は、二月二八日までアドリアーナのキャンプで過ごし、三月一日から帰路についた。帰りの行程は、行きに比べて余裕があるはずだ。ングェで一泊することにしたし、食べた食料の分だけ荷物は軽くなっているからだ。

三月一日の朝八時一五分、イサのキャンプをアドリアーナたちに見送られて出発する。午後一時五五分、小さな川のほとりで昼休みとなった。

午後二時二〇分、大きな鍋に七人分のご飯が炊きあがる。鍋をひっくり返してアルミ製の大きなお盆に移す。そのお盆を皆で囲んで食べていく。おかずはない。昨日で食べつくしてしまったそうだ。それでも、塩を振りかけて食べると、異様においしい。空腹は最大の調理人である。午後三時四三分、私たち七人の自転車部隊はングェに到着した。

▼囚人と暮す

ングェ川に着くと、橋の付近には数人の男たちがたむろしていた。伐採された樹木の端材を使って建てた小屋の前には、ウガリを料理して食べた跡がある。彼らは、これまで何度もウガラで会ったことのある木こりたちとは雰囲気が違っていた。蜂蜜採りでもなさそうだ。銃を持った男が一人いるが、私たちを見ても逃げたりしないから、密猟者でもなかろう。まさか中年の男たちだけでキャンプを楽しみにきたわけでもない。タンザニアの村に住む人たちにはレジャーとしてキャンプをする習慣はまだない。いったい大の大人たちが大勢でこんな所まで何をしに来たのだろう。

尋ねてみると、一人は警察官、残る数名は囚人だった。数日間ここに滞在し、川辺林に生えているアンザラーニ（*Eremospatha haullevileana*）という植物を使って籐製品のような物を作る。服役中の強制労働兼社会更生プログラムのようなものらしい。でも囚人たちは手錠や足枷をはめられているわけでもない。警察官の隙をつけば、簡単に逃げ出せるだろう。「逃げたり、私たちを襲ってきたりする心配はないのか」と、トラッカーのジェラードに聞いてみた。「大丈夫だ。そんな心配はない」という答えだ。それに、囚人たちをとりしきる警官は、彼らの友達なのだそうだ。それは心強い。ジェラードはさらにつけ加えて言った。「あぁ、それに囚人の一人はエマの友達だよ。いい奴だから心配ない」

三月二日、ングェを一日歩いた。一九九九年頃からはウガラのングェにも多くの人たちが入り込んで川沿いに田畑を耕すようになっていた。畑にはキャッサバやトウモロコシが植えられた。その他には大豆やトマトなど。二〇〇一年の夏には少なくとも六人がングェに畑や田んぼを開墾した。幅五〇メートルあまりの湿地草原が長さ二〇〇メートルにわたって耕されている場所もある。乾季まで常住している人は少ないものの、しかし、これでは用心深いチンパンジーたちはングェから離れてしまうではないか。実際、以前と比べると、ングェでチンパンジーに遭える頻度やベッドの密度は激減していた。アドリアーナがングェでなくイサにキャンプを設営したのも、それが理由の一つだった。

三月三日の午前一一時二七分、ングェ発。帰路につく。ングェ川からムパンダロードへは登り道だ。午後一時四〇分、斜面を登りきったキサト村で一休み。午後三時〇〇分、ウビンザに戻ってきた。さっそくビールを買ってジュマさんの家で乾杯である。

三月四日の朝八時、予定通り手配しておいた車でウビンザ発。九時にムワミラ村でエマたちトラッカーを降ろす。一一時にはキゴマに着いた。三月五日、国内線でダルエスサラームへ。

三月八日、ダルエスサラーム発。行きと同じようにオランダを経由して、三月一〇日に帰国した。こうして雨季の自転車の旅は、あっという間に終わりを告げた。

コラム⑨……ウガラの動物たち（哺乳類編）

コラム⑧（霊長類編）に続き、私自身がタンザニアのウガラで実際に出遭った動物たちを中心に、霊長類以外の大・中型哺乳類を紹介していこう。学名と現地名は、表を参照していただきたい（表9.1）。

まず、肉食獣。大型なのは、ライオン、ヒョウ、ブチハイエナ、リカオン（ワイルドドック）、サーバルたちだ。私は、ウガラでライオンは見たことがあるが、ヒョウやハイエナやリカオンには一度も出遭っていない。食物連鎖の一番上に来る大型の肉食獣は、個体数が少ないから、そう頻繁に出くわすものではない。国立公園でも、レンジャーたちがトランシーバーで連絡を取りあって、誰かが見つけた肉食獣にお客さんを誘導する。ウガラでは夜中に「ウィー」というハイエナの鳴き声を頻繁に聞く。おそらくブチハイエナだろう。ヒョウは、ずっと足跡や糞や鳴き声でしか確認したことがなかったが、二〇一〇年にセンサーカメラ（カメラトラップ）を仕掛けた時には、その姿がばっちり映った。

これらよりも小さな肉食獣は表に含めなかったが、ジャッカル、シベット、ジェネット（ジャコウネコの仲間）、マングースなどは、複数種がウガラに生息しており、時々見かける。

次に、草食獣。アフリカゾウ、カバ、バッファローたちにはウガラで何度も出遭った。こうした子供の頃からよく知っている動物に遭えるのは、やはり嬉しかった。ただ、キリンやシマウマには、ウガラでは遭っていない。ウガラの南にあるカタビ国立公園ではよく見かけるのだが。ツチブタは地面に巣穴を掘って住む夜行性の動物である。彼らの掘った巣穴は、既に使われなくなったものも含めると、ウガラではいたる所に開いている。エマは実物を見たことがあるそうだ。私もタンザニアで五〇年ほど暮したら、野生のツチブタを一度くらいは見られるのかもしれない。イノシシは二種、イボイノシシとモリイノシシ。彼らの糞は一日ウガラを歩くと見ない日がないほどよく転がっているし、実物にも結構よく出遭う。

ウシ目の中でもウシ科には様々な種類がいる。ウガラには、美しい巨体のローンアンテロープ、カーブした角が美しいサーベルアンテロープ、最も大きなアンテロープと言われるエランド、捻じ曲がった角が特徴的なグレータークードゥーなど。このうちローンアンテロープには何度か出遭った。グレータークードゥーは、トラッカーのバトロと歩いている時に一瞬だけだが見ることができた。サーベルアンテロープとエランドはまだ見たことがない。ハーテビーストもかなり大きい。ただしちょっと変な顔をしているので、出遭ってもそれほど感動しない。その他には、川辺が好きなウォーターバック。森の中から「ワン」という犬のような鳴き声が聞こえてきたら、それはブッシュバックだ。ブッシュバックと並んで、コモンダイカも大変美味しい。岩場を好むのはクリップスプリンガー。サバンナの代表的な草食獣インパラはウガラにもいる。小さいので表には含めなかったが、ブルーダイカ（*Philantomba monticola*）も生息している。これは森林性の動物だ。ここで紹介したウシ科の動物たちの名前を聞いて、すぐにその姿を思い浮かべられる人は少ないかもしれない。だが、アフリカゾウやカバだけでなく、彼らもウガラの大切な一員である。もっと多くの人に知ってもらいたいものだ。

表9.1　ウガラ地域に生息する主な大・中型哺乳類

和名	スワヒリ語	学名	ハ語	トングェ語
ネコ目				
ネコ科				
ライオン	シンバ	*Panthera leo*	Intambwe	Nsimba
ヒョウ	チュイ	*Panthera pardus*	Indula	Ingwe, Nsubi
サーバル	モンド	*Leptailurus serval*	Ibhisamagwe	Ibalabala, Kasimba
ハイエナ科				
ブチハイエナ	フィシ	*Crocuta crocuta*	Infyisi	Itana
イヌ科				
リカオン（ワイルドドッグ）	ンブワ・ムウィトゥ	*Lycaon pictus*	Amabhingila	Ipuge, Ibinga
イタチ科				
アフリカツメナシカワウソ	フィシ・マジ	*Aonyx capensis*	Inzivyi	Nkonda
ゾウ目				
ゾウ科				
アフリカゾウ	テンボ，ンドヴ	*Loxodonta africana*	Inzovu	Insofu
ツチブタ目				
ツチブタ科				
ツチブタ	ムハンガ	*Orycteropus afer*	Inyaga	Inyaga
ウシ目				
キリン科				
キリン	トゥイガ	*Graffacamelopardalis*	Intwiga	Intwiga, Kasanga
カバ科				
カバ	キボコ	*Hippopotamus amphibius*	Invubhu	Ngufu
イノシシ科				
モリイノシシ	ングルウェ	*Potamochoerus larvatus*	Inglwe	Inglwe
イボイノシシ	ンギリ	*Phacochoerus africanus*	Insatura	Ingili
ウマ科				
サバンナシマウマ	プンダ・ミリア	*Equus burchellii*	Indogobwe	Inbega

和名	スワヒリ語	学名	ハ語	トングェ語
ウシ科				
バッファロー	ニャティ	*Syncerus caffer*	Inbogo	Inbogo
ローンアンテロープ	コロンゴ	*Hippotragus equinus*	Inkolongo	Nkolongo
サーブルアンテロープ	パラパラ	*Hippotragus niger*	Inpalapala	Npalapala
グレータークードゥー	タンダーラ	*Tragelaphus strepsiceros*	Intandala	Ntandala
レッサークードゥー	タンダーラ	*Tragelaphus imberbis*	Intandala	Ntandala
ハーテビースト	コンゴニ	*Alcelaphus lichtensteinii*	Inkonji	Konsi, Kakisi
ウォーターバック	クロ	*Kobus ellipsiprymnus*	Indoi	Npuege, Kunpa, Kibuse
コモンエランド	ポフ	*Tragelaphus oryx*	Innimba	Nimba
ブッシュバック	ポンゴ	*Tragelaphus scriptus*	Inpongo	Nsuja
シタトゥンガ	ンブワラ	*Tragelaphus spekii*	Imbawala	Nsobe, Nbawala
コモンダイカ	インシャ	*Sylvicapra grimmia*	Ingelege	Kasiya
インパラ	スワラ	*Aepyceros melampus*	Impalapala	Tukisi
クリップスプリンガー	ブジ・マウェ	*Oreotragus oreotragus*	Utukinda	Kakinda

サル目については、表8.1に記載した。

小型哺乳類で構成されるウサギ目、ネズミ目、コウモリ目、イワダヌキ目などは表に含めなかった。

ハ語とトングェ語は基本的に複数形で記した。

第一〇章……ンタカタの森へ

▼東へ西へ

二〇〇三年の七月一四日、日本発。関西国際空港で日本を出国したところで自宅に電話すると、娘の春子が「早く元気で帰って来てね。お父さん」と泣きそうな声で言った。この頃からタンザニアへの航路はもっぱら中東経由のエミレーツ・エアー・ラインを利用するようになった。一五日、ドゥバイで飛行機を乗り継ぎ、午後二時三〇分、ダルエスサラーム着。

空港には阿部優子さん（東京外国語大学大学院地域文化研究科大学院生）とハッサン・アヨウブ・アミイ（通称ハッサニ）が迎えに来てくれていた。根本さんは一九九九年にタンザニアでJATAツアーズという旅行会社を立ち上げており（第二章）、ハッサニはその会社で働く運転手の一人である。阿部さんは、タンザニアでベンデという民族の人々が話す言葉、即ちベンデ語を研究している。彼女と私が調査地に入る日程がちょうど重なったので、彼女も一緒に乗せていくことになったのだ。また、阿部さんを調査地の村まで送った後は、日本人研究者は私一人となる。そこで根本さんにお願いして、今回は調査期間通じてハッサニを雇った。

七月一八日の八時〇〇分、阿部さんを乗せ、ハッサニの運転で、ダルエスサラーム発。一旦ルワジで調査した後、スンバワンガへ戻り、七月二五日、スンバワンガの東マジモト村に行ってみた。スワヒリ語で「マジ」は水、「モト」は熱いという意味であり、ここには温泉が湧いている。露天風呂につかり、一泊した。えっ、「チンパンジーの調査はどうしたか」って。一応聞き込みしました。いませんでした。翌日午後六時四九分、薄暗くなったスンバワンガへ。

翌七月二七日の八時三〇分、再びスンバワンガ発。午後二時三〇分、ムパンダ着。二八日には、阿部さんをカトゥマ村まで送った。

その後、七月二九日の七時五〇分、私とハッサニはムパンダを出てムパンダロードを北上。午後二時一五分、ウビンザを通過。午後三時三二分には、ムワミラ村に着いた。なんでもないようだが、以前はムパンダから一日でムワミラ村まで行くのは無理で、途中で野宿しなくてはならなかった。整備されて徐々に道が良くなってきたのと、ハッサニの運転のおかげである。

さて、この年の作戦はこうである。一九六〇年代の調査の際に加納さんは、タンザニアのチンパンジーの生息地を六地域に分けた（Kano 1972）。ウガラ、マシト、ムクユ、カロブワ、ワンシシ、リランシンバの六地域である。このうちのウガラは、私たちの主な調査地だ（Ogawa et al. 2007, 2014）。リランシンバは、後述するように、トラッカーたちの住むムワミラ村の近くであり、既に何度か訪れていた（加納ら 1999; Ogawa et al. 2006）。マシトには、リランシンバからマラガラシ川を南に渡って少しだけだが歩いたことがある。ワンシシは、昨年登った丘だ（Ogawa et al. 2004）。従って、残る地域は、カロブワとムクユである。今年はそのうちの一つ、カロブワを調査する予定だ（Ogawa et al. 2006）。

現地で確かめたいことが一つあった。鉱山会社が何処でどの程度発掘調査をしているかである。この頃タンザニア西部一帯、特にムパンダ周辺では、鉱山会社が鉱物資源の調査を進めていた。ムパンダ西のカロブワ地域ではかなり大がかりな発掘調査が進められていると聞いた。もちろん政府の許可を得てではあるが、彼らは強引に疎開林の木を切り倒し、車が通れる道を各地に切り開いていた。そして、もし鉱物資源が豊富に埋まっているとわかれば、その土地は大々的に開発されてしまうだろう。

ただ、鉱山会社が切り開いた道は、私も調査に利用させてもらうつもりである。今日ムパンダからウビンザに北上してきた間にも、ムパンダロードから二本の新しい脇道ができていた。それらの道を試してみよう。それが今年のもう一つの計画である。

八月二日、一つ目の新訪問地、ムパンダロードを西へ。地域としてはマシト地域になる。七月三〇日からエマとバトロとバラムウェジを雇ってングェで調査した後だった。九時一四分、ングェを出発。ブエンジ村からムパンダロードに出て数キロメートル南下すると、鉱山会社が強引に切り開いた脇道の入口に着いた。ランドクルーザーなら走れるだろうが、何処まで続いているかは全く不明だ。

一〇時〇五分、とにかく入ってみる。できれば先にあるモロフシ川まで車で着きたかった。しかし道はその手前で行き止まりになった。疎開林の中、道なき道を西へ進む。地形図とGPSによると、モロフシ川まではあと五キロメートル。しかし、車で木と木の間をくぐりぬけたりしていると、一時間で五〇〇メートルしか進まなかった。モロフシ川まで車で行くのはあきらめよう。幸い一本東の水系の源流部に水が湧いていた。今日はここでキャンプとする。その水場には自転車で入ってきた木こりたちがいた。この付近にはチンパンジーの声がよく聞こえて来るらしい。

翌八月三日、私はバトロとモロフシ川まで歩いた。疎開林の日陰で昼寝をしていると、一頭のハーテビーストが近くまでやってきた。寝たふりをしていると、すぐ近くまで来て、鼻息で威嚇してくる。起き上るタイミングを逃してしまった。踏みつぶされたらかなわない。そっと起き上って、自分が逃げるか、それとも追い払うか戦うかという姿勢になった。その瞬間、ハーテビーストは身をひるがえして走り去ってくれた。

八月七日、今度はンコンドウェの西を目指す。午後四時五五分、ンコンドウェ着。翌八日、轍（わだち）をたどって、ここから西に入ってみる。村でたまたま会ったピリとサルムという男を車に乗せた。一〇時三五分、ムパンダロードからの脇道を西へ。何本か小さな谷を通過する。一二時一一分、道は崖の手前で行き止まりとなった。崖の突端に立つと、下には村が見えた。ブグエ村と言うそうだ。午後一時〇〇分、通過した小さな谷の一つには水があったので、そこまで戻ってキャンプ地とする。午後二時四九分、周辺を丹念に歩いてみるが、やはりチンパンジーのベッドは一つも見つからなかった。午後三時五三分、キャンプ地に戻って、ピリとサルムから近辺の情報をじっくりと聞いた。

八月九日の八時四〇分、テントをたたんで出発、一〇時〇六分、ピリとサルムの二人を下す。この日はミシャモという街に寄ってみた。ムパンダロードの三叉路を西に向かう。思えばこの三叉路を初めて見たのは、一九九四年に初めてウガラに入った日のことだった。午後一時四六分、初めてミシャモの市場を訪れた。

市場の人々に「ここからさらにタンガニイカ湖方面に延びている道はないか」と聞いてまわった。残念ながら「ない」という返事ばかりだ。明日はムパンダに向かおう。今晩はミシャモの宿に泊るという手もあったが、幹線道路から外れているこのミシャモでは、良い宿は見つからなかった。これなら川辺でキャンプした方が快適だ。午後三時四五分、私たちはンコンドウェに戻ってテントを張った。

▼ンタカタの森

次の目的地はカロブワ地域である。八月一〇日の九時四六分、ンコンドゥェ発。一二時一三分、ムパンダ着。皆で安宿に泊った。

八月一一日の朝八時四六分、ムパンダ発。イフクトゥワから西に。途中までは昨年ワンシシの丘に向かった道である。一〇時二八分、カトゥマ村まで来た。阿部さんと再会。元気そうだ。ただし、ハッサニが「調子はどう?」と聞くと、「毎日同じ生活よ。変わりばえはしないわ」と答えていた。

確かにフィールド・ワーク(現地調査)というのは、そんなものである。本書では調査中に起こった事件をピックアップして書いているから、フィールドでは毎日刺激的な出来事が起こっているかのような印象を受けるかもしれない。しかし、実際には、朝起きて、ポリ(原野)を歩いて、ちょっと休んで、また歩いて、キャンプに戻って、水浴びをして、食事をして、寝る。それが私のフィールドの一日である。阿部さんの生活もおそらく私と同じようなものであろう。朝起きて、村人にインタビューをして、ちょっと休んで、またインタビューをして、水浴びをして、食事をして、寝る。食事もいつも同じだ。基本はウガリ(キャッサバまたはトウモロコシの粉をお湯で練ってだんごにしたもの)と豆の煮込み。日によってはご飯と魚。でも翌日はまたウガリと豆。もちろんテレビはない。電話もない。インターネットもない。あるわけない。おらが村には電気がない。と、吉幾三の歌「俺ら東京さ行ぐだ」のごとしである。ただ、村に住み込む場合には、村人とお喋りしたり、子供たちと遊んだりもできる。私のようにむさくるしい男四人だけでキャンプするのと違って、村ならではの楽しみも多いに違いない。でも逆に、「腹痛の薬をくれ」だの「お金を貸してくれ」といった村人からの相談に対応しなくてはならない煩わしさはあるだろうが。

というわけで、滞在が数週間、数か月、時には一年近くにもなると、フィールドの単調な生活には徐々にうんざりしてくる。私が「八月末にカロブワ地域の調査を終えてムパンダに戻る予定だ」と言うと、阿部さんに「じゃ、その時気分転換に一度ムパンダに出たいので、車に乗っけていってほしい」と言われた。

カトゥマ村を通過し、一一時三〇分、分かれ道にさしかかった。南西に進むと二〇〇一年に訪れたワンシシに至る。その分かれ道を今日はまっすぐ西のタンガニイカ湖方面に。ここから先は私にとって初めての道だ。タンザニアの方々を運転しているハッサニも初めてである。一二時五四分、ムウェセという街を通過。午後一時一一分、急坂を下ってルバリシ村に。珍しいことに、道端には村の名前を示す「ルバリシ村」と書かれた看板が立っていた。午後三時、イクブル村着。この三叉路をさらに西に向かうと、タンガニイカ湖畔のルコマ村へと至るはずである。マハレ山塊国立公園の北端となる。私たちは、その三叉路を北に向かって、鉱山会社の事務所を訪れてみる予定だ。ルバリシ川をランドクルーザーでジャブジャブと渡った。付近では鉱山会社が樹木を伐採し、あちらこちらに道を切り開いていた。ボーリングの跡だろう。土のサンプルを採るために、地面に直径一〇センチメートルくらいの深い穴がたくさん開けられていた。

やがて鉱山会社の基地に着いた。それは「ゴールド・ストリーム」というオーストラリアの会社だった。二〇〇一年から、オーストラリアからの出向社員が交代で滞在し、現地でタンザニアの人を一〇〇人程度雇って、鉱物資源の調査を始めたらしい。

もともとムパンダは金の採掘によって発展した街である。その金の運搬のために、タボラというタンザニア中央部の大きな街からムパンダまで鉄道も延ばした。(本書に登場したウガラ駅は、そのタボラとムパンダの間にある無人駅である。)しかし、街の近くの金は掘りつくしてしまい、その後ムパンダはさえない地方都市となって現在に至っている。それでもムパンダ周辺には金やタンザナイトなどの鉱物がまだ眠っている可能性があるらしい。これまでにも中国系の会社や南アフリカの会社(会社名はなぜか「アングロ・アメリカン・カンパニー」)が発掘調査に来たことがある。

もし採掘に値するだけの鉱物資源が見つかれば、大々的に開発が進むかもしれない。チンパンジーの生息地は破壊されてしまうだろう。従って、鉱山会社とチンパンジー研究者の私とは、潜在的に対立関係にある。だが、その日事務所にいたハリー・ウィルヘミッジさんは地質学者でもあり、私たちを親切に迎え入れてくれた。「ヘリコプターからチンパンジーを六頭見かけたことがあるよ。カクング山だった」などと、周辺とチンパンジーの情報を教えてくれた。また、「ここに来たのは初めてだ」と言うと、キャンプをするのに適した川辺まで私たちを案内してくれた。調査は順調に始められそうである。

ただ、別れ際にハリーさんは言った。「実は先日タンガニイカ湖対岸のコンゴ民主共和国からマシンガンを持った強盗団がやってきて村を襲った。鉱山会社の基地も襲われたことがある」と。それを聞いて、それまでワイワイ喋りながらテントを組み立てたりしていたトラッカーたちは、「おい、もう少し目立たないあの木陰にテントを張ろう」と、急にひそひそ声になった。強盗団が今まさに周囲に潜んで私たちの会話を聞いているわけでもないので、急に小声になっても仕方がない。そう思うのだが、とにかく騒がずひっそりとキャンプすることにしたようである。


八月一二日、周辺を歩いてみよう。できれば道案内してくれる人も確保したい。八時二五分、バトロとキャンプを出た。キャンプの北にそびえていた丘の周りを一周するように歩いてゆくと、一二時五三分、丘の裏側にカルンドゥという村があった。村には「ベンデ」と呼ばれる民族の人たちが住んでいた。村でチンパンジーの情報を聞いていくうちに、タノ・ジュマという人の良さそうな男を見つけた。「明日また来るから」と道案内を頼んでおく。

タノの話によると、チンパンジーがたくさんいるンタカタの森へは、車では入り込めないらしい。途中に車では渡れない川があるからだ。とすると、ンタカタには歩いて行くしかあるまい。それでも、できるだけンタカタに近い所まで車を移動し、そこをベース・キャンプにしたかった。

私はタノから、コンゴから来襲するベンベと呼ばれる民族の強盗団についても話を聞いた。タノの話によると、三年ほど前からコンゴ人がタンガニイカ湖を渡って村に強盗に来るようになったのだそうだ。湖岸で警備はしているものの、夜中に来ると見つけきれない。ある村を襲った強盗団は、村にあった食料を根こそぎ奪い取っていったそうである。恐ろしい奴らだ。しかし、よく聞いてみると、その襲われた村というのは、民家が二軒あるだけの小さな村だった。そして、その時家の中にあったのは、家族が食べるために収穫した三日分のサツマイモだけだったらしい。タノは「全くひどい奴らだ」と憤慨していたが、当初受けた印象よりは危険ではなさそうだった。わざわざコンゴから湖を越えてやって来てサツマイモだけを奪って帰って行くとは、むしろ牧歌的な感じすらただよう。抵抗しなければ殺されることはないだろう。

午後三時〇六分、キャンプ着。午後五時二八分、川辺林の樹上にアカコロブスがやってきた。マハレのチンパンジーがよく捕まえて食べるサルだ。このサルはウガラにはほとんど生息していないので、直に見るのは初めてだった。「俺は、今ウガラからは離れ、マハレの近くまで来ているのだなぁ」と実感する。

八月一三日の八時〇七分、キャンプ発。四頭のウォーターバックが疎開林を駈けていくのが見えた。九時二七分、タノの住むカルンドゥ村に着く。一〇時三九分、再発。ムロフェジ川まで来た。川幅は約五メートルだったが、水はとうとうと流れていた。その上には一本橋が渡してある。水深はおそらく二メートルほど。なるほど車では渡れそうにない。午後三時五二分、私とバトロはタノの話を土産にエマとハッサニが待つキャンプに戻った。

八月一四日、キャンプを移動する。ンタカタ方面に、例によって道なき道をランドクルーザーで突き進む。手ごろな場所で車を常緑林内に隠し、川辺にテントを張って、ベース・キャンプとした。村や鉱山会社の基地からはかなり離れている。ここなら強盗団も私たちの存在には気づくまい。車とハッサニをこのベース・キャンプに残し、私たちは一週間の予定でンタカタに遠征することにした。外国人の私がいる時に襲われると、多くの現金を持っているに違いないと思われるだろう。でも、ハッサニだけの時に強盗団がたまたま通りかかったとしても、盗られるのは食料くらいですむはずである。

八月一五日の八時二〇分、ンタカタの森を目指して出発だ。タノに加えてもう一人、ジュマンネという若者も荷物運びに雇った。キイロヒヒの群れやブッシュバックが疎開林を駈けてゆく。一〇時四六分、ムロフウェジ川に架かった一本橋を渡る。さらに四時間ほど歩いてゆくと、午後二時四九分、ンタカタ川に着いた。よし、ここを第二キャンプとしよう。

一休みした後、バトロとジュマンネには空身で引き返してもらった。運転手のハッサニ一人だけで数日間留守番させたのかと思った読者は、ご安心を。車のあるベース・キャンプにはハッサニとバトロ。ンタカタには私とエマとタノ。三日後にはまた食料を運んで来てもらって、その際にメンバーを交代する段取りである。

日暮れまでには時間があったので、さっそくンタカタの川辺林を歩いてみた。すぐ近くにアカコロブスの群れがいた。アカオザルの群れもいる。ウガラの川辺林と比べ、ンタカタの森は深く幅も広かった。午後四時一六分、上流からチンパンジーの鳴く声がした。ただ、あまりに遠過ぎて、今日はそこまで行くことは無理そうだ。明日からの調査に期待しよう。午後五時〇〇分、キャンプに戻る。午後六時二六分にも、チンパンジーの声が聞こえた。先ほどの声はンタカタ川の上流即ち北西からだったが、今度は南東から聞こえてきた。

八月一六日、この日は尾根を登り、帰りは川辺林内を歩いて戻って来た。その間チンパンジーの声は三度も聞いたが、実際に遭うことはできなかった。

ところが、午後五時三三分。私がキャンプで一休みしていると、薪を取りに行っていたエマが「東の斜面にソクエがいる」と知らせに来た。慌ててそちらに向かう。すると丘の斜面の疎開林の樹上にチンパンジーが見えた。

二頭のメスのチンパンジーがグルーミング（毛づくろい）をしている。互いに向き合って、右手と右手を上げて握り、空いた方の手で相手をグルーミングしている。マハレで有名な対角グルーミングと呼ばれる姿勢である。別の木には発情して性皮が膨れた若いメスとオトナのメス。一頭が地面に下りると、もう一頭もついて下りた。移動し始める。疎開林では木と木の間が離れているから、樹冠を伝って移動していくことはできない。一旦地面に降りて、何処かに向かうようである。二頭のメスの後ろを四歳くらいの個体がついて行く。おそらく前を歩くオトナメスの子供だろう。さらに背中にアカンボウを乗せたオトナのメス。別のオトナメス。全部で八頭のグループだ。二〇〇メートルほども距離があったが、開けた疎開林なので群れ全体の動きをよく見ることができた。彼らは、午後六時三四分、ンタカタ川の支流の常緑林の中へと姿を消していった。今日はその常緑林の中で眠るに違いない。

翌朝六時、チンパンジーが起きて移動してしまう前に、その常緑林に行ってみた。七時一五分、チンパンジー数頭が動いていく気配がする。木の枝が揺れるのは確認できたが、残念ながら姿を直接見ることはできなかった。でも、森の中を丹念に探すと、昨晩彼らが泊ったベッドを見つけることができた。

八月一八日、エマとタノにはベース・キャンプまで食料を取りに行ってもらう。私一人がンタカタの森に残った。このアフリカの大地に私一人である。キャンプの周囲を歩いてみた。その時、私はふと、「あぁ、小学校二年生の時に見た夢が、今かなっているじゃないか」と感じた。

この日は、チンパンジーの姿までは見ることはできなかったが、チンパンジーが鳴く声は三度聞くことができた。夕方にはアカコロブスの群れがテントの近くまでやってきた。私がアカコロブスを観察していると、エマと交代で食料を持ってきたバトロが到着した。「途中で六頭のバッファローに出遭った」と話してくれた。

八月一九日の七時五四分発。この日は尾根を歩いて下流部に向かい、川辺林内を戻ってくる予定である。途中、一〇時〇六分、常緑林の中のゾウ道を進んでいくと、先方にアフリカゾウたちがいた。近づいてみようとしたが、その時鉄砲の音が鳴り響いた。ブルンジ難民によるものだとタノは言う。ウガラなどでは、私たちに気がつくと、密猟者の方が逃げていってしまうのが常であった。だが、ここではわからない。密猟者とばったり会う事態は避けたかった。私たちは進む方向を変えた。

ンタカタの森にはチンパンジーもサルも他の動物たちもたくさん住んでいた。糞などの痕跡を方々に見つけることができたし、声や姿も確認できた。すばらしい森である。だが、残念なことに、この森にはたくさんの罠が仕掛けられてもいた。その多くはアンテロープ類を狙った跳ね罠である。足を踏み込むと箍(たが)が外れ、引っ張られたロープが足にくくりつく仕組みになっている。それらの跳ね罠に加えて、バッファローが草むらのケモノ道を通ると首に縄がかかる仕組みの罠もあった。サルを檻に入れてヒョウをおびき寄せ、ヒョウが檻に入ると扉が閉まるようにした罠もあった。チンパンジーを専門に狙った罠はなかったが、針金を使った跳ね罠が多いことも私の心を痛めた。他の地域にも跳ね罠は仕掛けられていたが、私がタンザニアで見たほとんどの跳ね罠はビニール製のロープを使ったものだった。そうしたロープ製の跳ね罠とは違い、針金は一旦足や手に絡みついて食い込んでしまうと、他の動物はもちろん、サルやチンパンジーであっても解いて外すことはできない。やがて針金から先の手足が壊死してしまうのだ。

翌八月二一日には、ムロフェシ川の水系で密猟者のハンティング・キャンプも見つけた。獣を解体した匂いが周囲には立ち込めていた。ブルンジ難民たちの仕業であり、自分たちが食べるためではなく、売りさばいてお金を得るための密猟である。今日は仕留めた動物の肉をミシャモに持ち帰った後のようだった。タノは「俺たちの森の動物を獲るな」と、警告を木に書いて残した。

そうして八月二二日、私たちはハッサニの待つベース・キャンプへ戻った。この数日間では、ンタカタの森の素晴らしさと、この地域が抱える問題の、両面を見た思いだった。

▼カクング山とカパラグル山

八月二三日、ンタカタの森とタノに別れを告げ、私たちはルバリシ川の南に位置するカロブワ山脈へも行ってみることにした。

九時四〇分、車で出発。せっかくなので湖畔のルコマ村の市場に寄って、その後カロブワ山脈に。カクングの山の南側にまわりこむ。午後五時三四分、水のある小さな支流でキャンプとした。一八八〇メートルの山々が北側にそびえていた。

八月二四日、ハッサニは車の修理。エマとバトロと私の三人で山頂を目指す。ちょっとした登山である。八時四七分、麓の竹林を抜け、疎開林を登る。山頂付近の平らになった部分まで登りつめると、そこには常緑林が発達し、林内にはチンパンジーのベッドがあった。ここにもチンパンジーが生息していると確認できた。満足して帰路に着く。午後四時〇五分、キャンプ着。

翌日、私は休日をとって、ンタカタの森などで集めた糞の整理をすることにした。昨日の登山でちょっと疲れたからである。でもエマとバトロは元気だろう。もう一度山頂まで行かせた。すると、帰ってきた二人は、興奮して私に話した。チンパンジーに出遭えたそうである。そんなことなら私も一緒に行くんだった。サボるとこんなふうに後で悔しい思いをする。

エマとバトロの話では、山頂の常緑林に着くとチンパンジーの声が聞こえてきたそうだ。声の方に行くと、年をとったオスのチンパンジーが森の中を歩いていた。近寄ると、そのチンパンジーは木に登った。ところが、木から木をつたって逃げてはいかず、大声で鳴き始めたのだそうだ。すると、方々から仲間のチンパンジーが集まってきた。六頭のチンパンジーに取り囲まれたエマとバトロは、怖くなって、慌てて逃げ出したそうである。

長年にわたるタンザニアでの調査で、このように人間の方がチンパンジーから逃げた事件は、この一度だけである。

八月二六日には、もう一度ルバリシ川を北に渡り、翌二七日にはカパラグル山に登った。ここにも多くのベッドがあり、山頂近くでは北斜面からチンパンジーが鳴く声を聞くこともできた。二八日と二九日には植生調査を行った。こうしてこの年の調査は、終わりを迎えつつあった。八月三〇日、最後にもう一度カパラグル山を越えて、その北側を歩いた。

日本の夏休み最終日、八月三一日。八時三〇分、私たちはカロブワ地域を離れた。一二時三〇分、カトゥマ村で一旦ムパンダに出る阿部さんを拾う。午後二時三〇分、ムパンダ着。九月一日、エマとバトロをムワミラ村に送り届けて、調査は無事終了した。私は、二〇〇四年四月から翌年の三月までは、アメリカ合衆国のサンディエゴで暮すことになっていた。タンザニアとはしばしの別れである。

考えてみれば、私は一九九四年以来何度もタンザニアを訪れていたが、肝心のチンパンジーにはほとんど遭っていない。一九九四年には事故で大破してしまった車の修理中にマハレ山塊国立公園に二週間ほど滞在した。だがゴンベ渓流国立公園にはまだ一度も行ったことがない。マハレと並んでゴンベは、チンパンジーの観察が長年続けられてきた場所である。これまで私は飲み水もないウガラで散々のたうちまわってきた。チンパンジーを探してタンザニア各地を歩いたが、場所によってはチンパンジーはいなかった。それでもくさらずに村々を訪問してまわった。そんな自分へのご褒美として、数日間ゴンベでチンパンジーを見て過ごそう。二〇〇三年の夏の調査を終えた私は、帰国前にゴンベ渓流国立公園を訪れた。その模様は次のコラムに記すことにしよう。

九月七日、キゴマ発。北周りで、アルーシャに寄ってＴＡＷＩＲＩ（タンザニア野生動物研究所）の本部に転勤になっていたマサウエと会い、九月一一日、ダルエスサラーム着。この夏の調査はこれで終了し、九月一四日に帰国した。

ちなみに、私にとっては幸いなことに、鉱山会社「ゴールド・ストリーム」による大掛かりな発掘調査にもかかわらず、カロブワ地域では結局たいした鉱物資源は見つからなかったようである。二〇〇五年に私が再びカロブワ地域を訪れた時には、鉱山会社の活動は停止していた。二〇一二年に私が三度目にこの場所を訪れた時には、鉱山会社は本国に撤退し、基地も閉鎖されていた。

コラム⑩……ゴンベ渓流国立公園

ゴンベ渓流国立公園を簡単に紹介しよう。ゴンベは、ジェーン・グドールという女性がかつてチンパンジーの観察を行った場所である。ゴンベではマハレより一足早く一九六一年にチンパンジーの餌付けに成功した。野生チンパンジーの行動を彼らが生息している場所において詳細に観察したのは、世界で初めてのことだった（Goodall 1971）。ゴンベは一九六八年に国立公園に指定されている。五二平方キロメートルという小さな国立公園だが、園内には一〇〇頭あまりのチンパンジーが生息しているらしい。マハレと同じくタンガニイカ湖に面し、植生は疎開林と常緑林と草地からなるが、ウガラと比べると常緑林の面積割合が高い。

以下は、二〇〇三年の私のゴンベ滞在の話である。

二〇〇三年九月一日、私はエマとバトロをムワミラ村まで送り届け、ハッサニとキゴマに出た。帰国より少し早めにキゴマに出たのは、ハッサニと共にゴンベ渓流国立公園を訪れるためである。ハッサニは、本来運転手であるが、ほとんど調査助手といって良い状態になっていた。

九月三日、私はキゴマにあるＪＧＩ（The Jane Goodall Institute：ジェーン・グドール研究所）の支部を訪問した。運良くアンソニー・コリンズ（ゴンベ渓流研究所ダイレクター）がキゴマに出て来ていた。アンソニーとは、これまでの調査を通じて、何度か会って話をしたことがあった。ついでにと言っては失礼だが、植物学者のフランクもいた。一九九四年の事故で私たちの車を壊した張本人である。私が「ゴンベに行きたい」と話すと、アンソニーは「ちょうど今日の夕方にはＴＡＮＡＰＡ（Tanzania National Park）のボートでゴンベに帰るところだから、それに乗って行くかい」と誘ってくれた。

私とハッサニは急いで準備を済ませ、午後三時、ＴＡＮＡＰＡのボートに便乗してゴンベに向かった。キゴマを出てタンガニイカ湖を北に進む。午後五時三五分、ゴンベ渓流国立公園の玄関口であるカセケラ着。「ウェルカム（ようこそ）」と英語で書かれた看板と、湖岸にたむろしているアヌビスヒヒが私たちを迎えてくれた。

事務所で国立公園に入る手続きをすませ、宿泊施設に荷物を降ろす。この日は観光客は一人も泊っていなかった。施設はゆったりと使い放題だ。タンガニイカ湖を見渡せるテラス風になったロビーのイスに腰掛ける。ただし、アヌビスヒヒたちが建物内に侵入してこないように、すべての窓には金網が張ってある。こちらが檻に閉じ込められた動物園の動物のようだ。

ゴンベには、宿泊施設は整備されているが、食料は持参しないといけない。その日の夜はハッサニと二人でインスタント・ラーメンを食べてすました。炊事にはガスコンロを使用する。ウガラなら適当に枯れ枝を拾ってきてお湯を沸かす。だが、ここは国立公園内である。そういうわけにはいかない。

九月四日、国立公園のレンジャーであるカダハさんにゴンベを案内してもらった。カダハさんは、トランシーバーで他のレンジャーと交信しつつ、チンパンジーを探してくれた。

マハレから一足遅れてゴンベでも餌付けは二〇〇〇年に廃止され、それに伴って幾つかの規則が導入されていた。例えば、観光客がチンパンジーを見る場合には、一〇メートル以上の距離をとり、一時間経ったらそのグループからは離れるといった規則だ。そんな限られた時間内ではあったが、私はジェーン・グドールが書いた本にも登場する「ゴブリン」という名のチンパンジーにも遭うことができて満足であった。

夜にはレンジャーたちのミーティングに参加した。ゴンベでは、毎晩アンソニーとシャドラック・カメニャ（ゴンベ渓流研究所アクティング・ダイレクター）も交えてミーティングを開き、その日にあった出来事、例えばチンパンジーの群れの動きなどを確認しあうそうだ。しかし、その日の晩は、タンザニアの国立公園外のチンパンジーの状況について、私が彼らに話をすることになった。本書でも紹介してきたタンザニア各地の様々な現状を、たどたどしいスワヒリ語で話した。これまでウガラを中心にチンパンジーの生態調査を行ってきたこと。ルワジで南限のチンパンジーを見つけたこと。ワンシシやカロブワやリランシンバにも行ってみたこと。密猟によってチンパンジーが殺された話を各地で何度も聞いたこと。ゴンベのチンパンジーとは違って、ウガラのチンパンジーは人を見たらすぐ逃げ隠れてしまうこと。国立公園のレンジャーたちは、私の話を驚きと共に熱心に聞いてくれた。

翌九月五日には、国立公園の境界となっている山頂まで登ってみた。せっかくの機会なのでもっとチンパンジーを観察したい気持ちは山々だ。しかし、タンザニア各地のチンパンジー生息地を調査している私としては、ゴンベ渓流国立公園内だけでなく、その周囲の環境もできる限り自分の目で把握しておきたかった。山頂まで登って振り返ると、西にはタンガニイカ湖が広がっている。山頂から見渡すと、湖は湖岸から見るよりひとまわり大きく見える。足元から湖までの間には、今自分たちが登って来た斜面に疎開林と常緑林が混在する植生が広がっている。しかし、東を見渡すと、国立公園の境界から一歩外には樹木がなかった。キゴマの街の周辺も、かつてはもっと木が生い茂っていたのであろうが、これまで多くの人々に日々の薪を供給してきたため、現在はほとんど禿山状態となっている。そこで、JGI（ジェーン・グドール研究所）が中心となって、TACARE（Lake Tanganyika Catchment, Reforestation and Education）という植林プログラムが進められている。時間はかかるだろうが、キゴマやゴンベ周辺の植生が少しでも回復していくことを願っている。

ゴンベ滞在二日目の晩には、アンソニーと二人でコニャギというお酒を飲みながら話をした。おかげで私たち二人はその晩のミーティングに遅刻したが、これまでにゴンベを訪れた研究者たちの若かりし頃の写真なども見せてもらった。カリフォルニア大学サンディエゴ校のジムも、ウガラで調査する前には、ゴンベで調査をしていたことがある。若い頃の写真は髪がふさふさだった。

九月六日、ゴンベからキゴマへの帰り道は、料金を前払いしてモーターボートを頼んでおいた。午後二時二一分、タンガニイカ湖の上空に少し雨雲が広がる中、モーターボートがやって来た。

第一一章……まだ訪れていないチンパンジー生息地

▼サンディエゴでサバティカル

大学には「サバティカル」と呼ばれる制度がある（ない大学もある）。七年に一年、教育や他の様々な業務が免除され、研究活動に専念させてもらえるという大変ありがたい制度である。私が勤める中京大学の場合は、数年間大学に勤務すると申請する権利が発生し、申請した人の中から何人かが「サバティカル」を取ることができる（普通は勤続年数の長い人が優先される）。私はこの制度を利用して、二〇〇四年度の一年間を家族三人でアメリカ合衆国のサンディエゴで過ごした。

一年間ウガラで暮そうかとも考えた。しかし、第九章で紹介したように、アドリアーナがウガラに滞在したばかりである。同じようなデータを集めることになってもつまらない。また妻に「ウガラに一年間なんて、私は一緒に行くつもりはない」と言われた。確かに、妻と五歳の娘を連れてウガラで一年暮すのは、病気のことなども考慮すると、私も心配である。「サンディエゴなら一緒に行く。ロサンゼルスにあるディズニーランドにも近いし」と言われ、滞在先はサンディエゴに決定した。

そういうわけで、二〇〇四年四月一日からの一年間、私はジム・ムーアが勤めるカリフォルニア大学サンディエゴ校に客員研究員として在籍させてもらった。ジムもまた、私や伊谷さんと同じように、ウガラでチンパンジーの調査をしてきた研究者である。加納さんの論文（Kano 1972）を読んで感銘を受け、乾燥疎開林地帯のチンパンジーの研究に取り組んできた。それほど長期間ではないものの、何度かウガラに滞在して調査を行ったこともある。私がウガラで調査を始める一九九四年の少し前のことだ。私はカリフォルニア大学サンディエゴ校の実験室の一画にスペースを確保してもらい、それまでにタンザニアで集めたデータの整理を行った。

ジムとはチンパンジーに関するいろいろな話をすると共に、チンパンジーの糞から出てきた様々な種子の正体についても相談した。中でも覚えているのは、「*Monodora angolensis*」という植物である。チンパンジーの糞を調べると、中からは様々な植物の種子が出てくる。それらの種子と生息地に実っている果実の中にある種子を照らし合わせ、チンパンジーがどんな果実を食べていたかを明らかにしていく。そんな地道な現地調査の結果、チンパンジーの糞から頻繁に出てくる種子の大部分は、それがどんな果実の種子なのか判明していた。しかし、糞から何度も出てくるにもかかわらず、それがどんな果実の種子なのか依然としてわからない種子もある。*Monodora angolensis* はその一つだった。

その種は、二×一×一センチメートルほどで、表面がつるつるした茶色い種だ。柿の種に似ている。これだけ頻繁にチンパンジーが食べるくらいだから、その「柿の種」の周りにはおいしい果肉がたっぷりとついていると想像された。だが、トラッカーに聞いてみても、この種子が一体どんな果実に入っている種なのか、誰も知らなかった。周囲をくまなく歩き回っても、この種子が入った果実をつけている植物は見つからなかった。

だが、一九九六年になって、遂にその果実が見つかった。その果実には三〇個ほども種子がびっしりと詰まっており、ほとんど果肉部分がなかった。ほとんど種子だけの果実だ。チンパンジーはそんな果実も食べて、種子の周りにわずかについた果肉を摂取していたのだった。

そして、この果実は、ジムも自分の研究室に持っていた。ジムも、やはりさんざんウガラ探しまわった末、やっとその果実を見つけたそうである。「そうそう、これだ。これを見つけるには苦労した」と互いの健闘を称えあった。

サンディエゴ滞在中には、ジムと一緒にメキシコに足を延ばし、アドリアーナとイサ以来の再開を果たした。また、アレクサンダー・ピエル（通称アレックス。カリフォルニア大学サンディエゴ校大学院生）とフィオナ・スチュワート（グラスゴー大学大学院生）ともサンディエゴで初めて会った。アレックスは、ジムの指導を受けつつ、ウガラでチンパンジーの調査を始めようとしていた。この二人は翌年の夏にはタンザニアにやって来る予定だ。

二〇〇五年の四月一日、一年ぶりに日本に帰国した私は、約二年ぶりとなる夏のタンザニア行きの準備にとりかかった。

▼マシト丘陵のカサカティ

二〇〇五年の七月、久しぶりのタンザニアである。七月一八日の夜、エミレーツ・エアー・ラインで関西国際空港を発ち、機内泊。翌一九日の朝、ドゥバイで乗り換え、午後ダルエスサラーム着。ハッサニが空港まで迎えに来てくれていた。

この年もまた、ハッサニに運転を頼んで、まだ訪れていないチンパンジー生息地に行ってみる計画である。運転手といってもいろいろなタイプがいる。ダルエスサラームの街中の渋滞をすりぬけていくのが上手い運転手。舗装道路を延々と猛スピードで走らせるのが好きな運転手。しかし、チンパンジーの生息地まで未舗装の悪路を運転していき、車が壊れてもその場にある有り合わせの道具でなんとか直し、しかも調査地で長期間一緒にテント泊りをしてくれる運転手は、ハッサニの他にいなかった。この時点で未調査だったのはムクユ地域。マシトもごく短期間限られた場所を調査しただけだ。今年はこのムクユとマシトを訪れてみよう。

ちょうど日程が一致したので、私はアレックスとフィオナをウガラまでランドクルーザーで乗せていってあげた。七月二六日の一一時一六分、ダルエスサラーム発。アカシアやバオバブの木を横目に見ながら、午後五時一二分、ドドマ着。二七日の七時三〇分、ドドマ発、午後六時〇一分、カハマ着。カハマの市場では、いつものように野良ハゲコウが残飯をあさっていた。二八日の七時四五分、カハマ発、午後三時二三分、ウビンザ着。

この年はWCS（Wildlife Conservation Society：野生生物保護協会）もタンザニアのチンパンジーの広域調査を計画していた。ウビンザでは私もアレックスやフィオナらと共にWCSの会合に参加し、デビット・モヤーさんやアンディ・プルントレさんにタンザニアのチンパンジー生息地の状況を伝え、その保護保全政策についてアドバイスを送った。アレックスとフィオナはWCSの活動に参加した後、アドリアーナのトラッカーたちを雇って、「そこから先は自分たちでやってみる」ということだ。私は彼らとウビンザで別れ、ムワミラ村に向かった。私は私で頑張ろう。

七月三〇日、ムワミラ村でエマとバトロとバラムウェジを拾ってキゴマへ。皆で食料を買いそろえ、八月一日、いよいよ調査地へ出発である。九時〇〇分、キゴマ発。行先はマシト地域だ。タンガニイカ湖の湖畔を南下する。

途中イガルラにはマラガラシ川が横たわっている。川幅はおよそ七〇メートルもあろう。橋は架かっておらず、渡し船（フェリー）である。こちら岸に泊っていたフェリーにランドクルーザーを乗せて、しばらく船上で待っていると、一一時一五分、フェリーが動き始めた。

一一時三〇分、マラガラシ川を渡って、さらに南下。一二時二一分、今度はルグフ川が行く手を遮った。川幅は約五〇メートル。しかしこの川には橋も渡し船もなかった。どこかでなんとか川を渡れないだろうか。下流はすぐタンガニイカ湖だから無理である。川沿いに歩いてみたが、上流も無理だった。現在道路はルグフ川の南まで延長しようと工事中で、その際橋も架ける予定だと言う。数年以内には完成するそうだ。しかしこの時点では車でルグフ川を越えることは不可能だった。

そこで私たちは、一旦北へ引き返し、ムパンダロードを通りつつ内陸部を大周りして、南側からアクセスすることにした。また、その前に、まずスヌカという地点で見かけた脇道から東の内陸部へ入ってみることにしよう。道の位置と方角からして、カサカティに行けるかもしれないからだ。カサカティは日本の霊長類研究者にとっては懐かしの場所である。一九六〇年代に何人もの日本人研究者がこの地に滞在してチンパンジーの調査を行ったのだ。しかし、その後の数十年間は、この地を訪れたチンパンジー研究者はいないはずである。

湖岸に沿った幹線道路をスヌカまで戻る。「この周辺にはソクェはいないし、声を聞いたこともない」と言われた。では、とにかく車で行ける所まで東に入ってみよう。

脇道を内陸部に進んでいくと、スバンガラという村で車道は行き止まりになった。この村でも「ソクェの声はめったに聞こえてこない」と言われた。

だが、地形図とGPSを照らし合わせると、ここから南にひと山越えればカサカティである。村人の話では、カサカティには今でもチンパンジーがいるらしい。山を越える道はない。でもハッサニの運転なら、この道なき急斜面も乗り越えられるかもしれない。「ちょっとそこまで案内してくれ」と、スバンガラ村でイディという五〇歳くらいの男を一人乗せて出発した。

車はなんとか尾根を越えた。さらに小さな支流を二つ渡ったが、三つ目の支流の川辺林内は木が密集していて車は通過できなかった。きれいな水が流れていたので、ここに泊ることにする。午後五時五六分。イディおじさんは道案内だけしたら村に帰るつもりだったらしい。しかしそのまま一緒に泊ってもらう。いつものごとく人さらい方式である。

トラッカーたちは慣れた手順でキャンプの準備を始めた。エマとバトロは薪を集めに行き、私とハッサニはテントを組み立てる。幸いテントは余分にあったので、イディおじさんにもテントに泊ってもらう。もちろん初めての体験であろう。イディおじさんは、きっと内心はわくわくしながらも、「こんなビニールの中で寝るなんて」と文句を言いつつ、私たちに手伝ってもらってテントを張った。イディおじさんは、夜中に虫やアリが侵入してこないようにと、テントの周りに丹念に灰を撒いた。まるでボーイスカウトの教科書通りである。

ところが、私が翌朝起きて自分のテントから出てみると、イディおじさんは疲れ切った表情でテントの傍らに座りこんでいた。サファリアリの大群がイディおじさんのテントに侵入したらしい。サファリアリは、軍隊のような行列を作って行進していき、見つけた生き物を次々に食い殺してゆく恐ろしいアリたちである。咬まれると相当痛い。イディおじさんは仕方なくテントの外で寝たそうだ。地面を見ると、サファリアリの行列が軽々と灰を乗り越えていた。

なお、イディおじさんは、翌日はテントを数メートル移動した。ところが翌朝起きると、またしてもイディおじさんはテントの前でたたずんでいた。再びサファリアリの来襲にあったそうである。

八月二日、キャンプから東に見えている丘に登ってみた。するとチンパンジーのベッドが見つかった。翌三日、西も歩いてみる。こちらにもベッドがあった。

翌八月四日から六日までは、二泊三日でサファリ（スワヒリ語で「旅」）をした。ハッサニとバラムウェジを車に残し、エマとバトロとイディおじさんと私で荷物を担いで歩いていく。かつて一九六〇年代に私の先輩にあたる日本人の霊長類研究者たちが暮していたのは何処だったのだろう。もちろん今ではその基地は残っていないが、それらの位置が記されている文献を持ってくれば良かった。でもともかく地形図に「カサカティ」と書かれてある場所にまでは行ってみよう。

八時三六分発。途中、動物はアヌビスヒヒしか見かけなかった。跳ね罠も二つ見ただけだ。既に大・中型の野生動物は獲りつくしてしまって、罠をかけようとする人もいないのかもしれない。それでもチンパンジーは今もカサカティに生き残っていた。残念ながらチンパンジーを直接見ることはできなかったが、ベッドは確認できた。

八月六日、車まで戻って、集めた糞の中身を分析する。七日の八時五〇分、キャンプ発、スバンガラ村を経由し、スヌカで湖畔の街道に出て、午後三時五四分、キゴマまで戻った。

▼ムクユにも行ってみた

さて、タンガニイカ湖沿いに北側から南下しようとしても、ルグフ川は越えられなかった。そこで、ルグフ川の南を調査するためには、内陸部をぐるっと大周りして、南側からアクセスすることにした。昨年カロブワに行くためにムパンダから入った道をたどり、そこからタンガニイカ湖に出よう。

八月八日の七時四〇分、キゴマ発。ムパンダロードを一路南下し、午後四時三六分、ムパンダ着。

八月九日の八時二八分、ムパンダ発。ここからは西に進路を変え、一〇時〇〇分、カトゥマ村を通過。カトゥマ村は、昨年阿部さんが住み込んで調査していた村である。一一時一二分、ムウェッセも通過。一二時四四分、イクブルまで来た。ここから北東に向かえば昨年調査をしたンタカタの森である。その分かれ道を今回は西へ向かって、やがてタンガニイカ湖畔に出た。

湖畔は平坦地となって、ヤシの木が生え、村が点在していた。付近にチンパンジーはいそうにない。道は湖に沿って南と北に延びている。南に向かうとマハレ山塊国立公園、北に向かうと今年の調査予定地ムクユに至るはずである。ここから何処まで北上できるだろうか。

湖沿いに進んでいくと、道路はタンガニイカ湖にそそぐ川を横切る。橋は架かっていないが、乾季の今川の水量は少なく、車でジャブジャブと渡っていけた。そうした川を二本越える。

しかし三本目のカパラムセンガ川は渡れなかった。水の流れはたいしたことはない。しかし、雨季の間に水で川底の土が掘られ、道路から川底までが二メートルの段差になっていた。持っているスコップで崖を崩して車が通れるように坂道を作るには、半日はかかるだろう。私たちが立ち往生していると、村の少年たちが走り寄って来て、「こっちだ、こっちだ」と手招きした。砂浜になっている湖岸の方である。ハッサニは少年たちの手招きに応じて、ランドクルーザーを湖に突っ込み、湖の中をジャブジャブと走りだした。これまで私は大小様々な川を渡ってきたが、タンガニイカ湖を走るのは初めてである。カパラムセンガ川がタンガニイカ湖に注ぎ込む河口部分では、水深はタイヤがすっぽりと沈むくらいになった。しかし少年たちは、膝上まで水につかりながらも車の前を走って、「こっちだ、こっちだ」と叫ぶ。愛車ランドクルーザーはスタックすることなくタンガニイカ湖を走り続けてくれた。川の河口を越えたところで、再び陸に進路を変える。無事上陸し、案内してくれた少年たちにお礼の小銭を渡して、引き続き砂浜を走った。

だが、再び行く手を川に阻まれた。ムバングティィ川（地図上ではロザンジェ川）である。この川も、上流部は川底が掘られて崖になっており、車は通過できなかった。河口も、カパラムセンガ川よりさらに水深が深く、村人は胸まで水に浸かって渡っている。車で渡るのは無理だ。とりあえず今日はここに泊って、明日からの作戦を練ることにしよう。

こんな辺鄙な村に外国人がやって来ることはめったにないのだろう。タンガニイカ湖畔の砂浜に車を停めてキャンプの準備を始めると、村の子供たちが三〇人くらい集まってきた。私たちの前に並んで立ち、ずっと私たちの作業を見つめている。私がおしっこをするために藪の中に入っていくと、五人の子供たちが私の後ろをついて来た。なぜ全員ではなく五人かと言うと、残りの子供たちは車と運転手のハッサニやトラッカーのエマとバトロとバラムウェジの方を興味津々に見つめ続けているからだ。外国人だけでなく、よそから来た人間と自動車も十分珍しいのだろう。子供たち五人を引き連れたおしっこを終えて車に戻ると、その後も子供たちは私の前に並んで座って私を観察し続けた。そのようにして私たちは大注目を浴びつつテントを組み立てた。私は、水際からほんの一メートルの砂浜に、西に広がる湖に入口を向けてテントを張った。絶景である。

幸いなことに、この村の役人は小うるさくはなかった。しかし、夕方になると、村のおばさんたちもぞくぞくと集まってきた。はっきり言って、村の一大事である。あるおばさんは「この奥にある私たちの村まで車で来てくれない？　村の子供たちは一度も車を見たことがないから、見せてあげたいの」と頼んできた。私とて、そうしたいのは山々である。でも、この川を車では越えられないから、こうしてここでキャンプをしているのだ。

ウガラとは違って、ここでは薪がすぐには集められなかったので、薪は村人から買う羽目になった。しかし水は使い放題である。子供たちの熱い視線の中、私はタンガニイカ湖で水浴びをした。湖に沈む夕陽を見つめながら、良い気分に浸っていた。が、突然「マンバ（ワニ）がいる。気をつけろ」と村人に叫ばれた。目を凝らして見ると、確かに大きなワニが泳いでいる。私は早々に水浴びを切り上げ、テントを水際から三メートルほど後退させた。ハッサニはまだ水浴びをしていない。暗くなって子供たちが家に帰ってからするつもりだったらしい。しかし暗くなってからの水浴びはさらに危険である。どうする、ハッサニ。

翌八月一〇日、私はムバングティ川を胸まで水につかって渡り、その北側を歩いてみた。川の北側にはヘレンベという村があった。この付近から北には丘陵地が湖まで迫っている。そのため、もしムバングティ川を車で越えられたとしても、そこから北へは車では進めないとわかった。しかし、北に丘陵地が広がっているということは、そこにはチンパンジーが生息していると期待できる。私は、バラムウェジとハッサニを車に残し、エマとバトロと共に三泊四日の徒歩旅行に出かけることにした。

道案内にはヘレンベ村でマチョという男を雇った。この先がどうなっているかは見当もつかない。しかし、ウガラとは違って、タンガニイカ湖に下れば水はある。飲み水がなくて苦しむことはない点が嬉しかった。

八月一一日の八時三〇分、サファリ（旅）に出発。三泊四日分の食料とキャンプ用品を背負っているので、ペースはゆっくりである。

途中、湖畔にあるカシェという村を通過した。家が一〇軒ほどの小さな村である。浜には船があり、主にダガー漁で生活しているようだ。常緑林では時々アカオザルを見かけた。

午後一時三八分、昼ご飯。先は長い。急がずウガリを作って食べる。こんな時ご飯を炊こうとすると、米に混ざった小石取りから始まって結構な手間と時間がかかる。今回の三泊四日分は、朝夕すべてセンベ（トウモロコシの粉）で作ったウガリで通すつもりだ。ふと横を見ると、焚火跡があった。マチョの話によると、コンゴ人の強盗団が対岸から来た跡らしい。ちょっと嫌な気分になったが、湖畔で泊らなければ襲われる心配はないだろう。夜になる前には少し内陸部に入ることにしよう。

やがて丘がタンガニイカ湖畔まで迫り、植生は疎開林になった。疎開林の斜面を歩いていくと、あった。チンパンジーのベッドだ。チンパンジーの生息地に入ったようである。その後もタンガニイカ湖畔の砂浜を歩いたり、少し内陸の疎開林の中に続く道を歩いたりして、北上を続けた。

砂浜を歩いていくと、岬に出た。そこで砂浜は途切れ、タンガニイカ湖に突き出た峰が湖面にまで崖を形成していた。ほぼ垂直な崖は、まるでここが地の果てだと言わんばかりに「どどーん」と私たちの行く手を阻んでいた。ここを越えるには、崖を登るか、岬の裏側まで湖を泳ぐか、大きく内陸へ迂回するしかない。迂回するなら、今来た砂浜をかなり戻って急斜面を探し、そこを登っていくしかないだろう。泳ぐには荷物が重すぎる。私たちは意を決し、慎重に垂直の崖を登って、岬を乗り越えた。

岬を越えると、その先にはもう道はなかった。ＲＰＧゲーム「ファイナル・ファンタジー一〇」のナギ平原のように、その先にはもう道はなかった。

私たちはひたすら湖岸の砂浜を歩く。しばらく歩くと、ルンガニャ川に着いた。この辺から東の内陸部に入ろう。疎開林を歩くが、しかし道がないのでなかなか先には進めない。午後四時二一分、そろそろ今晩の寝場所を決める必要があった。強引にルンガニャ川にまで下って、そこでキャンプしよう。

午後五時五八分、私たちは河原に降り立った。幸い水もある。これならウガリも作れるし、水浴びもできる。私たちは、河原にテントを張って、夕食にした。その後、各自水浴びである。さすがにみんな疲れきっているのか、水辺で足を滑らせてドボンと川に落っこちていた。キャンプの対岸の枯れ草にバトロが火をつけると、乾きった疎開林に野火が広がっていった。

八月一二日、昨日の疲れも残っているので、軽めの行程にして周囲を探索する。草を焼き払ったおかげで、かすかな踏み跡が残る道も見つかった。この日は、しばらくその道跡をたどり、ルンガニャ川の河原沿いにキャンプに戻ってきた。チンパンジーのベッドはあった。周囲に村はなく、罠も見かけなかった。一度だけ狩りをしに来た人とすれ違った。厳密には密猟であろう。ただし、売りさばいてお金を稼ぐためではなく、自分たちが食べるための猟らしい。よそ者の私がそうした猟にまで目くじらを立てるのはやめておこう。挨拶を交わし、この近辺のチンパンジー情報を聞いた。

八月一三日、ルンガニャ川で二泊した私たちは、内陸の道を通って、適当なところから南下を開始し、車を残してあるムバングティ川の村に戻ることにした。この先にそびえているカルルンペタ山に登ってみたいという気持ちもあったが、日程的に無理だ。持ってきたウガリが残り少なくなっていた。歩き続けるとやはり腹が減って、思ったよりもたくさん食べてしまったからである。九時一〇分発。

一一時二二分、川に水があった。地形図とGPSで確認すると、そこは、来る途中で通ったタンガニイカ湖畔のカシェ村の上流にあたっていた。ここで一晩キャンプすることにして荷物を下し、周囲を歩く。しかしチンパンジーのベッドは見つからなかった。民家が一軒あったので、ミホゴ（キャッサバの粉）を売ってもらった。おかげでその日の晩も腹いっぱいウガリを食べることができた。

八月一四日の八時〇〇分発。内陸部の道は南へと続いていた。ミホゴを売ってもらった民家から南には、キャッサバ畑が点在していた。もうチンパンジーのベッドを見ることは一度もなかった。

一〇時、ヘレンベ村に帰ってきた。ムバングティ川を渡って、バラムウェジとハッサニの待つキャンプに戻って腰を下ろす。私たちが徒歩旅行に出かけている間、バラムウェジとハッサニはどうしていたか。四日間ずっと子供たちに囲まれながら過ごしたそうである。今日がムクユ調査最後の晩である。ホタルがタンガニイカ湖の上を飛んでいた。夜中になって、「今夜から漁に出るから」と、マチョが別れの挨拶に来た。なかなかにタフな男であった。

八月一五日、私たちは来た道を車で引き返し、ムパンダに戻った。こうしてこの年のムクユ地域への旅は終わった。残りの日数は、ルワジとニエンシで過ごそう。

▼ニエンシ川で魚釣り

私たちは八月一五日にムパンダで一泊、八月一六日にはスンバワンガで一泊した。「ドラえもんの『どこでもドア』があったらどんなに楽だろう」と思うが仕方がない。八月一七日、ルワジへ。

キスンバ村に寄ってみたが、カトンコラは家にいなかった。畑仕事に出ていたわけではない。銃の不法所持で捕まるのを恐れ、逃亡してしまったのだ。調査の最中カトンコラはいつもライフル銃を持ち歩いていた。銃を所持するには、政府に登録し、毎年お金を払わなくてはいけない。それを怠ったということらしい。残された家族は途方に暮れていた。憎めない奴ではあったが、家族を置き去りにして逃亡は、ちょっとまずいんじゃないのか、カトンコラ。私は奥さんに見舞金を渡してカトンコラの家を離れた。一九九七年に雇ったことのあるコロンゴも、今ではアル中になって昼間から酔いつぶれている。私は、ムワミラ村から連れてきた馴染みのトラッカーであるエマ、バトロ、バラムウェジを連れて、ハッサニの運転でいつものように道なき道を走ってキニカ村へ向かった。

キニカ村のムゼー（スワヒリ語で「おじいさん」の意味。年輩者を呼びかける時にも使われる）コスモス・ジュングさんは、相変わらず元気だった。ただ、今回トラッカーは既に十分いる。ルワジ地域の様子もだいぶ把握できたので、彼は雇わず、世間話だけですませた。手土産を渡すと、飼っている牛から絞った牛乳をくれた。

前回訪問時の二〇〇一年と同じく、キニカ川の畔でキャンプとする。ムクユのタンガニイカ湖畔でもそうだったが、テントは各自好きな場所に張る。それぞれの好みが出ておもしろい。ハッサニはこれぞキャンプサイトといった感じの川のそばに自分のテントを張った。ところが、そこは放牧の牛の通り道だった。翌朝、数十頭の牛たちがハッサニのテントめがけて進んできて、テントの手前で二手に分かれ、また合流していった。

ルワジ滞在は一八日からの一〇日間。この間に私はチンパンジーの毛か新しい糞が何としてもほしかった。DNAを分析するためである。これまでの調査で、他の各地域では、DNAが抽出できそうな新しい糞または毛を手に入れていた。残るは、ここルワジ地域のみである。

二人一組で探し回る。バトロとバラムウェジはルワジ川の滝の方へ。私とエマはその支流へ。留守番のハッサニがキャンプ・キーパーとなる。慣れない手つきで朝食のウガリをこねる。皆に「ちゃんと豆を煮ておけよ」と言われていた。

一〇時三三分、エマと私は、川辺林内で「ムシャイシャイ」という木に、まだ葉が枯れ切っていないベッドを見つけた。これならベッドの中にはそこで眠ったチンパンジーの毛が一本や二本は残っているに違いない。木の幹はそれほど太くない。ベッドの高さも一五メートルほどだ。申し訳ないが、切り倒そう。「俺たちの森の木を切るな」とばかりに、ブルーモンキーの声が「ビャン、ビャン」と響く。そうして、遂に私はルワジのチンパンジーの毛を手に入れた。

ちなみに、その後ルワジでは新しい糞も見つかった。輸出入の許可が面倒な毛はそのままにして、糞から抽出したDNAを使って、竹中さん、田代靖子さん（林原類人猿研究センター研究員）、井上英治さん（京都大学大学院理学研究科助教）が分析を進めてくれた。

八月二七日には、タンガニイカ湖に下り、サマジ村へ。市場に行ってみたが、魚は売り切れだった。バナナを買って湖岸で休む。「パラダイスビーチ・ゲストハウス」と書かれた看板が出ていた。しかしどう見てもボロ小屋である。ここに泊っても、部屋には蚊帳すらなく、快適な夜は過ごせないだろう。私たちは結局ボマムウィンビ川の畔にテントを張ってキャンプした。

八月二九日、八時三二分、キャンプ発。一一時三六分、スンバワンガ着。残りの日数は、植生調査をするために、ニエンシ川（ニアマンシ川）で過ごそう。

八月三〇日、七時五四分、スンバワンガ発。午後一時二〇分、ムパンダを通過。午後二時二〇分、ムパンダロードを離れ、ウガラ駅に向かう脇道へ。途中から道路も外れて、人が通る道を車で強引に進み、午後四時二〇分、ニエンシ川に車をつけた。この付近は、ブカライやングェと違って、人通りがある。私たちを恐れてまわり道をしていく人々が遠くに見えた。でも、ここから離れると、炊事も水浴びも面倒である。申し訳ないが、今晩はここに泊らせてもらおう。

通りかかった人に聞くと、やはり「ここではソクェの声は聞かない。ンコンドウェの滝の方にはいるよ」という答えだった。だが、チンパンジーが生息していない場所の環境も、比較対象として把握しておきたい。私は、あえてここに滞在し、植生調査を行う。

八月三一日。小学校の頃を思い出すと今日が夏休み最後の日だ。トラッカーに手伝ってもらって、黙々と植生調査に励む。

ハッサニは車の番だ。釣りでもしていてもらおう。ところが、植生調査をしていると、通りかがりの人に、「あの車が停めてある所には、マンバ（ワニ）が多いから気をつけろ」と言われた。大丈夫かハッサニ。私たちが心配しつつ戻ると、ハッサニはいかにも魚が潜んでいそうな深いよどみに釣り糸をたらしていた。しかし、一日中そうしていたが、結局一匹も釣れなかったそうである。

やがて夕方になり、農作業を終えた人々が釣りにやってきた。彼らは、ハッサニが釣り糸を垂らしていた深いよどみではなく、浅くなった岩の隙間に釣り糸を垂らした。と、待つ間もなく、次々と魚を釣り上げてゆく。魚たちは岩の隙間に住んでいたのであった。そうとわかれば。ハッサニとトラッカーたちと私は、ニエンシ川で釣りを楽しんだ。だが、先ほど忠告してくれた人が言った通り、私の横をワニの子供が走って行った。夜には大きなワニもキャンプ近くに出没した。やはり川辺でのキャンプではワニに気をつけなくては。

だが、恐ろしいのはワニだけではなかった。九月一日の晩、トラッカーたちのテントにサファリアリが来襲した。翌二日、夜を待たずに、またしてもサファリアリがテントの近くに迫って来た。灰を撒いてよそへ誘導するか、それともテントを引っ越してしまおうかと大激論になった。結局引っ越すのはやめたが、夜中トラッカーたちのテントから殺虫剤を撒く「シュッ、シュッ」という音がした。へたに殺虫剤を撒くと、サファリアリが行列を崩して散らばり、余計に収拾がつかなくなる恐れもある。でも、トラッカーたちがテント内で殺虫剤を撒くということは、よほど切羽詰まっていたのであろう。

さて、九月四日。そろそろキゴマへ戻るとしよう。八時〇五分、ニエンシ川のキャンプ発。八時二四分、ムパンダロードへ。八時四四分、ンコンドウェの滝を通過。午後一時、ムワミラ村。エマに「ウガリを食べていけ」と勧められる。昔はそんなことは言われたためしがなかった。彼らも少しずつ豊かになっている気がする。でも、ここまで来たら、私はキゴマで冷たいビールが飲みたい。午後二時三〇分、カズラミンバ村も通過。午後三時五二分、キゴマ着。この年キゴマにはインターネット・カフェが開業していた。私はしばしばインターネットで日本のサイトを見て日本語を懐かしんだ。

残るはキゴマから二泊三日かけてのダルエスサラームへの旅である。九月六日の七時〇六分、キゴマ発、九月八日の午後四時〇〇分、渋滞中のダルエスサラームに帰ってきた。この数年の間に、ダルエスサラームでは自動車が急激に増え、朝夕は渋滞を引き起こすようになっていた。

九月一一日、午後三時四五分発のエミレーツ・エアー・ラインでドゥバイへ。日付が変わった〇時二〇分着。深夜二時五〇分発の便で、九月一二日に私は大阪に着いた。

コラム⑪……スワヒリ語

私は言葉が苦手である。特に喋るのが不得意で、言葉にまつわる失敗談には事欠かない。そんな私ではあるが、このコラムでは、恥を忍んでスワヒリ語についてお話ししよう。

初めて訪れたタンザニアの初日、ホテルのドアボーイに「ジャンボ」と声を掛けられた。「ジャンボ」は「こんにちは」だ。これは知っていたので、「ジャンボ」と答える。外国に着いて、挨拶言葉すらまだ覚えていない時に私がよく使うのは、オウム返し作戦である。「ハロー」と言われたら「ハロー」。「ジャンボ」と言われたら「ジャンボ」である。次に彼は「カリブ」と言ってきた。私は、にこやかに「カリブ」と返した。しかし私のオウム返し作戦はあっさりと敗れ去った。「カリブ」は「ようこそ」だったのだ。『カリブ』と言われたら、『アサンテ（ありがとう）』と答えなきゃ」と英語で教えられた。

さらに「ハバリ（いかがですか）？」と聞かれたら、「ンズリ（良いです）」と答える。「How are you?」と聞かれたら、多くの日本人は学校で教わった通り「I'm fine.」と答えているだろうが、英語の場合「No, bad」「I'm not good.」などと答えても良い。しかし、タンザニアで「ハバリ？」と聞かれたら、どんなに嫌なことが起こっていても、どんなに体調が悪くても、死にかけていない限りは「ンズリ」と答えなくてはいけない。

スワヒリ語の単語をまだあまり覚えていない頃、植物の現地名をエマに教えてもらう時には、こんなことがあった。ある草の植物標本を作っていた時である。「この植物の現地名は、スワヒリ語では何と言うの？」と私が尋ねると、「マジャニ・ヤ・カワイダ」とエマは答えた。私はノートに「マジャニ・ヤ・カワイダ」と書き込んだ。ところが、ずっと後で気づいたのだが、「マジャニ」は「草（葉）」、「ヤ」は「の」、「カワイダ」は「普通」と言う意味であった。つまりエマは「それは普通の草だよ」と言ったのだった。

スワヒリ語にまつわる失敗談はまだいくらでもある。だが、英語や中国語と比べると、スワヒリ語はとっつきやすい言葉である。私は英語はある程度は喋るし書く。研究者の場合、論文や研究者間のコミュニケーションには英語を使うので、嫌だが仕方がない。しかし、英語のような子音中心で不規則な文法やスペルも多い言語を国際語に用いるのは、はっきり言って（はっきり言ってもしょうがないが）大迷惑である。私は未だに「英語を話せる」というには程遠いレベルである。大学院生時代には、私は中国の村に住み込んでチベットモンキーというサルを観察していた。しかし結局中国語はマスターできなかった。ところがそんな私でも、スワヒリ語は下手ながらも何とかなったのだ。

スワヒリ語の発音は、日本語と同じように子音＋母音である。英語や中国語と違い、発音が悪くて通じないという心配は全くしなくて良い。文法も比較的簡単である。日常生活に必要なフレーズはすぐ覚えられる。数日もすれば、「私はご飯を食べる」とか「あなたは水を飲みましたか」といった簡単な文は喋れるようになる。読者の皆さんもスワヒリ語圏に行く機会があったら、是非スワヒリ語を話してみてほしい。ついでに紹介しておくと、スワヒリ語には「ン」で始まる単語が結構ある。スワヒリ語の単語も認めていただければ、しりとりは「ン」で終わることなく続けられる。

第一二章……ミシャモを脱出しリランシンバへ

▼ルグフ川下りの大失敗

ボートを利用して川沿いに調査を行うことを思い立った。私はこれまでの広域調査で、北はキゴマから南はスンバワンガ、西はタンガニイカ湖から東はウガラ川、チンパンジーがいると聞けばそこを訪れ、道があれば行き止まりまで行ってみた。自動車と自転車と徒歩で容易に入り込めるチンパンジー生息地は行きつくしつつあった。では、今度はボートに乗って川沿いに調査してみてはどうだろう。今まで訪れたことのない場所にまで行けるに違いない。

最初に思い浮かんだのは、ウガラ駅からウガラ川とマラガラシ川を下ってタンガニイカ湖まで出るコースである。しかし途中マラガラシ川には滝や急流となっていて危険な箇所がある。このコースを制覇するのはなかなか難しそうだ。

そこで今回はルグフ川を下ってみることにした。ルグフ川は、タンザニアのチンパンジー生息地内では、マラガラシ川とウガラ川に次いで大きな川だ。二〇〇五年に北側から訪れたマシトと南側から訪れたムクユの両地域を隔てていた川である。ルグフ川沿いに調査を行えば、ちょうどこれまでの調査で手薄だった場所を押さえられる。地形から判断すると、ルグフ川にはそれほどの難所はなさそうである。ただし下流にはカバやワニが多く生息しているそうだ。川を下って行けば、どこかの地点でカバやワニとすれ違うわけで、その時には十分注意しなくてはならないだろう。

使用するのはゴムボート。丸木舟を現地で彫ると、かなりの時間がかかる。別の場所で手に入れた船を出発地点まで輸送するのも大変である。しかしゴムボートなら、出発地点までランドクルーザーに積んでゆき、そこで空気を入れて膨らませば良い。出発地はミシャモとした。

実は、自転車旅行と並んで、川下りも私の趣味の一つである。ゴムボートやカヌーでのんびりとした旅やラフティングを日本各地で行ってきた。私は普段自分が日本で使っている四人乗り用のゴムボートをタンザニアに持って行くことにした。ボートをスーツケースに入れると、二三キログラムに収まった。これでルグフ川を下って、最後はタンガニイカ湖に出て、湖に沈む夕日を見ながら乾杯だ。

二〇〇六年七月一九日、妻の織恵と娘の春子に車で空港行きバス乗り場まで送ってもらう。小学校一年生になった娘が「早く帰って来てね」と手を振ってくれた。この年から中部国際空港セントレアとドゥバイを結ぶ便が飛ぶようになった。エミレーツ・エアー・ラインで夜一一時に出発。翌朝にドゥバイで乗り換え、午後二時にダルエスサラーム着。一晩でアフリカまで来てしまえる感覚だ。

七月二〇日、調査許可証をもらいに科学技術省に行くと、ちょうどジムとアレックスも来ていた。彼らもこれからウガラでチンパンジーの調査をする予定である。彼らは、まず飛行機でキゴマに飛び、キゴマからはバスでウビンザに行き、そこで車を探す計画だそうだ。ウビンザで再会しよう。

私は、根本さんに手配してもらった運転手に愛車のランドクルーザーを運転してもらい、ルグフ川上流部ミシャモの出航地点まで送ってもらう予定だ。運転手は、私とトラッカーを川辺に降ろし、ダルエスサラームにとんぼ返りだ。自分たちの帰りの手段は決めていないが、タンガニイカ湖にまで出てしまえれば、なんとかなるだろう。湖沿いには昨年通った道路がある。タクシーはないが、乗り合いランドローバーはある。ボートとテントなどの荷物があっても、追加料金を払えば乗せてくれるだろう。

八月一日の午前一〇時、ダルエスサラーム発。今回は、南の調査地には寄らないので、北周りで行く。八月三日、キゴマまで行かず、トラッカーを拾いにカスルからムワミラ村へ直行。ムワミラ村で一泊。四日、エマとバトロを乗せ、一一時四五分、ウビンザ着。

ウビンザではジムたちもちょうどウガラに向けて出発するところだった。ただし彼らがウビンザで調達した車はボロボロのランドローバーだ。発進するにはその度にエンジンを押しがけしなくてはならない。ラジエータから水が漏れているので、補給用の水をポリタンクにどっさり積んでいる。一一時四五分、私たちもウビンザ発。ジムたちの乗ったランドローバーにあっという間に追いつき追い越した。ミシャモへの三叉路でジムたちが来るのを待ち、再び挨拶をかわし互いに健闘を祈って別れた。

なお、ミシャモは、ブルンジから自国を逃れて来た人たちのための難民キャンプが設けられた場所である。テレビのニュースなどで難民キャンプが紹介される場合には、その悲惨な生活状況が強調されることが多い。しかしこの地に難民キャンプが設けられたのは一九七〇年代である。今のミシャモは「難民キャンプ」という感じではない。人々は基本的には政府からあてがわれた土地で畑を耕して生活しているが、勝手にそこを抜け出して、周辺の気に入った場所を開墾して暮している人も結構いる。また、第一〇章のンタカタの森でも紹介したように、密猟で獲った動物を売りさばいている人もいる。そうした行為に対しては、タンザニアの人々は「自分たちの共有財産である野生動物を勝手に獲るな」と憤慨している。私の印象としては、タンザニアのエマやバトロの属する民族「ハ」の人たちと比べると、ブルンジから来た人たちは若干粗野で乱暴な面もある。ただ、多くの人たちは、徐々にタンザニアに溶け込んで、周囲の人々ともそれなりに上手く関係を築いているようだ。

午後二時一〇分、私たちはミシャモの街の市場を通り抜け、街はずれを流れるルグフ川に着いた。そこは流れが緩やかになった淵で、出航には最適だった。川岸で車から荷物を降ろし、ポンプでボートを膨らます。午後二時三七分。いよいよ出航だ。荷物を積み込むと、ボートはじわりと沈んだ。その上に三人が乗り込むと、ボートはほとんど水中に没した。それを見て、運転手は「この人たち、本当に大丈夫かしらん」という表情で私たちを見送った。

通りかかった人々が私たちを見て手を振ってくれる。手を振ってくれているのがタンザニア人なのかブルンジからの難民なのかは、一見しただけではわからない。むしろ今にも沈みそうなゴムボートに乗っている私たちの方が、よほど難民のように見えたに違いない。

出発地点のルグフ川の川幅は約五メートル。水はゆるやかに流れていた。徒歩でのサファリ（旅）と違い、重い荷物を背負って歩く必要はない。川の流れに身を任せ、のんびりと下って行こう。

川の両岸には川辺林の常緑樹が並んでいた。木々は川の上まで枝を張り出している。まるで緑のトンネルの中をくぐって行くようだ。普段疎開林を歩いていくのとは違った雰囲気を味わうことができる。良い旅になりそうだ。アカオザルの群れが、張り出した枝を伝って、ルグフ川を渡って行った。

ただし、川の流れに身を任せていると、極めてゆっくりとしたペースでしかボートは進んで行かない。普通に歩くよりもずっと遅い。オールで漕いでみる。それでもなかなか進まない。三人の体重と荷物の重さでボートは水中にかなり没している。そのぶん水の抵抗が大きくなっているためだ。

午後三時五七分、乾季にしては珍しく雨が降り始めた。調査初日で、まだキャンプ地も決まっていない時に雨が降り出すのは、気がめいる。雨に降られながらテントを張ったりするのは嫌なものだ。「ジムたちは大丈夫だろうか」とふと思った。

さらに一時間経ったところで、午後五時〇〇分、私たちは岸に上陸した。「どんな奥地にまで進んだことだろうか」と思ったら、まだキャッサバ畑が遠くに見えていた。ミシャモの人々の生活圏内から出ていない。GPSの記録を見ると、今日は一・三キロメートルしか進んでいなかった。

ともかく今日はここでキャンプしよう。荷物を引き上げると、幸いビニール袋の中のウガリの粉は濡れていなかった。火をおこしてウガリを作り、ダガーをおかずに三人で鍋を囲んで夕食を食べる。どうかタンガニイカ湖まで行けますように。カバやワニに襲われませんように。

二日目、八月五日の九時〇〇分、出航。ボートから景色を眺めていると、川辺林にブルーモンキーがいた。サバンナモンキーもキイロヒヒもいた。やはり水辺はサルたちにとって大切な場所なのだろう。突然木の上から川の中にオオトカゲが落ちてきた。しかしそんなことくらいで驚いてはいられない。今はまだミシャモの人々の生活圏内だが、やがてミシャモ郊外から離れれば、チンパンジーがルグフ川の上を渡って行くのを見ることができるかもしれない。私の期待は膨らんだ。

午後一時一二分、陸に上がって小休止。タンガニイカ湖までの距離と調査日程を考慮すると、一日八キロメートルは進みたい。しかし二日目の今日もペースは一向に上がらなかった。水深が深い淵は、当然流れが緩やかだ。交替でオールを漕いでも、たいしてスピードは出ない。一方、浅瀬では流れが急になるから、あえて漕ぐ必要はない。しかし、浅瀬では別の問題が発生した。水深が浅く、ゴムボートが川底をすってしまうのだ。ボートの底が岩にあたってしまう浅瀬では、ボートにかかる重量を減らすために、全員が一旦ボートを降りるしかなかった。ボートを引っ張りながらジャブジャブと川の中を歩いてゆく。私は、日本での川下りにおける幾多の苦い経験から、こんなこともあろうかと思って、踵まで固定できるタイプのサンダルをアルーシャで買ってきた。普通のサンダルや靴では歩きにくいが、このタイプのサンダルなら大丈夫だ。そうして浅瀬を通り過ぎ、水深が深くなって来るとまたボートに飛び乗る。そんなことを繰り返しながら、私たちはゆっくりとルグフ川を下っていった。

ところが三人全員がボートから降りても不十分な浅瀬があった。荷物の重さだけでもボートは川底の石にひっかかってしまうのだ。この辺りはまだ地元の人々が行き来する範囲である。よく見ると、ボートがひっかかる石は、もとからそこにある石ではなかった。人々が川を渡りやすいようにと、浅瀬の部分にわざと石を積んであるのだ。完全な堰(せき)ではないが、ぴょんぴょんと石伝いに歩いて行けば足が少し濡れるくらいで渡りきってしまえるように石が配置されていた。そこにボートがさしかかると、ボートの底が必ず石にひっかかってしまう。いちいち三人で「よいしょ」とボートを持ちあげて堰を越えるはめになった。ルグフ川の難所は、滝のようになった急流ではなく、村人が川を渡る浅瀬に造った堰だったのだ。

午後三時五三分、今日もまた雨が降り出した。体は既に川の水でずぶ濡れであるから、雨が降ってきてもそれほど気にはならない。しかしもう「ジムたちは今頃どうしているだろうか」と他人のことを心配している場合ではなかった。浅瀬の度にボートから降りて、ボートを引きずり、時には持ち上げ、淵ではオールでボートを漕ぎ続け、疲れ果てた。一旦上陸して休もう。

ボートを川辺に引き上げて荷物を降ろす。ボートをひっくり返して底を確かめてみた。案の定穴が空いていた。いや、破けていた。床がざっくりと裂けてしまっていたのである。こんな状態でこの先無人地帯へ進んでタンガニイカ湖を目指すのは、とてもじゃないが無謀であった。無理をして先に進んでしまえば、引き返すにも大変な労力がかかる。ここで潔くあきらめよう。撤退だ。

こうして私たちのルグフ川下りは終了した。

▼トラックの荷台に揺られて

ルグフ川制覇はならなかった。しかし、潔く撤退とはいっても、一体ここからどうしたものだろう。「ゴールであるタンガニイカ湖まで出てしまえば、湖岸沿いの道路を走っている乗り合いのランドローバーで街へ出られるだろう」と私は考えていた。しかし、今、このルグフ川沿いには道はない。バスや車どころか人も歩いていない。さて、ここは一体何処だろう。GPSの記録を見ると、今日の移動距離は三・九キロメートル。直線距離ではたった二・五キロメートルしか進んでいないことが判明した。

がっかりした半面、ほっとする。数キロ歩きさえすれば、ミシャモに戻れるとわかったからだ。でも、荷物とボートの重さを考えると、それらすべてを背負って街まで戻るのは大変である。何度か往復しなくてはならないだろう。しかも、GPSで現在の緯度経度はわかったものの、どっちに行ったら道があり、人里に出られるのかはわからない。夕刻のルグフ川のほとりで、私たちは茫然と佇んでいた。まるで芥川龍之介の小説「杜子春」のようであったかもしれない。でも、杜子春の話とは違い、そこに一人の老人が通りかかって「〇〇へ行ってみろ」と言ってくれるようなことは何も起こらなかった。

私たちは、火をおこし、服を乾かしながら、ウガリを食べた。「ご飯を食べたいなぁ」と思ったが、米は持ってきていなかった。米を炊く余裕はないと想定して、ウガリしか持って来なかったのだ。

翌朝、八月六日の九時〇〇分。とにかく歩いてみよう。そのうちケモノ道に出て、やがて人の道に出て、いずれ道路に出るだろう。私とエマは、バトロとボートを上陸地点に残し、トコトコと歩きだした。やがて道があった。ケモノ道ではなく人の道である。分れ道を適当に選んで歩いて行くと、一軒の民家があった。聞いてみると、道路まではまだ遠いそうだ。我ながら感心なことに、付近にチンパンジーがいるかどうかも一応聞いてみた。「全くいない」という答えであった。

たいした収穫もなく私たちはボートまで引き返した。三人でこれだけの荷物を担いで道路に出て、その後ミシャモの街まで歩くことを考えると、その大変さにうんざりした。

八月七日、私は現実逃避して、とりあえずここで植生調査を行うことにした。食料は十分にある。慌てることはない。水もルグフ川に十分ある。それが川沿い調査の良い点だ。

そうしてその日私たちが植生調査をしていると、夕方、遠くに人影が見えた。ブルンジ難民ではなく、タンザニア人。話しかけてみると、エマやバトロと同じ民族である「ハ」の人たちだった。事情を説明し、「荷物をミシャモの街まで運んでもらえないか」と頼んでみた。すると、彼らは自分たちの家に自転車を持っていると言う。植生調査が終わるのに合わせて、明後日に自転車三台でここに来てもらう手はずになった。足元を見られて、荷物運びにそれなりの金額は要求されたが、この際やむをえまい。

その日の夜は満月だった。ハイエナが鳴くのが聞こえた。チンパンジーはいないが、ハイエナがいるということは、ハイエナが食料とする野生動物は生息しているということだ。

八月九日、約束通り自転車部隊がやってきた。ゴムボートをたたんで入れたスーツケース、テント、食料などを自転車の荷台に積んで歩き出す。ボートでは二日かかった行程が、歩くと数時間であっけなくミシャモの街に到着した。

さて、これから帰国までの日々をどう過ごしたものだろうか。ランドクルーザーはもうダルエスサラームに返してしまった。キゴマで車を借りるという手はあるが、親しい知り合いでもない人から車を長期間借りると結構な金額になるだろう。破れたボートの底を修理して川下りを再開する気は毛頭なかった。となると、残る移動手段は、徒歩か自転車である。そうすると行ける場所は限られてくる。私はリランシンバ地域の調査をすることを思いついた。ただ、それにはまずミシャモを出て、ムワミラ村まで戻る必要がある。

ミシャモを通っている乗り合いバスはなかった。キゴマからウビンザまでと、スンバワンガからムパンダまではそれぞれバスがある。しかし、ウビンザとムパンダの間、即ちムパンダロードには、（雨季はもちろん乾季の今も）バスは通っていなかった。無論タクシーはない。少々高くついても良いから車を所有している人に交渉してみようと、ランドクルーザーやランドローバーを求めて街中を探しまわった。しかし見つからなかった。

おまけに、街を歩いていると、警官に呼び止められ、警察署で一時間ほど説教をくらった。「ここは難民キャンプだ。チンパンジーの調査をするにしても、特別な可証が必要だ。市場だけなら許すが、他の場所をウロウロするな」そんなことを言われたって、ウロウロしないことにはミシャモから脱出できない。「では、早急にミシャモを立ち去るので、ミシャモから出ていける方法を教えてもらえませんか」と頼むと、「そんなことは自分たちで考えろ」と言われた。

トラッカーと相談した結果、こうなったら市場に荷物を運んでくるトラックの荷台に乗せてもらうしかないという結論になった。なるほど、トラックの荷台にびっしりと人々が乗っている光景は、これまでタンザニア各地で何度も見たことがあった。タンザニアの人々は陽気に皆で歌などを歌って運ばれていくのだけれど、家畜のように揺られていくのである。それに自分も乗ることになろうとは。

八月一〇日の六時三〇分、早起きして市場に行ってみると、確かにトラックが荷物を降ろしていた。市場が開かれる日に合わせて、街や村々を行商しているらしい。このトラックの荷台に乗せてもらってミシャモから脱出しよう。だが、そのトラックは、昨日ウビンザから来て、今日はこれからムパンダへ向かうそうだ。その後も市場には何台ものトラックがやって来たが、ウビンザ方面に向かうトラックは一台もない。待つこと実に一二時間、午後六時〇二分になって周りが薄暗くなった頃、やっとウビンザに向かうトラックが一台到着した。

途中の小さな村々から乗って来たのであろう。既にトラックの荷台は大勢の人でいっぱいだった。ミシャモの市場で荷物を降ろすため、「一旦トラックから降りろ」と人々は命ぜられた。トラックの運転手とその助手は非常に威張っていた。基本的に「荷物を運ぶついでに乗せてやっているのだ。ありがたく思え」という態度である。荷物の積み降ろしが終わると、改めて人々が荷台に乗り込む。もちろんイスなどはないから、荷物の麻袋の上にある隙間を見つけて座り込んだ。

既にとっぷりと日が暮れていたが、やがてトラックは走り始めた。結構なスピードで満月のムパンダロードを北上する。隣の男が横柄に「おい、もっと隅へ詰めろ」と言ってきた。暗くて私が外国人であることには気づいていない。これまで私は、チンパンジーの調査で各地の村々を訪れた時などに、そのような乱暴な言葉使いをされたことは一度としてなかった。「外国からやって来たお客さんとして、私はそれなりに丁寧に扱われていたのだ」とその時初めてわかった。

トラックは、ウビンザを通過し、夜一一時三一分、懐かしのムワミラ村に着いた。「ここで降りる」と叫んで、運転手にトラックを停めてもらう。エマの子供たちが、突然予定よりもずっと早く帰ってきた父親を出迎え、荷物を家まで運んでくれた。

私はムワミラ村に近いリランシンバ地域に今夏の調査の狙いを定めた。ただし、問題がある。リランシンバの地形図は持って来なかったのだ。発見したチンパンジーやベッドの位置を書き込んだり、キャンプを何処にすべきか検討したりと、調査に地形図はなくてはならない存在だ。

もしも日本と電話連絡が取れれば、何とかなるかもしれなかった。確か、マハレでチンパンジーの調査を続けている坂巻哲也君（京都大学大学院理学研究科大学院生）が、近々タンザニアに来るはずだ。坂巻君にダルエスサラームで地形図を買ってきてもらい、それをキゴマで受け取れれば良い。ただし、そうするためには、坂巻君がダルエスサラームを出てしまう前に連絡を取る必要があった。

ムワミラ村には電話はない。が、私は携帯電話を持って来ていた。海外ローミングサービスに加入しているので、タンザニアから直接日本にもかけられる。ただし、川下りをしている間に、バッテリーが既になくなっていた。ムワミラ村には電気もない。しかし！　私には秘策があった。発電式の懐中電灯を持って来ていたのだ。手回しのハンドルをぐるぐる回すと電灯がつくタイプである。それに携帯電話の電源コードも差し込める。そういうタイプの懐中電灯を日本で購入して持って来ていたのだ。

電源コードを繋いでハンドルを回すと、携帯電話に見事に「充電中」のランプがついた。充電が完了するまでバトロに数時間ハンドルを回し続けてもらおう。三〇分ほどそうしてもらっていると、バトロが「今かけてみたら？」と言った。そうだ。ハンドルを回しながらかければ良いのだ。バトロ、賢いじゃないか。私はバトロにハンドルを一定ペースで回し続けるように頼んだ。「昔はこんな手回し式の電話器を使っていたのをテレビドラマで見た記憶があるなぁ」と思いながら、坂巻君の所属する京都大学大学院理学研究科の研究室に電話した。電話口に出たのは、私の知らぬ大学院生であった。「突然すいません。今タンザニアからなんですが……」と要件を伝えた。ダルエスサラームにいる根本さんにも電話した。「小川です」「今どこ？」「ムワミラ村です」「これから出発するの？」「いや、失敗して、ムワミラ村に戻ってきました。それでお願いがあるのですが、坂巻君がダルエスサラームに来たらリランシンバの地形図を……」

八月一一日、ムワミラ村で一日くつろぐ。ムワミラ村には宿も食堂もない。坂巻君が来るのは一週間後だ。それまでずっとムワミラ村にいても、毎日ぼーっと過ごすしかない。私はとりあえず一度リランシンバに行ってみようかと考えた。

▼リランシンバのコンゴ難民

紹介がすっかり遅れたが、リランシンバはマラガラシ川の北岸にある小さなチンパンジー生息地である。この地域のチンパンジーについて、ここでまとめて紹介しよう（加納ら 1999; Ogawa et al. 2006）。

リランシンバにチンパンジーが生息していることは、加納さんが一九六〇年代の調査で発見した。初めてチンパンジーを見たのが「リランシンバ」と呼ばれる小さな支流であったため、このチンパンジー生息地を「リランシンバ地域」と加納さんは命名した。タンザニアにおいてチンパンジー生息地の大半はマラガラシ川の南にある。ゴンベとリランシンバだけがマラガラシ川の北だ。リランシンバはマラガラシ川を挟んでマシト地域と向き合っている。だが、マラガラシ川はタンガニイカ湖に注ぐ最大の河川である。チンパンジーがこの川を渡るのは難しいとされている。リランシンバは、トラッカーのエマやバトロが住んでいるムワミラ村の約二〇キロメートル南にある。もともと彼らをトラッカーとして雇うようになったのも、加納さんが安里龍さん（沖縄大学医学部准教授）を連れて一九九五年の二月に調査を行った時、調査地から一番近いムワミラ村でトラッカーを探したからだった。

私がリランシンバを初めて訪れたのは、一九九五年の夏。二度目にタンザニアを訪れた時だ。一旦ウガラを出た際に、私たち（私と金森さんとエマと、それに今は亡きアントニー）は九月一一日から二五日までリランシンバに滞在した。

九月一三日の朝に、七頭からなるチンパンジーの集団を見ている。また、その翌日に私はマラガラシ川の南側に渡った。地域としてはマシトとなる。マラガラシ川の川辺には木こりたちが住んでおり、太い一本の木をくりぬいて作ったカヌーを持っていた。その舟に乗せてもらって対岸に渡り、そこでチンパンジーのベッドを見つけている。その結果、チンパンジーはマラガラシ川を挟んで両岸に生息し続けていることが確かめられた。

九月二三日には、アントニーとキゴネロ山に登った。キゴネロ山は、ルグフ川とムワミラ村の間にある。山といっても裾野からは一〇〇メートル程度なのだが、平坦な地形に突き出ているので、遠くからでも目に入る。アントニーは「子供の頃に父に連れられて登って以来だ」と言っていた。今でも幹線道路からキゴネロ山を見るたびに、この日アントニーと一緒にキゴネロ山に登ったことを思い出す。


二〇〇一年の夏にも、一泊二日でリランシンバを訪れている。タンザニアでチンパンジーの調査を始めて数年経ち、私はDNAを分析してチンパンジーの地域変異を調べることの重要性を認識するようになっていた。リランシンバを訪れた目的は、DNAを採取するためにチンパンジーの糞あるいは毛を探すことだった。この時は、金森さんとエマとバトロに加え、キャンプ・キーパーとしてアリマシじいさんを連れていった。

七月三一日、この日私はバトロと歩いた。一九九五年にアントニーと歩いたように、まずイサフィエ川を南に下り、マラガラシ川沿いの道を東（上流）へ歩き、最後に急斜面を北に登って一周して帰るコースだ。ただ、一九九五年に通ったマラガラシ川沿いの道は見つからなかった。道なき道、急斜面を強引に北東に登ると、途中で運よくチンパンジーの糞を見つけることができ、目的を達成した。

テントにはキャンプ・キーパーのアリマシがいる。歩き疲れて帰ってきてから食事の用意をせずに済むので楽である。アリマシは上手にご飯を炊いてくれていた。ただ、洗濯して干しておいた服に自分がつけた野火が燃え移ってしまい、アリマシの服はなくなっていた。

ノートの記録を読み直すと、この年には慌ただしく翌八月一日にはすぐウガラに戻っている。

そして話は二〇〇六年の夏に戻ろう。私はルグフ川下りを断念し、急遽計画を変更して、トラックの荷台に揺られてムワミラ村に戻ったところだ。リランシンバ行きは今回で三度目となる。

二〇〇六年八月一三日、ムワミラ村から徒歩でリランシンバを目指す。メンバーは私、エマ、バトロ、アリマシじいさん。加えて荷物運びに二人の男をムワミラ村で雇った。

問題は、リランシンバの載った五万分の一の地形図が手元にないことである。だが、二〇万分の一の地図はかろうじて持ってきていた。その地図の範囲内に当初の調査予定地ルグフ川流域が入っていたからだ。またGPSとコンパスはある。ムワミラ村からまっすぐに南に向かいさえすれば、リランシンバに着くはずだ。もっと確実なのは、一九九五年と二〇〇一年に通った車の道を行く方法であるが、それは大変な迂回路になる。方向感覚の良いエマは、まっすぐ歩くのは得意である。多少東か西にずれたって、二〇キロメートル南に歩き続ければ、どこかで東西に流れているマラガラシ川に突き当たるはずだし。よし、まっすぐのルートで行こう。八時五〇分、私たちはムワミラ村を出発した。

歩き始めてしばらくは、ムワミラ村の人たちが耕したキャッサバ畑が広がる畦道(あぜみち)だ。だが、やがて植生は疎開林となり、道はなくなった。起伏が徐々に激しくなってきた。東には平坦地が広がっているが、そちらに下ってしまうと大周りになる。私たちはそのまままっすぐに南を目指した。ところが、ひたすらアップダウンが続く。尾根を越え谷を越えの繰り返しだ。どうやら私たちは山脈の斜面を横切るように進んでいるようだ。山脈を縦走するのに、尾根伝いではなく、山脈の中腹を歩いていると想像してもらえれば良い。地形図があれば、どのルートを通るのが最適であるかも判断できよう。いっそ平坦地に下ってしまうべきか。あるいは、逆に斜面を登ってしまえば、尾根伝いにリランシンバまで着けるのか。しかし、手元にある二〇万分の一の地図だけでは、どうした方が良いのか判断できなかった。私たちは引き続き、只まっすぐ南を目指すことにして、延々とアップダウンを繰り返した。足がつりかかってきた。

こんな状況でも、エマは火をつけるのを忘れなかった。先頭をゆくエマが足もとの草に火をつけると、野火はすぐに燃え広がる。私は自分の服に火が燃え移らないよう、野火の横を速足ですり抜ける。私たち一行の最後尾はアリマシじいさんだ。野火はどんどん燃え広がって、一面に煙が立ち込める。アリマシが歩いているはずの後方の視界は煙で遮られてしまって何も見えない。そして、「大丈夫か」としばらく待っていると、真っ白な煙の中からアリマシは悠然と現れるのであった。よく映画で、こんなシーンがある。爆破された基地が炎につつまれて「ああっ、もうダメだ」と思ったその瞬間に、炎と煙の中から主人公を乗せた戦闘機が間一髪脱出してくるというシーンである。アリマシじいさんも、そんな主人公のヒーローのようにして、もうもうと煙につつまれた原野の中から脱出してくるのであった。

午後四時三四分。二度の休憩をはさんで、ムワミラ村から歩くこと七時間半。私たちはリランシンバに着いた。やれやれと、イサフィエ川の上流部の川辺に荷物を下ろす。私の水筒はとうに空になっていた。でも、生水を飲むのは我慢して、トラッカーがお湯を沸かしてくれるのを待つ。アリマシは、皆で一緒に食べたミカン以外は、朝から水なしで今日の行程を歩ききった。川の水をごくごくと飲むやいなや、斧をふるってお湯を沸かすべく薪を割り出した。戦隊ヒーローの主人公のようであった。ありがとうアリマシ。

翌八月一四日から一九日まで、私たちはチンパンジーの調査にいそしんだ。

リランシンバの様子は、私が一九九五年に来た時とは一変していた。チンパンジーの生息地内に難民キャンプが造られたからである。難民キャンプとその周辺は、次のような状況となっていた。

当時、タンザニアとタンガニイカ湖を挟んでその西に広がるコンゴ民主共和国（旧ザイール共和国）では、第二次コンゴ戦争が起こっていた。（以降この章では、コンゴ共和国でない方、コンゴ民主共和国のことを単に「コンゴ」と表記する。）コンゴからタンガニイカ湖を自力で渡ってタンザニアに逃れてきた人たちもいた。最初のうち、そうした人たちはキゴマの街中や周辺の村にも流れ込み、多少の混乱はあったようだ。私も、一九九六年前後には、着の身着のままで途方に暮れている難民たちを、キゴマやムワミラ村の道端で見かけた記憶がある。その後、タンザニア政府は正式にコンゴからの難民を受け入れ、一九九七年にＵＮＨＣＲ（Office of the United Nations High Commissioner for Refugees：国連難民高等弁務官事務所）は三つの難民キャンプをタンザニア北西部に造った。そのうちの二つが「ルグフⅠ＆Ⅱ」と呼ばれるリランシンバに造られた難民キャンプである。この「ルグフ」は、私が川下りに失敗した川と同じ名前だが、まったく別の小さな川である。ムワミラ村の近くを通ってマラガラシ川に流れ込んでいる。

私が二度目にリランシンバを訪れた二〇〇一年には、コンゴから難を逃れてやって来た人々は、皆既にその区画内に収容されていた。そのためキゴマ近辺に住むタンザニア人と難民キャンプに住むコンゴ人との間に直接大きな軋轢は生じていなかった。しかし、後で詳細を述べるように、コンゴからの難民たちの存在は、リランシンバのチンパンジーの生息に大きな影響を及ぼしていた。難民キャンプ・ルグフⅠ＆Ⅱはリランシンバのチンパンジーの生息地内に設けられてしまったからである。コンゴ難民の数は、一九九七年には三万人だったが、二〇〇六年には九万人にも膨れ上がっていた。

私は、二〇〇六年八月一七日に、その難民キャンプの様子を見に行ったことがある。難民キャンプに入るには特別な許可が必要で、幹線道路側から難民キャンプへ入る道上にはゲートが設けられている。しかしリランシンバからだと裏側だ。まさかそんな方からやってくる日本人がいるとは誰も思わなかったであろう。柵もゲートもなかった。

コンゴからタンザニアに逃れてきた人たちの民族は様々だった。コンゴの東部に住むベンベ（タンガニイカ湖を越えてカロブワやムクユ地域に来ていた強盗団はこの民族だ）。その他にワフレロ、ワビラなどの民族も難民キャンプで暮していた。

幹線道路の方から見えるＵＮＨＣＲの事務所は立派なレンガ造りの建物で、自家発電の電灯が灯り、建物の外にある室外機の存在からすると各部屋にはクーラーもついていた。しかし難民たち自身が住む家がそんな立派なものであるはずがない。柱にビニールシートを被せただけの簡易テントでこそなかったが、すべて泥壁造りの小さな家だった。全部新築だから古びてはいない。しかし、一定区画内に数万人を収容したわけだから、数え切れないほどの家が区画内に密集して建てられていた。

難民キャンプ・ルグフI&IIの全貌は、私のような一介のチンパンジー研究者にはもちろんわからない。ただ、何人かのコンゴ人に話を聞いてみた限りでは、次のような声が多かった。「住む家と食料を供給してもらっていることには感謝している。でも食料も生活用具も不足しており、日々の生活にはいろいろな困難がある。できることなら、なるべく早く国に帰りたい」

やはり、ミシャモの難民キャンプとは、置かれた状況も人々の気持ちもかなり違っていた。前節で紹介したように、ミシャモには一九七〇年代にブルンジから来た人たちの難民キャンプがある。しかし難民とはいっても、既に三〇年以上ミシャモに住んで畑を耕し、今ではタンザニアに溶け込んで暮している。タンザニアで生まれ育った第二、第三世代の人たちの中には「今さらブルンジに戻る気はない」という人たちもいて、今後どうするのかという選択を迫られていた。そんなミシャモと比べると、ルグフI&IIはいかにも難民キャンプという雰囲気をそこかしこに漂わせていた。「とにかく安全で安定した暮しをしたい。でも、できれば早く母国に帰りたい」と思うのも当然であろう。

ルグフI&IIでは、生活に欠かせない水は、マラガラシ川から巨大なポンプを使って汲み上げられていた。ムワミラ村にはない、ある程度しっかりした医療施設も区域内に造られていた。また、それらのインフラを整備するため、キゴマとウビンザを結ぶ幹線道路も以前より格段に整備された。道路が良くなったことは、調査のためにキゴマとウガラを何度も往復する私には大変ありがたかった。

なお、一九九七年以前には、この道を走る外国人は私たちくらいであった。珍しい外国人を見かけて、子供ばかりでなく、いい年をした大人までもが「ジャンボ（こんにちは）」と手を振ってくれたものだ。しかし、UNHCRの車が頻繁に行き来するようになってからは、もうそのように手を振ってもらえることは皆無となった。多少寂しい。しかし、そんな話はどうでもよい。この頃にはまた、UNHCRから払い下げられたブルーシートが市場に多く出まわっていた。このブルーシート（実際には灰色の物が多かった）は結構丈夫だったので、地面に敷いたり、テントの上に張って日よけに使えたりして重宝した。しかし、そんな話もどうでもよい。

チンパンジー研究者である私にとっての大問題は、コンゴの人たちが難民キャンプの区域外に勝手に出て、野生動物を獲ったり、樹木を伐採してしまったりすることだ。樹木を伐採する目的は、自分たちの炊事用の薪にするため、家や家具を作る木材にするため、炭を作って売るためなどいろいろある。畑を開墾するためにも、多くの樹木が伐採された。

タンザニアの他の地域でも、（許可を得たものも無許可のものも含め）多くの伐採活動が行われている。ウガラでも、樹木を斧で切り倒し、手引き鋸で板にして、作った材木を自転車やトラックで運び出す木こりたちの話は、本書で何度も紹介してきた通りである。ただし、それらは材木に適した種だけを選択して伐採しているので、ある場所の樹木をすべて切り倒していくわけではない。それと異なり、難民キャンプの周辺は、すべての樹木がごっそりと伐採されて禿山状態になっていた。一度そうなってしまった植生が回復するには長い年月がかかる。コンゴの人たちがそこまでしてしまう背景には、いずれ自分たちはタンザニアから去って自分の国に帰るという意識が働いている気がした。

厳密にいえば難民が働いてお金を稼ぐことは禁じられている。例えば漁をして捕った魚を売りさばいてもうけたりしてはいけない。しかし、畑を耕して自分たち自身が食べる食料を育てようとするくらいは、仕方がない面もあった。特に一九九七年当初は、難民に対して最小限の食料しか供給されなかったからである。だが、一九九八年になると区域外の樹木が大量に伐採され、周りは禿山状態となってきた。そこで一九九九年には、UNHC

Rは難民に供給する食料を増やす一方で、伐採や耕作や密猟をある程度は厳しく取り締まるようにしたという。しかし、現実には、二〇〇六年の今も伐採や密猟は続いていた。密猟は、自分たち家族の食料を確保するためだけでなく、捕まえた動物を売って現金を得るためにも行われていた。

そうした一連の行為の結果、多くの野生動物がリランシンバからは姿を消していた。以前にはリランシンバにはライオンやアフリカゾウやシマウマも生息していた。それらの動物の痕跡は二〇〇六年には見られなかった。チンパンジーは絶滅こそしていなかったが、発見したベッドから推定すると、その生息密度は一九九五年の三分の一になっていた。生息地も狭まってしまった。難民キャンプの区域（ルグフ川の左岸、キゴマとウビンザを結ぶ幹線道路、マラガラシ川に囲まれた範囲）は、それまでのリランシンバのチンパンジーの生息地の約四分の一を占めていた。チンパンジーにとってはそれが完全に失われたわけである。それに加え、難民たちはルグフ川を越え、区域外の右岸でも伐採と耕作を行っていた。さらに、「リランシンバのチンパンジーがコンゴ人に殺されて食べられてしまった」という情報を、私はエマから二度聞いた。ちなみに、タンザニアの人々はチンパンジーは食べない。しかしコンゴの人々は（すべての民族ではないものの）チンパンジーを食べる習慣がある。

タンザニアの人たちはコンゴ難民のことをどう思っているのであろうか。バラムウェジは次のように自分の気持ちを語ってくれたことがある。「気の毒だと思う。ただ、我々だって生活が楽なわけではない。彼らは、我々が料金を払わないと受けられない医療などの恩恵をただで受けている。食料も支給されている。その上彼らによって自分たちの森が壊され野生動物がいなくなってしまうのは納得できない。それに、コンゴの人たちとはコミュニケーションをとりにくい。スワヒリ語を話せる人となら、まだ会話ができる。実際、以前スワヒリ語を話せるコンゴ人がカズラミンバ村に来た時には、食べ物を分けてあげたこともある。しかし、多くのコンゴ人は、リンガラ語は話せても、スワヒリ語は話せない。（バラムウェジは英語も話せるが、コンゴからの難民のほとんどは英語は話せない。フランス語を話せる人は比較的多い。）自分の国の状態がおさまったら、やはり帰ってほしいという気持ちだ」

タンザニアの人たちは難民たちの行為を決して快く思っているわけではないようだ。私としては、長年つき合ってきたタンザニアの人たちに肩入れしたい。それでもタンザニアはコンゴ難民を受け入れた。隣国の難民を受け入れるタンザニア政府の方針と、何より難民キャンプ周辺のタンザニアの人々が難民たちに示す寛容さは素晴らしいと思う。他国からの難民や移民の受け入れに対する私たち日本人の姿勢を鑑みると、頭の下がる思いである。

ただし、UNHCR及びタンザニア政府は、野生動物や現地で暮すタンザニアの人々の地域社会の状況を考慮して、もっと注意深く難民キャンプの場所の選定とその管理を行ってほしかった。タンザニアはブルンジやルワンダからの難民も受け入れている。それらの難民キャンプの多くはブルンジやルワンダとの国境近くに設けられた。そのため、チンパンジーの生息は難民の直接の影響を受けずにすんだ。また一九七〇年代にブルンジからの難民を受け入れて造られたミシャモにもチンパンジーはもともと住んでいなかった。それらの地域と異なりリランシンバ地域では、難民キャンプが造られたために現地のチンパンジーは激減してしまったと危惧している(Ogawa et al. 2006)。

さて、二〇〇六年八月一七日。チンパンジーも減ってしまったが、私たちのおかずもミケケ一匹になってしまった。紅茶も砂糖もなくなった。明後日には一旦ムワミラ村に戻ろう。八月一九日の七時三五分、キャンプを出発。皆異様に身支度が早い。村に帰って家族に会えるのが、やはり嬉しいのだろう。何も指示せずとも、てきぱきと出発の準備が整った。

キャンプから少し北に登った高台からはるか北のムワミラ村方面を見渡すと、真北にはやはり峰々が連なっていた。その東斜面を歩いてきたのでひたすらの尾根越え谷越えになってしまったのだ。そのやや西方には平坦な高原が（少なくとも地平線までは）続いている。よし、この方向に行こう。
行きより荷物が少ないおかげもあったのだろう。帰り道はアップダウンにもそれほどは苦しまず、足がつりそうになることもなく、一二時四五分にムワミラ村に帰り着いた。

八月二〇日には市場に行った。ウビンザとキゴマを結ぶ幹線道路の近くには難民のための市場が週に二回開かれており、その市場はタンザニアの人々にも開放されているのだ。なにせ人数が多いので、ムワミラ村の市場よりもずっと大きい。ムワミラ村から自転車で三〇分なので、トラッカーたちも日用品を買いに行ったり、自分の畑で育てた野菜を売りに行ったりと、よく利用している。私もエマと一緒に市場に行ってみた。すると、アリマシじいさんも来ていた。私が払った給料でさっそく好きなお茶の葉を買いに来ていたのだ。バトロも自分の畑で育てたトマトを売りに来ていた。

市場は大賑わいだ。コンゴの人たちも普段より多少おしゃれをして来ているのであろう。口紅を塗って華やかな服を着た女性もいた。一九九六年頃に見かけたような「いかにも難民」という感じの人はほとんどいなかった。子供たちが私を見つけて寄ってきた。私はリンガラ語はわからない。彼らもスワヒリ語はわからない。それでも、子供たちは私を笑わせようとしてくる。後ろを向いてサッカーのフリーキックの壁のように一列に並び、何を始めるかと思ったら、お尻に力を入れて一斉におしりをヘコヘコさせた。お尻にキュっと力を入れるとできるくぼみである。私はおもわず笑ってしまった。

八月二〇日、坂巻君が来るのに合わせ、私はバスでキゴマに出た。今日の午後の便で坂巻君がダルエスサラームからキゴマ空港に到着するはずである。自分の車があれば空港まで出迎えるところだが、車がないので宿で待つ。午後五時三〇分、地形図を手にした救世主坂巻君が現れた。そして、坂巻君は、マハレに入る予定をずらして、一緒にリランシンバに来てくれることになった。

二一世紀になってタンザニアのチンパンジー研究者にもこれまでになかった変化が起こってきていた。それまでタンザニアにおけるチンパンジーの研究は、マハレ山塊国立公園で人慣れしたチンパンジーを観察することに集中していた。しかし福田史夫さんが一九九〇年代末に試みたように、マハレの他の集団のチンパンジーも調査しようという動きが出てきた。さらに、マハレを飛び出して、国立公園の外に生息するチンパンジーの調査を行おうとする若い研究者たちも増えてきた。坂巻哲也君だけでなく、当時京都大学大学院理学研究科大学院生だった中村美知夫君、座馬耕一郎君、島田将喜君たちである（Nakamura & Fukuda 1999; Shimada 2003; Zamma et al. 2004）。私や伊谷さんがタンザニア各地でのたうちまわってチンパンジーの広域調査をしていることが、そのきっかけの一つとなったのであれば、嬉しい限りだ。

八月二二日、私は坂巻君とバスでムワミラ村に戻る。午後一時二〇分、二〇分遅れでバスは出発。午後五時〇六分、ムワミラ村で私たちは下車した。

八月二三日、再びリランシンバへ向かおう。メンバーは私、坂巻君、バトロ、バラムウェジ、アリマシじいさん。荷物運びも兼ねてハミシ・セフとハミシ・カゴマも雇った。ハミシ・カゴマはエマと一緒に翌日に来てもらう。八時三〇分、出発。坂巻君が持ってきてくれた地形図を見て検討した結果、今回は平坦地を歩いて行くコースをとった。回り道にはなるが、尾根と谷のひたすらのアップダウンはこりごりである。午後三時二〇分。前回よりずっと楽にリランシンバのキャンプに着いた。

八月二四日、バラムウェジと一日歩いてキャンプに戻ると、エマとハミシ・カゴマが補給の食料を担いで到着していた。持ってきたのは、エマが米五キログラム。おいおい、担いで来るのが少なくないか。ハミシ・カゴマはセンベ一〇キログラム。それは良い。が、ラジカセ持参で音楽を流しっぱなしである。それではチンパンジーの声を聞きもらしてしまうではないか。有望そうならば次回もまた仕事を頼もうと思っていたが、それは一旦保留である。ハミシ・セフとハミシ・カゴマには、働いた分の給料を払って、二五日に村へ帰ってもらった。

八月二七日には、バトロと一日歩いた。今日の行程は、朝八時三七分から午後五時三七分まで、万歩計を見ると三〇二四二歩。だが、どうも熱っぽい。体温計で測ってみると、三八・二℃あった。道理で歩くのがしんどかったはずだ。タンザニアで熱を出したのは、これが初めてだった。幸いマラリアではなかったようで、熱は二日後には下がった。

翌二八日は、引っ越しをかねて、中休み。イサフィエ川支流の源流部では水がなくなってきたからだ。イサフィエ川本流に引っ越す。水はきれいだ。しかし、そこは、ハリナシバチがとんでもなく多かった。水分を求めて目や口や耳に入って来て、うっとうしい。すべて良い条件が揃ったキャンプサイトはなかなか見つからないものである。

こうして私たちは八月二四日から九月一日までリランシンバで調査した。九月一日、ムワミラ村に帰ろう。地形図もあることだし、食料が減った分荷物も軽い。まっすぐのコース（アップダウンがひたすら続く尾根の中腹ではなく、その西側）に再度挑戦してみよう。「あそこを通るべし」と、高台から遠く彼方を指差してエマに示し、道はないが開けて歩きやすい疎開林を進んでいった。八時二五分発。午後三時四一分、ムワミラ村着。

こうして二〇〇六年夏の調査は終わった。最後の晩はバトロ家の裏庭にテントを張らせてもらった。ムワミラ村ではエマの家の裏庭に泊ることが多かった。でもエマの家庭はあまりに子供が多い。前回エマの家で夕食をいただいた時には、ちょっと凄まじい食事模様になった。いつものように裏庭で、ウガリを人数分盛ったお盆を真ん中に置き、横に豆の煮込みの入ったお椀が置かれた。皆で輪になって座り込んで食事を始める。普段食事は幾つかのグループに分かれて食べる。だいたいはお客さんの私とエマと大きめの男の子二人くらいのグループ、奥さんと小さな子供たちのグループ。ところが、その晩は、なぜかしら私のいるグループに小さな子供が大勢いた。おまけに灯油ランプが切れていた。食事が始まると、闇の中から何本もの子供たちの手が次々と伸びてきたのである。大人と違ってウガリを取るタイミングに遠慮がない。しかも闇の中から伸びてくるから予測がつかない。手と手をぶつけあいながらの争奪戦である。ヤシ油で煮込んだ豆は橙色のスープになっているが、スープがべっとりついたままの手でウガリを取るので、ウガリの山は瞬く間に黄色く汚れていった。ポロリと地面に落ちたウガリをお盆に戻す子供もいる。

というわけで、エマ家は遠慮して、今晩はバトロ家へ。地酒をペットボトルに詰めて買ってきてもらった。庭にブルーシートを敷いて、エマには悪いが坂巻君とバトロと私でゆっくりと酒盛りだ。半月の晩でも庭は結構明るく照らされて、フィールド最後の晩は気分よく食事をすることができた。

九月三日の早朝、私と坂巻君はムワミラ村に別れを告げて、キゴマ行きのバスに乗る。五時三〇分。まだ夜明け前だ。バトロに見送られてバス停でバスを待つ。バス停といっても、道路に面した大きな木が目印だ。なんだか「となりのトトロ」に登場するバス停のようである。真っ暗な中、トトロのようにしてバスを待っていると、やがて真っ暗闇の中からバスの光が近づいて来た。

バトロと握手をして、「トゥ・タ・オナナ（また会いましょう）」と別れを告げた。そして、これが私とバトロとの最後の会話となった。

なぜなら、翌年ムワミラ村を訪れると、バトロはマラリアで亡くなっていたからである。

二〇年以上に及ぶタンザニアでの調査の間に私が最もショックを受けたのは、こうしたトラッカーたちの他界の知らせだった。一九九五年にウガラで一緒に調査をしたアントニーは、カバにやられて死んでしまった。一九九四年に初めて雇ったトラッカーのオスカも、その後伊谷さんが訪ねると亡くなっていたそうである。私は、調査が終わって彼らと別れる時には、「もしかすると、これが今生の別れになるかもしれない」と意識するようになった。

九月四日、マハレに向かう坂巻君にもキゴマで別れを告げ、私は飛行機でダルエスサラームに戻った。日数に余裕があったので、根本さんの自宅の倉庫に預かってもらっている荷物（調査用品やキャンプ用品）を整理した。今回は、ボートに積むために、余分な物は持って行かないようにした。そうしてみたら、最近使っていない古いテントや寝袋などがかなりあることが判明した。何年も調査しているうちにいつの間にか得体のしれない荷物がいろいろと貯まりつつあった。リストを作って番号を振って整理する。

九月一〇日、エミレーツ・エアー・ラインでドゥバイを経由し、一一日、中部国際空港着。今回は車を使用せず苦労の連続だったが、リランシンバでは意義のある調査を行うことができた。

コラム⑫……タンザニアの村人の生活

タンザニアの人々の村での暮らしぶりを紹介しよう。ただし、私が知っているのは、一緒に調査をしてきたトラッカーの家族くらいである。村に滞在した期間はそれほど長くもない。彼らの普段の生活を十分に把握しているわけではないことをお断りしておく。

ムワミラ村の家はすべて焼きレンガ（もしくは日干しレンガ）の平屋である。屋根は藁葺き（わらぶき）の家とアルミの家がある。藁葺きは何年かに一度は葺き替えないといけないので、村人は皆アルミ製の屋根にしたがっている。ムワミラ村には電気は来ていない。ガスもない。水道もない。水は井戸水かルグフ川の水を使う。炊事の燃料は薪である。明りは灯油ランプ。灯油を缶に入れ、理科の実験で使うアルコール・ランプのように芯に火を灯すタイプである。私は何度か手土産にソーラー・ライトを持っていった。庭の植え込みを照らすのに使われるタイプがホーム・センターなどでは一五〇〇円程度で売られている。しかし、翌年訪れてみると、結局また灯油ランプを使っていた。中の充電式電池の充電回数にも限りがあるからだ。エマ家では、昔は炊事は裏庭でしていたが、今は竈がある小部屋を一つ造った。食事は裏庭で摂ることも居間で摂ることもある。トイレは一軒家。ぼっとんトイレである。汲み取り式にして肥料に利用することは行っていない。穴が深くて小さいので、不潔な感じはしない。バスルームは、家の裏にあるブルーシート（私があげた物だ）で周りを覆った空間だ。下に板を敷いてある。衣服は川で洗濯だ。……と書いていくと、どうもムワミラ村の生活は、私のウガラでのキャンプ生活と大差ない感じがしてきた。

しかし、ムワミラ村の生活も、ゆっくりとしたペースではあるが、徐々に経済的に豊かになってきている。エマは、アルミ屋根の家を建てたし、トイレも造ったし、炊事用の小部屋も造った。ただし、これらは、私が払った給料が、エマ家を他の村人たちよりちょっとお金持ちにさせているからなのかもしれない。エマ家の屋根がアルミ製になったのも、数年間よく働いたお礼として、ボーナスでアルミを買ってあげたからだ。そのアルミを使って、エマは新しい家を建てた。そして翌年エマは私たちを新しい家に招待してくれた。「どうぞ、どうぞ」と、新築の家の中に招き入れられる。日本ならば、ここはお茶の一杯でも振る舞ってもらえるタイミングであろう。しかしエマはにこにこと笑うのみであった。その後何年か経つと、エマ家に招かれた時には、一度沸かしたお水を振る舞ってもらえるようになった。チャイ（お茶）が出てくるようになるまでには、あと一歩であろう。

人々の生活で最近最も劇的に変化したのは、何と言っても携帯電話の普及である。田舎の村で、上半身裸で靴も履いていない人ですら、携帯電話は持っていることがある。トラッカーの住むムワミラ村には、電話線は届いていないので、各家に固定電話はない。電気も来ていない。が、多くの人が携帯電話を使っている。「電気がきていないのなら、携帯電話も充電できないじゃないか」と思うだろう。しかし、彼らは、専用の充電器を使うこともなく、強引に乾電池で携帯電話を充電してしまうのである。スマートフォンの普及も近いに違いない。

第一三章……新人を連れて

▼ムワミラ村の人々の生活調査

二〇〇七年二月一九日、中部国際空港発。ドゥバイ経由。翌二月二〇日、いつものようにダルエスサラーム着。ただし、今回の調査対象はチンパンジーだけではない。タンザニアで暮す人々も含んでいる。西田さんが代表となって申請した大きなプロジェクトが採用され、アフリカで暮す人々の現状についても調査することになったのだ。タンザニアではマハレと私たちウガラの調査隊がそれぞれの地域を担当する。私たちはムワミラ村とカズラミンバ村の生活を調べることにした。

また今回は郡山尚紀君（日本モンキーセンター研究員）を連れて行くことになった。郡山君は、マハレでチンパンジーの病理学的調査をする予定で、既にダルエスサラームまで来ていた。しかし調査許可がまだ下りないそうである。ウガラのような場所なら調査許可がなくてもまだごまかせるが、国立公園であるマハレの場合は調査許可がないとどうにもならない。延々とダルエスサラームの街中にいるよりは、チンパンジー生息地に近い村で過ごした方がいくらかでも得るものがあるかもしれない。二月二四日、私と郡山君はダルエスサラームから飛行機でキゴマに向かった。

その前日の二月二三日、私はダルエスサラームからエマの携帯電話に電話していた。実は昨年エマに携帯電話を買ってあげたのである。

昨年のことだ。この頃からタンザニアでは携帯電話を持つ人が急速に増えてきていた。「携帯電話があったら、何日にムワミラ村に着くかを日本やダルエスサラームから電話できるよ。そうして電話してもらえれば、その日は畑に出ずに準備して待っているから、効率的でしょ」エマはもっともな理由をつけて、私に携帯電話をねだった。この年ボーナスとして、バラムウェジには自転車を買ってあげた。バトロには子供を学校に通わせるための教育費を援助した。で、バランスを取るためにも、エマには携帯電話を買ってあげたわけである。キゴマの市場に行くと、電話機の値段はぴんきりだ。田舎者のエマは、だまされて高いのを買わされかけていた。しかしお金を払うのは私である。一番安い機種を選ばせる。次に契約をすます。タンザニアの携帯電話の通話料はプリペイド方式である。お金を払ってカードを買い、コインでカードをこすって出てきた番号を電話に打ち込むと、払った金額分がチャージされて通話ができるようになる。

そういうわけで、二〇〇七年の二月二三日。私はダルエスサラームからエマの携帯に電話をかけてみた。私が近々ムワミラ村に行くことが、私たちのチンパンジー調査史上初めて事前にエマに伝わるはずであった。ところが、案の定エマの携帯電話には通じなかった。きっとチャージしていないのであろう。せっかく携帯電話を買ってあげたのに、結局役に立たないじゃないかぁ。

二月二四日、私と郡山君は飛行機でキゴマに到着。マハレ山塊野生生物研究所のマサウエの後釜として赴任したクリスピン・ムイヌカさんに頼み、車と運転手を探してもらった。二月二五日、一一時〇七分、ムワミラ村着。

郡山君は、アフリカに来るのも、テントに泊るのも初めてだ。飼い牛の群れが道を歩いて来るのを見て「わわっ、牛だ。放し飼いの牛が道端を歩いている」と驚き、ウガリを見ては「これがウガリというものか」と驚いていた。エマ家に食費と気持ち程度の宿代を払って居候する。この日の夕食は、キャッサバのウガリとブッシュバックの肉だった。

ムワミラは一〇〇世帯ほどの村である。小学校が一つ、診療所が一つ（ただし看護婦さんだけで医者はいない）。小さな市場に、最近雑貨屋さんなどのお店が五軒ほど建った。電気はない。ガスもない。水道はないけど、井戸はある。今回の調査目的の一つは、そんなムワミラ村の各家庭の物の出入りを明らかにすることである。毎日自分の家庭に入ってきた物（買ったり、畑から収穫したり、友人や親戚からもらったりした物など）を記録してもらう。一方、出ていった物（売ったり、食べたり、友人や親戚にあげたりした物など）も記録してもらう。これを一年間続けてもらう予定だ。これまでトラッカーとして働いてもらったことのある人の家族を中心に、全部で一〇世帯に記録を依頼した。

二月二六日から二八日までは、村の人々の耕作地の調査にあてた。どのくらいの面積の畑で何を栽培しているか。聞き込みだけでは不正確な情報しか得られないので、実際に畑について行き、GPSを持ちながら畑をぐるりと一周して面積を測る。そんな作業に数日を要した。

三月一日、郡山君も連れて、リランシンバに向かう。実は、一か月に二回、果実の実り具合や葉の茂り具合を記録するというセンサスを、昨年の八月からトラッカーたちに頼んでいた。その三月の一回目のセンサスに私も同行する。メンバーは私、郡山君、エマ、バラムウェジ、ジェラード、ハミシ・カゴマ。キャンプ・キーパーとしてアリマシじいさん。それからもう一人、新人のマシャカ・サイディ（通称マシャカ）も雇った。ほとんどが「ハ」の民族の人々であるムワミラ村で、アリマシじいさんは「トングェ」であるが、マシャカも父親が「トングェ」である。まずは見習いとして、食料などの荷物運び要員だ。九時〇〇分発。乾季と違って、地面がじゅくじゅくと濡れている。だがトレッキング・シューズの上まで水に浸かるほどではなかった。午後二時四三分、リランシンバのキャンプ着。夜中、郡山君のテントから、「うわっ」という声がした。続いて、「シュッ、シュッ」という音がした。翌朝聞いてみると、サソリがテント内に侵入しており、殺虫剤で退治していたのだそうだ。「夜寝る前には寝床にサソリがいないかチェックすべし」とアドバイスしておいて良かった。

三月二日、果実センサスをすます。その後の二日間は周囲を歩き回った。三月五日、リランシンバからムワミラ村へ。八時五〇分発で、午後三時四〇分着。途中雨がぱらついたが、移動日に豪雨に遭わずにすんだのは幸いだった。ただし、エマはリランシンバに持っていった携帯電話を濡らして壊してしまった。そもそもリランシンバには電波が届かないから、携帯電話を持っていく意味はまるでない。おもちゃを手放せない子供のようだ。エマは「せっかく買ってもらったのに」と悔しがっていたが、もう買ってあげるつもりはない。エマはこの二年後に自分のお金で二台目の携帯電話を購入した。

八月六日、今日は村でサッカーをする予定だ。ムワミラ村には小学校の前にサッカー場がある。ゴールは手作りの木の棒だが、ピッチのサイズは十分だ。対戦相手は、ムワミラ村選抜チーム。普段ここでよく練習や試合をしているメンバーだ。こちらは、チンパンジー調査隊チーム。即席のチームだ。しかし、私は昔サッカー少年、ホームチームのレギュラーで岐阜市選抜の補欠だった。郡山君は今でもサッカーやフットサルをしている現役である。この二人の日本人が活躍すれば、良い勝負になるはずだ。メンバーは私、郡山君、エマ、バラムウェジ、ジェラード、タノ、ハミシ、マシャカ。うーん、ちょっと足りない。アリマシじいさんも入れよう。

ちなみに、即席のチンパンジー調査隊チームは、ムワミラ村正規軍に惨敗して試合は終わった。いつか雪辱をはたさねば。またマハレの調査隊ともいつか試合ができたら良いなと思っている。

ムワミラ村最後の晩は、ジェラードが地酒を持ってきてくれた。エマがまたブッシュバックの肉を持ってきた。エマはやはりブッシュバックの肉が好きなのではないかと、私は密かに思っている。日本でも養殖より天然の魚の方が珍重されることがある。それと近い感覚なのかもしれない。一九九五年に、ずっとフィールドに滞在して食料も不足してきた頃、エマがングェ川の川辺林でブッシュバックを獲ったこと。そしてその肉をアントニーと三人で食べたことを思い出した。

三月七日、UNHCRがコンゴ民主共和国からの難民たちをバスに乗せてタンガニイカ湖方面に走っていった。コンゴの政情が安定したので、難民たちは一年前から徐々に母国へと帰り始めていた。なにせ数万人もいるわけで、一度にというわけにはいかない。バスは何度も難民キャンプとキゴマを往復する。バスは、ウビンザとキゴマを結ぶボロボロの乗り合いバスと違って、新しいし座席も豪華なタイプだ。一人一席である。乗り合いのバスのように満員になるまで詰め込まれて通路まで人が立っている状態ではなかった。きっと数年前にコンゴから命からがらタンザニアに逃れてきた時とは雲泥の差なのだろう。バスの窓から嬉しそうにこちらに手を振って、「さようなら、タンザニア。ありがとう、タンザニアの人たち」と叫んで去って行った。

三月八日、私たちもムワミラ村を去ってキゴマに戻る日となる。ジェラードが「キゴマに用事があるので便乗したい」と言ってきた。一一時三〇分、約束しておいた迎えの車が来る。来たのはランドクルーザーのような四輪駆動車ではなく、普通の乗用車だった。そんな車でも雨季にムワミラ村まで来れるほど、道路が良くなっていたのだ。

キゴマには布施（清野）未恵子さん（京都大学大学院理学研究科大学院生）がマハレから買い出しに来ていた。「トラッカーたちに賃上げ交渉のストライキをされて困った」と言っている。私のトラッカーたちもいつかストライキを起こす日が来るのだろうかと考えさせられた。

三月九日、キゴマでの用事をすませたジェラードは、バスでムワミラ村に戻る。切符は午前中に買ってあった。「座席指定だから、出発直前に乗り込めば十分だ」と言うので、バスターミナルの横で昼食を食べてからバスに向かった。ところがジェラードの席には既に別の人がちゃっかりと座っていた。しかも二人掛けの座席に家族らしき三人が座っている。「この席の切符を持っているのは私だ」と言っても、簡単にはどいてくれないかもしれない。私はジェラードに言った。「だから早くバスに乗ってしまえと言ったのに。タンザニアの事情は日本人の俺よりおまえの方がよく知っているはずだろう」結局ジェラードは、既に自分の席に座っていた一〇歳くらいの少女を膝の上に乗せて、ムワミラ村に帰って行った。

三月一〇日、私は郡山君と別れ、飛行機でダルエスサラームへ。三月一三日の帰国便が欠航となり、大学の会議を一つ欠席した。三月一五日、無事飛行機が飛んでダルエスサラーム発、翌一六日に帰国、授業は休講せずにすんだ。

▼ブレーキ壊れ事件

二〇〇七年二月八日、私と一緒にキゴマに出た後、郡山君はマハレへと向かった。昨年一緒に調査をした坂巻君がマハレに向かっていったのと同じように。そしてウガラを中心としてチンパンジーの広域調査をする研究者は再び私だけになった。加納さんと金森さんは既に職場を定年退職していた。その後は私と伊谷さんだけで細々と調査を続けている状態だった。

だが、二〇〇七年の夏には、ウガラのチンパンジー調査隊に待望の新人が加わった。吉川翠さん（林原類人猿研究センター研究員を経て、日本農工大学大学院連合農学研究科大学院生）である。

二〇〇七年の七月一八日、中部国際空港発、エミレーツ・エアー・ラインでドゥバイへ。空港で新人吉川さんと合流。翌一九日、サハラ砂漠を越えてダルエスサラーム着。

七月二九日の七時四〇分、私と吉川さんは、愛車トヨタ・ランドクルーザーでダルエスサラームを出発した。

吉川さんは日本ではスズキの名車ジムニーに乗っているらしい。しかし本格的な未舗装道路の運転は初めてだ。前日には、試しにダルエスサラームの街中の舗装道路と未舗装道路の両方でランドクルーザーを運転してもらった。すると、吉川さんは、舗装道路を走っていたままのスピードで、凸凹の未舗装道路に突っ込んだ。ランドクルーザーはボヨンボヨンと大きくはずむ。そのあまりの運転のひどさは、それまで道端をふらふらと歩いていた酔っ払いらしき男が、はっと我に返って道の隅にすばやく避難したほどであった。でも、二〇〇三年から二〇〇五年にかけて調査に加わって運転手をしてくれていたハッサニはもういない。ＪＡＴＡツアーズを退職し、長距離トラックの運転手に転職してしまったのだ。ＪＡＴＡツアーズに勤めていた方が身分も給料も安定していたはずなのだが、大型のトラックでタンザニア各地を走る方が性分に合っているらしい。ハッサニに今回の調査の運転は頼めなかった。心もとないが、交替でランドクルーザーを運転してウガラを目指すしかない。

七月二九日の朝八時〇〇分、私たちはダルエスサラームを出発した。午後五時四五分にムカンバコ着。翌三〇日は、朝七時一七分にムカンバコ発。途中から未舗装となるが、夕方三時四四分に無事スンバワンガに着いた。なんとかなるものだ。スンバワンガの街中だけは道路が舗装されている。凸凹道から解放されて、私は心地良くアクセルを踏みこんだ。その時右前方のタイヤからカタカタと音がした。でもエンジンなど内部の問題ではない。たいしたことはないだろう。そう高をくくって放置したのが、悲劇の始まりだった。

八月二日、今日はスンバワンガからムパンダに向かう行程である。七月三〇日から八月一日までの三日間は吉川さんがマラリアで寝込んだので、その間にタイヤ付近から聞こえたカタカタ音のことはすっかり忘れていた。八時三〇分、スンバワンガ発。九時三〇分、チャラという小さな街を通過。一一時二九分、右前輪のタイヤがパンクした。でも大丈夫。スペア・タイヤを二個も積んでいるのが私たちの強みだ。すばやくタイヤを交換し、再び北上を開始する。

ところが、しばらく走ると、またパンクした。二回続けてパンクしてしまったので、もうスペア・タイヤはない。この先にはカタビ国立公園が待ち受けている。カタビは、国立公園とはいっても、多くの観光客が訪れるセレンゲティーなどの国立公園とは違う。こんな辺鄙な場所にあるカタビ国立公園をわざわざ訪問する観光客はほとんどいない。宿泊施設はない。国立公園内にはもちろん村は存在しない。観光客どころか、所用でカタビを通過してスンバワンガとムパンダを行き来する車自体があまりないほどだ。このまま国立公園内に入って三度目のパンクをしてしまったら、助けを呼びようもなく、ライオンも多数生息する国立公園内で立ち往生する。

パンク修理用のゴム糊やタイヤをホイールから外すためのリムーバーと呼ばれる工具などは一応持ってきている。だが、車のタイヤをホイールから外す作業は、自転車のタイヤをホイールから外すのとは違って、素人にはちょっと難しい。もしどうしても外せなければ、タイヤを一個持ってなんとか街に出て、そこでパンクを修理してまた車に戻って来るしかなかろう。私が行くことになるだろうが、そうするとアフリカに初めて来た吉川さんをカタビ国立公園にいきなり一人置き去りにすることになる。車には水や食料を積んでいるとはいえ、それはきついだろう。幸いまだスンバワンガを出てからそれほど走ってはいない。ここは一旦引き返そう。私たちはスンバワンガに戻り始めた。

ところが、である。一二時四三分、三度目のパンクが起こった。もうスペア・タイヤはない。それに、たて続けに三度もパンクするなんて、いくら悪路とはいえ変である。車を降りてタイヤをチェックしてみた。すると、それは単なるパンクではなかった。タイヤに空気を入れる管が削られて穴が空いていたのである。

車の下に潜り込んでチェックしてみると、「ハウジング・ブレーキ」と呼ばれる部品を固定するネジが一本折れて抜け落ちていた。そのため、走行時にハウジング・ブレーキがタイヤの内側にゴンゴンあたるという事態が起こっていたらしい。その結果、タイヤが横ぶれの振動を起こし、タイヤに空気を入れる管がホイールに何度もあたって削れ、遂に穴が空いてしまったのである。スンバワンガの舗装道路でカタカタという音がしたのは、空気を入れる管の先がホイールにあたっていた音だったのだ。未舗装道路になってからも当然その状態は続いていたのだが、悪路ではその音は耳に入らず、走り続けてしまった。万事休すである。

しかし、幸運なことに、三度目のパンクを起こした地点から二〇〇メートルほど先に小さな村が見えた。その村までパンクしたランドクルーザーを走らせる。タイヤに空気が入っていない状態で長距離を走れば、タイヤはグシャグシャになってしまう。しかしそうなる前に車は村に着いた。もちろん村の名前は知らないし、知り合いもいない。しかし、これで道端で野垂れ死にすることは、避けられそうである。

外国人がこんな村に車を停めたということで、私たちの周りにはあっという間に人だかりができた。ほとんどは野次馬であったが、中には自転車の修理工も交じっていた。こんな小さな村にも自転車屋さんはいるのだ。「車のパンク修理だってできる。私に任せろ」と、その自転車屋さんは自信ありげに言った。しかし、残念ながら、これはただのパンクではない。そのことにやがて彼も気づくのであった。

自転車屋さんは、手慣れた様子でタイヤをホイールから外した。さすがである。ただし、穴が空いたのはチューブではなく、空気を入れる管の部分である。通常のパンク修理のように、ゴム糊でパッチシートをチューブに貼りつけるという直し方はできない。しかし、私は二個のスペア・タイヤに加えて、さらに予備のタイヤ・チューブも持ってきていた。用意周到でしょ。これまで車の故障には散々泣かされてきたので、車には様々な工具や部品を積んでいる。各サイズのスパナ、ドライバー、交換用の部品各種（バッテリーやオイル・フィルターやファン・ベルトなど）、エンジン・オイル、予備のディーゼル（軽油）（ガソリンではないので、専用容器でなくプラスチック製のポリタンクに入れている）。それらは常に車に積んでいるのだ。バルブ（タイヤに空気を入れる部分の栓）を新しいチューブに移し換え、自転車用のポンプ（これも車に積んでいる）で空気を入れ、パンク修理完了である。

しかし、根本的問題は解決していない。パンクを直したタイヤを取りつけただけで走り出せば、いずれまた振動で空気を入れる管に穴が空いてしまう。何らかの処理をして、ハウジング・ブレーキ部分がタイヤの内側にゴンゴンとあたらないようにしなくてはならない。「私はそれもできるかも」と自転車屋さんが言うので、やってもらった。彼は、タイヤをもう一度とりはずし、ワッシャーを噛ませてタイヤの位置を外側にずらし、ハウジングがタイヤの内側にあたらないようにしてみた。さぁ、これでスンバワンガに引き返そう。しかし、ダメだった。ブレーキをかけると、どうしてもハウジングが跳ね上がって、タイヤの内側にあたってしまうのだ。

自転車屋さんは、こうなったらと、一旦ハウジングさえも取り外し、ネジが折れた部分を針金で縛って固定し直してみた。それでも上手くいかなかった。しかも、ハウジングを取り外した際に、ブレーキ・オイルが外に流れ落ちてしまった。ブレーキ・オイルがなくなったということは、フット・ブレーキをいくら踏んでも圧力がかからず、前輪後輪すべてのブレーキが全く効かなくなったことを意味していた。村にはブレーキ・オイルは売っていない。ブレーキが効かなくなってしまって、一体どうしろというのだ。自転車屋さんは、「そこまでは、私は知らない」と答えた。

時は流れて、既に夕方の五時一〇分。どうにも動けなくなった私たちのランドクルーザーに、通りかがりの野良犬がおしっこをかけて行った。哀しい限りである。自転車屋さんも、最初のうちは野次馬根性で楽しそうに人だかりをつくって私たちを見つめていた村の人々も、「もういいから行け」という感じになっていた。「ゆっくり走れば、ブレーキなんかなくたって大丈夫さ。坂道の底まで行ったら車は自然に止まるよ」と村人たちは無責任に応援する。

仕方がない。私はブレーキなしで走りだした。今からゆっくりと走って戻るにはスンバワンガは遠過ぎる。でも途中のチャラという小さな街までは戻れるかもしれない。チャラまで行けば車の修理も、もう少しは可能かもしれない。少なくともチャラには宿はある。この名前も知らぬ宿も食堂もない小さな村で今晩寝るよりはましであろう。

覚悟を決めて、私はそっとランドクルーザーのアクセルを踏んだ。上り坂はまだ良い。（と言っても、エンストしたら後ろにズルズルと落ちて行ってしまうわけで、気は抜けないが。）問題は、次に迫った数百メートルの下り坂である。ハンド・ブレーキ（パーキング・ブレーキ）とエンジン・ブレーキだけが頼りである。幸いスピードがついて転げ落ちるほどの急な下り坂ではなかった。私はのろのろのろのろと何度か上り下りを繰り返した。

夕方六時四〇分、日没で薄暗くなったチャラに、私たちはかろうじてたどり着いた。この街に泊ったことはそれまで一度もなかったが、道路沿いに安宿があるのは知っていた。その建物の前の駐車スペースに車を停める。慎重にしなくてはいけない。なにせブレーキがないわけで、ゆるゆると自然に止まるしかないのだ。もう数センチメートルで壁にぶつかりそうになったが、なんとか止まった。一気に気が抜けた。とりあえず今日は宿に着いた。明日のことは明日考えよう。


翌朝七時三〇分、私はさっそくチャラの街で車の修理工を探した。修理工の自宅までおしかけて仕事を依頼する。チャラにはブレーキ・オイルも売っていた。ブレーキ・オイルを入れればブレーキは効くようになる。ただし、ブレーキをかけると、ネジがはずれたハウジングが跳ね上がってタイヤの内側にあたる。それを繰り返していたら、またパンクする事態は避けられない。そこで、その修理工は、問題の右前輪に繋がるブレーキ・オイルのパイプを遮断し、右前輪にだけはブレーキがかからないように工夫してくれた。これ以上の本格的な修理はスンバワンガに戻ってからだ。

一〇時四〇分、チャラ発。右前輪だけブレーキが効かないので、フット・ブレーキを踏むたびに車は左に曲がろうとしてハンドルをとられる。時速四〇キロメートルで運転すること約二時間。一二時三〇分、私たちは無事スンバワンガに戻ってきた。

思い起こせば、スンバワンガは、一九九四年に私が初めてタンザニアに来た時に事故で壊れた車を修理した街だ。何処に修理工場があるかも知っている。私は修理工場に直行した。

▼ングェにチンパンジーが戻って来た

車をスンバワンガで修理した私たちは、その後八月四日にムパンダに歩を進めた。八時二〇分、スンバワンガ発、午後四時四九分、ムパンダ着。翌五日には、八時四〇分、ムパンダ発。午後六時一六分に、トラッカーたちの待つムワミラ村に到着した。日本を発ってから、既に一八日間が経過していた。

この年これほど日数がかかったのは、調査地に向かう前の七月二四日に、まずアルーシャにあるロビン・ハート・サファリという会社の支部を訪れたからでもあった。第五章で紹介したように、この会社は、主に欧米からの外国人を顧客として、ウガラ東部でスポーツ・ハンティングを営業している。この頃私はウガラ川とマラガラシ川をボートで川下りする計画を立てていた。しかし、ロビン・ハート・サファリによると、この二〇〇七年にはウガラ東部に入るのは危険な状態だった。六月頃のこと、彼らが顧客を連れてスポーツ・ハンティングをしていると、ルワンダから違法に国境を越えてやって来た八人の密猟者に出くわしたそうだ。密猟者たちはマシンガンをちらつかせ、「この土地から出て行け」と会社のスタッフと顧客たちを脅したそうである。おかげでこの年のロビン・ハート・サファリはウガラ東部での営業停止を余儀なくされていた。その話を聞きながら、「ざまみろ」と私は少し思った。第五章で紹介した一九九七年の出来事を思い出したからだ。しかし他人事ではない。「ウガラの東部へ行くのなら、安全のために銃を持ったレンジャーを雇っていった方が良いですよ」とロビン・ハート・サファリから忠告された。しかし、それでも危険だと私は判断し、ウガラ東部に行くことはあきらめた。今年はウガラ北西部のングェを中心に調査することにしよう。

ウガラへはブエンジ村から林道を入っていく。しかし、ムパンダからウビンザに来る途中に通りかかると、ブエンジ村はなくなっていた。政府の指導によるものらしい。また、近くを通りかかった人に聞いてみると、「ングエへの林道は、今は荒れていて、以前のように車で走れる状態ではない」と言われた。仕方がない。私たちはングェまで自転車で行ってみることにしよう。

ウガラに自転車で行くのは初めてではない。読者も覚えていてくれるだろう。私は二〇〇二年の雨季にアドリアーナが滞在していたイサまで自転車で行ったことがある。あの時にはペダルもブレーキもない自転車で苦労した。それに懲りていた私は、少なくとも自分と吉川さんが乗る自転車については、万全とまでは言わなくても、せめてペダルとブレーキはついている自転車を用意したかった。そこで、八月八日にキゴマの市場で自分たちの自転車を購入し、その自転車をランドクルーザーの上に積んでムワミラ村に戻った。

ムワミラ村では、半年前に依頼した人々が毎日ノートに生活記録をつけているかをチェックし、八月九日にようやくウガラを目指ざせる準備が整った。考えてみればこの数年間はタンザニア各地の広域調査をしてきた。ウガラにじっくりと腰を据えてチンパンジーの生態調査を行うのは久しぶりのことだった。

八月一〇日の九時一七分、ランドクルーザーに数台の自転車を積んでムワミラ村を出発。メンバーは私、吉川さん、エマ、バラムウエジ、ジェラードである。九時五六分、ウビンザ着。ランドクルーザーはウビンザの知り合いの家に保管させてもらった。午後三時〇〇分、ウビンザ発。ウガラに向かう途中、ブエンジ村だけでなく、キサト村もなくなっていた。政府の指導によってムワミラ村に吸収されたそうだ。午後七時〇五分、薄暗くなったングエ川に着いた。

一一日、ングエ川の支流シセンシ川の川辺林を歩く。これまで何度も歩いたコースだ。ングェのチンパンジーは昔と同じ場所にベッドを作っていた。

心配なのは、ルワンダから密入国してきている密猟者集団が、ウガラ東部だけでなくウガラ北東部のングェまで来やしないかという点だった。蜂蜜採りなどのためにポリ（原野）を歩いている人に会うたびに情報収集に努めた。だが、数年前からングェ川沿いの草地を開墾して暮している人たちからは、情報は集められなかった。彼らは皆ングェからいなくなっていたからである。残っていたのは「ガリモシ」と呼ばれている男の家族だけだった。トラッカーの話によると、ヒヒに畑を荒らされてしまったため、ングェで農業をしていくのはあきらめて、もとの村に帰ったそうだ。ヒヒたちにしてみれば、自分たちが暮していた土地に人間がおいしい食べ物をわざわざ育ててくれたのだ。しかも、それらの家族の多くはングェに定住したわけではなく、種撒きや収穫時などに一時的に滞在していただけだ。人が住んでいない間の畑は、ヒヒにとっては出入りし放題だったに違いない。人間が収穫する前に、思う存分トウモロコシや米やトマトを食べていったことだろう。人々がングェからいなくなったのは、あるいは、ブエンジ村やキサト村が移動させられたように、「勝手な場所で畑を耕したり家を建てたりするな」という政府の指導がングェにも入ったのかもしれなかった。いずれにせよ、放棄された畑や田んぼの跡には、昔と同じように一面美しいパピルスの草原が復活しつつあった。

私たちは八月一三日まで一通りの調査をして、一四日に一旦ングェを出た。リランシンバに行って果実センサスの最終回をこなすためである。トラッカーたちには、昨年の夏から二週間に一度リランシンバに通って、果実の実り具合や葉の茂り具合を記録してもらっていた。

八月一六日、リランシンバへ。かつて車で通った道は、途中に難民キャンプが造られて、車では通り抜けられなくなっている。今回は自転車で行ってみよう。メンバーは私、吉川さん、エマ、バラムウェジ、ジェラード、アリマシじいさん、マシャカ。一〇時〇〇分、ムワミラ村発。難民キャンプを通過する許可をもらい、舗装こそされていないが、平らに整備された道を自転車で快走する。周り道ではあるが、午後四時〇三分、徒歩で行くよりもずっと早く着いた。

夕方五時四三分、西からチンパンジーの声が聞こえてきた。良かった。このリランシンバにチンパンジーはまだ生き残っていたのだ。コンゴの人たちは徐々に母国へと帰り始め、難民キャンプ・ルグフI&IIに残っている人たちは三万人にまで減っていた。リランシンバのチンパンジーは、絶滅はなんとか免れたようである。

なお、二〇〇八年の九月には、コンゴからの難民は全員が自国に引き上げ、難民キャンプ・ルグフI&IIは閉鎖された。現在ではその跡地をどのように利用するかが話し合われているそうである。


八月二三日、再びウガラのングェに。いつものエマとバラムウェジに加え、ハミシ・カゴマとジェラードも連れて行った。ジェラードは二〇〇九年までムワミラ村の村長である。「村長がポリ（原野）へ出掛けてしまって村にいないのはまずいのではないか」と思うのだが、ジェラードはあいかわらず「大丈夫、問題ない」と答える。新しく有望なトラッカーが見つかれば良いと期待して、新人のヌフ、モーゼス、ジャスティンらも雇ってみた。

七時〇〇分、エマ家の前に全員集合。皆で朝食にサツマイモを食べる。前回は林道の状態が不明だったので自転車で行ったが、少なくともングェまではランドクルーザーで十分に入れるとわかった。今回は車で行く。ただし全員は車に乗りきれないので、八時二七分、自転車部隊は先にムワミラ村を出発してもらった。九時四七分、車部隊も出発。一〇時三六分、ウビンザ経由。午後三時〇一分、ングェ川着。自転車部隊もほんの少し前にングェ川に着いたところであった。夕食はご飯を炊く。一〇人分なので、給食のような大量のご飯となる。ミケケも四匹も料理した。

今回は大所帯だ。食料の消費も早い。ングェに入る直前に、「これでは足らないかな」と思って、私はウビンザでセンベ（ウガリを作るトウモロコシの粉）を買い足しておいた。そうでなければ調査の途中で食べつくしてしまっただろう。私が買い足して麻袋に上から追加した分のセンベがなくなると、その下は「ドナ」である。「ドナ」

は玄米のトウモロコシ版と思っていただければ良い。今回は人数が多いので、食費を抑えようと単価の安いドナを買ったのだ。バラムウェジはいつものように下までセンベだと思って毎日を食べ進んでいたが、ある日麻袋からウガリを作る分をお椀ですくい取ると、下の方からドナが出てきたので、がっかりしていた。

夜、シセンシ川上流からチンパンジーの声がした。ングェ川沿いの畑が放棄されて人がいなくなったため、どこかへと姿をくらましていたチンパンジーたちはまたングェに戻ってきつつあった。八月二五日には、実際にチンパンジーに遭うこともできた。

リランシンバでは昨年の夏から一年の間果実センサスを行ってもらったが、それと同じ果実センサスを、これからの一年間はこのウガラのングェでもトラッカーたちに行ってもらう予定である。そのためのトランセクトラインを決め、果実の実り具合などをチェックしてもらう樹木の選定を行った。

そして八月三一日、日本では夏休みの最終日。私たちはングェを後にしてムワミラ村へ出た。ムワミラ村で一泊。ムワミラ村の周囲には平坦な地形が広がっており、ビルなど勿論ない。見上げると、自分の上半分一八〇度に空が広がっている。恥ずかしながら、私はそれまで日本で夜空を見上げても、「天の川（銀河系）」がどれなのかよくわかっていなかった。しかし、その夜、ムワミラ村で夜空を見渡すと、「夏の大三角」が何処にあるからといったことを考えるまでもなく、天の川が文字通り「川」のように見えた。

九月一日、ムワミラ村を出発。九月六日、ダルエスサラームに帰ってきた。

九月一〇日、ドゥバイへ。九月一一日、中部国際空港に帰国。

こうして、私はタンザニア全土のチンパンジー生息地の広域調査に一応の区切りをつけ、この年からは改めてウガラのチンパンジーの生態調査に取り組むことになった。ノートパソコンも調査地まで持っていって使用するようになったので、電源を確保できるようにとソーラー・パネルも購入した。昔と比べると、調査道具も徐々にハイテクになっていった。

コラム⑬……地道にこつこつ糞分析

私が行っている調査は、運よく見つけたチンパンジーを観察することだけではない。ウガラではチンパンジーを観察できる時間はほんのわずかである。それでも研究を進展させていくためには、いろいろと地味な調査もこなさなくてはならない。中でも代表的なのが、糞分析と植生調査である。これらの方法について解説しよう。読者にとってはあまり面白くないだろう。しかし糞分析と植生調査を延々とこなす私はもっと辛かったのである。辛抱して読んでいただきたい。このコラムではまず糞分析。

「糞分析」とは、動物の糞の内容物を調べ、その動物が何を食べたかを明らかにする分析である。動物を直接観察できない場合には古くから行われてきた方法だ。私の場合、まずは見つけたチンパンジーの糞をバラバラにほぐし、肉眼で内容物をチェックする。この時糞の重量なども量っておく。次に、その糞を間隔約一ミリメートルのザルで洗う。このザルはゆでたスパゲティを湯切りする時に使う金網製のザルを想像してもらえば良い。実際スーパーの炊事用品売り場で買ったザルである。ザルの中で糞を洗うと、消化された物は水と一緒に流れていくが、消化されなかった一ミリメートル以上の物はザルに残る。未消化の物とは、果実の種子、植物の繊維、節足動物のクチクラと言われる硬い外骨格部分、脊椎動物の骨などである。それらを一つ一つ記録してゆく。一個の糞中にどの種子が含まれていたかだけでなく、各種子の数や重量（または容量）も記録すると、チンパンジーが食べた物の割合を大雑把にではあるが推定することができる。

チンパンジーは果実を食べる際、果実の中の種子を飲み込んでしまうことがある。もともと果実は、動物に種子を運んでもらうために、植物がわざわざ作りだした部位である。植物は、光合成するために大事な葉は、動物に食べられたくはない。棘をつけたり毒素や消化阻害物質を含ませ、なるべく食べられないようにしている。そんな葉とは対照的に、植物は、果実には栄養を持たせて甘く食べやすくしている。さらに、例えばスイカやイチジクは、小さな種子一粒一粒を果肉から取り除くのが面倒になっている。ウメやモモは、容易には種子から果肉を剥せないようになっている。これらはいずれも果肉と一緒に種子を飲みこんでもらおうとする植物の工夫である。ウガラでも、動物たちに果肉と一緒に種子を飲み込んでもらおうと、さまざまな工夫をこらした果実が実っている。

従って、ある植物の種子が糞中に含まれていれば、チンパンジーがその果実を食べたとわかる。しかし、糞から出てきた種子は、それがどんな植物の種子なのか、最初はわからないことがほとんどである。そこで、調査地をくまなく歩き回り、果実を見つける度に中の種子をチェックする。糞から出てきた物と一致する種子が見つかれば、チンパンジーが食べた果実が一つ判明するというわけだ。

しかし、同じ地域で同じ季節に何百個もの糞を調べていくと、出てくる物はだいたい決まってくる。そうなると糞分析は（少なくとも直接チンパンジーを観察するよりは）単調な作業になっていく。

最近では、糞から出た動植物のＤＮＡを調べてその動植物がどんな種であるかを突きとめたり、安定同位体の比率からどんな物を食べていたかを推測したりする研究も行われている。ただしこれらの分析は、後者はジムたちが試みたことがあるが（Schoeninger et al. 1999）、私たちはまだ行っていない。

第一四章……ウガラのチンパンジーの暮し方

▼ウガラ地域の環境

この章では、ウガラのチンパンジーの調査結果を紹介しよう。

二〇世紀末までウガラのチンパンジーの生態は謎に包まれていた。一九六〇年代には日本人研究者が何度かムパンダロードからウガラに入っていた。一九六六年には伊谷純一郎さんと加納さんがウガラを縦走して遂にウガラ川に到達した。しかし、それ以降には、一九七五年に西田さん、一九八九年にマサウエ、一九九三年にジムがウガラを訪れたのみだった（Massawe 1992; Moore 1994; Nishida 1989）。いずれも短期の滞在だ。そこで、伊谷さんと私が一九九四年からウガラで調査を始め、私は一九九五年にウガラのブカライとングェに数か月間滞在した。加えて二〇〇二年にはアドリアーナが、二〇〇五年からはアレックスとフィオナが、ウガラのイサで調査を行った（Hernandez-Aguilar 2006; Piel & Moore 2007; Stewart 2011）。二〇〇七年からは吉川さんも私たちの調査隊に加わった。そうして徐々にではあるがウガラのチンパンジーの実態がわかってきた。この章では本書執筆現在までの私たち調査隊の研究成果をまとめておこう（伊谷・小川 2003; Ogawa et al. 2007, 2014; 小川 2000a; 小川ら 1999b; 吉川ら 2012）。

改めてウガラを紹介する。ウガラは、東をウガラ川、北をマラガラシ川、西をムパンダロード（ムパンダとウビンザを結ぶ幹線道路）、南をニエンシ川（ニアマンシ川）で囲まれた南緯五度九分〜五七分、東経三〇度二三分〜三一度一分にわたる広大な地域である（Kano 1972; Ogawa et al. 2007）。面積は三三五二平方キロメートル、標高は九八〇〜一七一二メートル。ウガラの北東部ングェは地形図上では一応トングェ東森林保護区となっているが、ウガラ全体が国立公園やゲームリザーブになっているわけではなく、動植物が十分保護されているわけではない。

年間降水量は九八〇ミリメートル（七五〇〜一三五〇ミリメートル）。これはウガラ北西端の街ウビンザの一九七三年から二〇〇五年までの記録である。ウビンザには二か所に気象観測所があり、そこで毎日測られている雨量の記録を見せてもらった。便宜上一年を均等に二分して、一一月から四月までの六か月間を雨季、五月から一〇月までの六か月間を乾季と呼ぼう。すると、雨季の各月の平均降水量は一四八ミリメートルであるのに対し、乾季の各月の平均降水量は二一ミリメートルしかない。また、移行期ともいえる五月と一〇月を除くと、六月から九月までは雨はほとんど降らない。特に七月と八月は、ウビンザの観測所での三一年間の記録のうち一六年間で、雨がまったく降っていない。年間降水量が九八〇ミリメートルということは、乾燥疎開林地帯とはいっても、沙漠のように雨が降らないわけではない。だが年間降水量だけが乾燥の度合いを測る指標ではない。ウガラでは雨の降らない乾季が非常に長い。この点がチンパンジー生息地の中で際立っているのだ。長い乾季に地形と地質の影響も加わって、ウガラでは（ウガラ川本流とマラガラシ川本流を除いて）大半の川は乾季の終わりまでに干上がってしまう。こうした点においてウガラはチンパンジーの生息地のうちで最も乾燥した地域の一つと見なされている。

ウビンザの二か所の観測所では気温は記録していない。そこでタンガニイカ湖に面したキゴマの飛行場での一九九三年から一九九七年までの観測記録を見せてもらうと、月平均最高気温は乾季に三一℃を記録し、最低気温も乾季に一六℃を記録していた。ウガラは、キゴマより標高が高いため夜はもっと冷え込むが、内陸になるために日中はもっと暑くなる。ウガラ西部のイサでは一年間の気温の記録がある。アドリアーナが二〇〇二年の八月から二〇〇三年の七月に滞在した時に記録したものである（Hernandez-Aguilar 2006）。それによると、各日の最高気温の平均は八月に三四℃と最高になり、最低気温の平均は七月に一四℃と最低になった。それに対して、各日の最高気温の平均が最低の二八℃だったのは一一月であり、最低気温の平均が最高の一七℃になったのは一月だった。雨季より乾季の方が一日の寒暖差が激しくなるようである。

湿度については年間を通した記録はないが、ングェのキャンプ地で乾季と雨季それぞれ一〇日間あまりの記録がある。金田君と飯田さんがトラッカーのヌフやバラムウェジに頼んで毎日七時、一〇時、一四時、一八時に湿度を測ってもらった。それによると、雨季の湿度は常緑林で平均七七・三%、疎開林で七七・四%だった。一方、乾季の湿度は常緑林で四六・七%、疎開林で四三・六%だった。

ウガラの植生は、サバンナ・ウッドランド、常緑林、草地の三つに分けられる。このうち面積の大半を占めるのは、タンザニア西部に広く広がるサバンナ・ウッドランドだ。本書では乾燥疎開林または単に疎開林と呼んでいる。二〇〇一年と二〇〇二年に撮影された衛星画像によると、面積の八六%は疎開林が占めており、常緑林はわずか二%、草地は一二%を占めるにすぎなかった。以降の分析では、疎開林の面積割合にはこの八六%を使うことにする。なお、実際にウガラで行った植生調査の結果でも、面積の八三%は疎開林が占めており、常緑林は四%、草地は一二%を占めるにすぎなかった。これは幅四メートル×距離四キロメートルのトランセクトライン四本の面積を基に計算している。分析では四メートル×五〇メートル内に胸高直径五センチメートル以上の樹木が一本も生えていなかった区画を草地として計算した。なお、タンザニア西部には竹林が広がっている地域もあるが、ウガラには竹林はほとんどない。

乾燥疎開林は、樹高約二〇メートルの高木層一層で形成され、樹木密度は常緑林より低い。そのため樹間距離は長く、林冠は開いている場所が多い。乾季には多くの樹木は落葉し、まるで日本の冬の落葉樹林のような景観となる。木々の下にはC４植物のイネ科やカヤツリグサ科の草本が生えている。これが熱帯多雨林や疎開林地帯内の常緑林などのいわゆる「森」とは大きく異なる点である。疎開林には現地で「ミオンボ」と呼ばれるマメ科のブラキステギア属の樹木（*Brachystegia* spp.）とジュルベルナルディア属の樹木（*Julbernardia* spp.）が優占している。ウガラの疎開林中でも起伏に富んだ地形には、「ムバ」と呼ばれる樹木（*Brachystegia bussei*）が優占する疎開林が広がっている。

ウガラでも川辺などには常緑林が発達する。常緑林はさらに三つに分けられよう。「カバンバジケ林」と「渓谷林」と「平坦な川辺林」である。ウガラ南西部には海抜約一六〇〇メートルの平坦な台地が西から続いている。ここから始まる幾つもの支流は、高度約一一〇〇メートルの平地を経て、北方のマラガラシ川や東方のウガラ川に流れ込む。この高度の異なる二つの平坦な地形の間は断崖や急斜面となっており、斜面に谷が深く刻まれている。そうした谷には比較的深くて幅の広い「渓谷林」が発達している。斜面に発達する渓谷林の優占種は「カバンバドゥメ」と呼ばれる樹木（*Julbernardia unijugata*）である。また、谷の源流部にある崖の直下にもある程度水が貯まるので、そうした場所にも小さなパッチ状の常緑林が形成される。三〇〇〇平方メートル余りの小さな林だ。それらの常緑林は「カバンバジケ」と呼ばれる樹木（*Monopetalanthus richadsiae*）が高木層のほとんどを占める。こうした常緑林を「カバンバジケ林」と呼んでいる。収斂現象なのであろうか。「カバンバドゥメ」と「カバンバジケ」は、葉や枝ぶりがそっくりな形をしている。

斜面の谷沿いには深くて幅広い渓谷林が発達するのに対し、平坦地の川沿いに形成される川辺林の幅はせいぜい五〇メートルである。こうした「平坦な川辺林」は、川に沿って途切れ途切れに存在するのみで、川辺林が途切れて草地になっている川辺も多い。

常緑林となった場所以外の川辺は、イネ科や、カヤツリグサ科のパピルスなどの草本が優占する草地となっている。こうした草地は雨季にはスワンプ（湿地草原）となる。一方、台地上には岩が露出した乾いた草地があり、「ムスワキ」（スワヒリ語で歯ブラシの意味）と呼ばれる奇妙な形の植物（*Xerophyta spekei*）が生えるのみの場所も多い。

▼ウガラのチンパンジーの生息密度、生息頭数と行動域面積

ウガラのチンパンジーの生息密度、生息頭数、行動域面積などを紹介していこう（Ogawa et al. 2007, 2014; 小川 2000a; 小川ら 1999b）。

乾燥疎開林地帯のチンパンジーは、熱帯多雨林のチンパンジーよりも、低い密度で生息し、大きな行動域を持つ。疎開林地帯の中でもウガラは、チンパンジー分布域の東限であり、最も乾燥して開けた生息地の一つである。そんなウガラのチンパンジーは、際立って低い密度で生息し、広大な行動域を持つと考えられてきた。

加納さんは、一九六〇年代に自らが行った調査に基づき、ウガラのチンパンジーの生息密度、生息頭数、行動域面積を次のように推定した（Kano 1972）。

生息密度の推定値は発見したベッド数からの計算に基づいている。一頭のチンパンジーは一日に約一個のベッドを作る。もしチンパンジーのベッドが一日で消滅するなら、チンパンジーの生息密度（単位面積あたりの生息頭数）はチンパンジーのベッドの密度に等しい。［チンパンジーの生息密度］＝［存在ベッド数÷調査面積］である。しかしベッドの寿命（ベッドが作られてから、ベッドの骨組までも崩れ去ってなくなるまでの日数）は一日ではないから、［チンパンジーの生息密度］＝［存在ベッド数÷（調査面積×ベッドの寿命日数）］である。また、調査ではすべてのベッドを発見できるわけではない。［発見ベッド数］＝［存在ベッド数×発見率］だから、［存在ベッ

ド数］＝［発見ベッド数÷発見率］である。それから、［調査面積］＝［センサスラインの距離×幅］である。よって、［チンパンジーの生息密度］＝［（発見ベッド数÷発見率）÷（センサスラインの距離×幅×ベッドの寿命日数）］となる。

加納さんはウガラ地域を二五〇キロメートル縦走し、それだけの距離を歩く間に三五〇個のベッドを発見した。「自分が歩いたルートから七〇メートル以内に存在したベッドのおよそ七〇％は発見できていただろうし、ベッドの寿命はおよそ一八〇日程度だろう」と加納さんは考えた。とすると、ウガラ地域のチンパンジーの生息密度は、先述の計算式に当てはめて、［（三五〇÷〇・七）÷（二五〇×〇・〇七×二×一八〇）］＝〇・〇七九、即ち一平方キロメートルあたり約〇・〇八頭のチンパンジーが生息していると算出できる。

この生息密度はベッドの数に基づいている。従って、母親と一緒のベッドに泊る約四歳未満の個体は勘定に含まれていない。特に断らない限り、これ以降もベッドの数に基づく推定には約四歳未満の個体は含まれていないと考えていただきたい。

加納さんはウガラ地域の面積を二八〇〇平方キロメートルとしたので、このウガラにチンパンジーが一平方キロメートルあたり〇・〇八頭という密度で生息するならば、総頭数は二八〇〇×〇・〇八＝二二四頭、およそ二〇〇～二四〇頭となる。仮にウガラのチンパンジーが、タンザニアの他の地域のチンパンジーと同程度に、四〇頭前後の単位集団を形成しているならば、ウガラには五～六単位集団が生息していることになる。従って、ウガラの総面積を単位集団の数で割ると、一つの単位集団は四七〇から五六〇、約五〇〇平方キロメートルという広大な行動域を持つと推定されるわけだ（Kano 1972）。

「他の地域のチンパンジーでは隣接する単位集団の行動域が二五～五〇％重複していることを考慮すると、ウガラのチンパンジーは七〇〇～七五〇平方キロメートルもの行動域を持つのではないか」とさえ、伊谷純一郎さんは述べている（Itani 1979）。

一九九〇年代に私が行ったベッドセンサスでも、ウガラのチンパンジーの生息密度は一平方キロメートルあたり〇・〇八頭となった（Ogawa et al. 2007）。

私は一九九五年から一九九七年にかけてウガラを二九八・二キロメートル歩いてベッドセンサスを行い、そのライン上から四五五個のベッドを発見した。このセンサスには、チンパンジーを探したり、チンパンジーのベッドが多くありそうな場所を選んで歩いたりした場合は含めていない。また芋蔓式に発見したベッドは含めていない。発見したベッドの下まで行ってみると、センサスラインからは見つけていなかったベッドがさらに見つかることがある。そのように見つかったベッドは含めていない。

センサスラインから七〇メートル離れた先にベッドを発見したこともあった。しかし、センサスラインからベッドまでの垂直距離を逐一記録していきそれらを後で整理してみると、センサスラインから離れるにつれて発見されたベッドの数は減っていくことがわかる。センサスラインの遠くにあるベッドは発見しにくいからだ。センサスラインからの距離と発見ベッド数の描くカーブから判断すると、センサスラインから三五メートル以内に存在していたベッドはほぼすべて発見できていたと考えられた。そこで、センサスラインから片幅三五メートル以内に見つかったベッドだけを数え直すと、発見したベッドの数は四一三個だった。即ち、踏査距離二九八・二キロメートル×幅七〇メートルの範囲内には、四一三個程度のベッドが存在していたと考えられた。

二〇〇七年に掲載された論文では、私はベッドの寿命に二六〇日を使用した（Ogawa et al. 2007）。ベッドの寿命、即ち新しく作られたベッドがなくなるまでの日数は、ングェ川近くのキサト村に住むトラッカーのアルファーニに記録してもらった。私が一九九九年の夏に発見した新しいベッドのその後の消息を、キサト村から何度かングェに通ってチェックしてもらったのである。できれば自分自身で確認したかったが、ベッドがなくなるまで私自身がずっとタンザニアに滞在し続けることは日程的に無理だったからである。その結果、常緑樹のカバンバドゥメに作られた一〇個のベッドは、ベッドが作られてから平均二六〇日でなくなっていた。（後述するように、チンパンジーはカバンバドゥメに多くのベッドを作る。）疎開林の落葉樹に作られたベッドは、残念ながら平均何日でなくなるとまでは明らかにできなかったが、常緑樹のカバンバドゥメよりも長く残っていた。従って、ウガラにおけるチンパンジーのベッドの平均寿命は、少なくとも二六〇日であると考えられる。それまでに行われていた調査では、熱帯多雨林におけるベッドの寿命はせいぜい一〇〇日程度である。それに比べて疎開林地帯に作られたベッドは非常に長い間崩壊せずに残るわけである。

なお、ベッドの寿命は、二〇〇八年から二〇〇九年にかけて再度トラッカーに調べてもらった。アルファーニは既にウガラから引っ越してしまっていたので、エマやバラムウェジたちに二週間に一度村からングェまで自転車でベッドを確認しに行ってもらった。その結果、常緑林に作られたベッドは平均二九〇日間、疎開林に作られたベッドは平均三五八日間以上残っていた。だが、ウガラのチンパンジーのベッド寿命がこんなにも長いということは、十分なサンプルを使った厳密な調査結果を示さないと、なかなか信じてもらえない。論文ではベッド寿命として控えめに二六〇日を使用した。

そうして発見したベッド数やベッド寿命などの数値を先述の計算式に当てはめると、［チンパンジーの生息密度］＝［（発見ベッド数÷発見率）÷（センサスラインの距離×幅×ベッドの寿命）］＝［（四一三÷一・〇）÷（二九八・二×〇・〇三五×二×二六〇）］＝〇・〇七六、即ちウガラには一平方キロメートルあたり約〇・〇八頭のチンパンジーが生息していると推定できた（Ogawa et al. 2007）。

生息密度の推定について少し補足する。私たちは二〇〇八年にも改めて密度推定を行った。その際には、「ディスタンス」という動物の生息密度を推定するため専用のコンピュータ・プログラムを使用した。ディスタンスでは「センサスラインから何メートル内にあったベッドの発見率を何％とする」という算出方法は使っていない。ではどうするのかと言うと、要はセンサスラインから遠くなるにつれて低くなっていくベッド発見率のカーブの具合から、実際に存在したベッド数を推測するのだと考えてもらえば良い。その結果では、ウガラのチンパンジーの生息密度は、九五％の確率で一平方キロメートルあたり〇・〇七頭と〇・一八頭の間の値であり、最も確からしいのは一平方キロメートルあたり〇・一〇頭となった（Yoshikawa et al. 2008）。

生息密度の推定には、以前からあったベッドにすべてマークを付けておき、ある日以降から一定期間内に作られたベッドを数える方法もある。この方法ならベッドの寿命日数を使わずに済む。二〇〇八年にこの方法で調べてみると、一八〇日の間に三六個のベッドが五キロメートルのセンサスラインに加わっていた。このデータを使ってディスタンスで計算してみると、ウガラのチンパンジーの生息密度は一平方キロメートルあたり〇・〇九頭（九五％の確率で〇・〇五～〇・二四頭の間の値）となった（Yoshikawa et al. 2008）。ベッドの寿命に二六〇日を用いて算出した値とほぼ同じである。（この点から考えても、ウガラのベッド寿命が二六〇日というのは、見当はずれな値ではないことがわかる。）

結局、一九九〇年代におけるウガラのチンパンジーの生息密度は、三つの方法による値でいずれも一平方キロメートルあたり〇・〇八～〇・一〇頭となった。この章では二〇〇七年に掲載された論文に載せた一平方キロメートルあたり〇・〇八頭という推定値を使って話を進める（Ogawa et al. 2007）。

熱帯多雨林に生息するチンパンジーの生息密度は、（人間によって自然が攪乱された場所を除くと）一平方キロメートルあたり〇・二〇頭以上である。ウガラと同じタンザニアの疎開林地帯にあっても、常緑林を多く含む地域で暮すチンパンジーの生息密度はもっと高い。ゴンベでは一平方キロメートルあたり一・二九～一・九三頭、マハレでは一平方キロメートルあたり一・〇〇頭と推定されたことがある（Goodall 1968; Nishida 1968）。それらと比べウガラのチンパンジーの生息密度はかなり低いといえる。

加納さんが推定した一九六〇年代の生息密度と、私が推定した一九九〇年代の生息密度は、どちらも一平方キロメートルあたり〇・〇八頭という値になった。ということは、ウガラのチンパンジーの生息密度は、一九六〇年代から一九九〇年代に至るまで変化しなかったのだろうか。二つの推定値は、算出方法が若干異なるため、直接比較することはできない。そこで発見したベッド数を直接比べてみよう。加納さんは二五〇キロメートルのライン上から三五〇個のベッドを発見した。それに対して、私は二九八・二キロメートルのライン上から四五五個のベッドを発見した。この発見ベッド数の頻度は統計的に有意な違いがなかった。従って、ウガラのチンパンジーの生息密度は、一九六〇年代から一九九〇年代まで増減しなかったと考えられる。

後述するように、(国立公園内を除き)タンザニアのウガラ以外の地域のチンパンジーの一九九〇年代の生息密度は、一九六〇年代と比べて激減していた(Yoshikawa et al. 2008; Ogawa et al. 2013)。それらの地域では、樹木の伐採が頻繁に行われ、耕作地も急速に広がり、チンパンジーの生息環境は悪化している。また密猟によっても多数のチンパンジーが殺されている。そうした地域に比べると、ウガラには(少なくともこれまでは)それほど多くの人の手が入ってこなかった。ウガラのチンパンジーの生息密度が一九六〇年代から減少せずにすんだのは、その点が幸いしたのだろうと思われる。

生息密度を基に計算すると、生息頭数と行動域面積はどうなるか。ウガラ地域の面積を改めて算出すると、三三五二平方キロメートルになった。もしウガラのチンパンジーが一平方キロメートルあたり〇・〇八頭という生息密度で暮しているなら、ウガラには三三五二×〇・〇八＝二六八・一六頭、およそ二〇〇〜三〇〇頭のチンパンジーが生息していると考えられる。

私がウガラで出遭った中で最も大きかったサブグループは一四頭のチンパンジー(母親と一緒に眠る幼少個体を除くと一二頭)からなっていた。見つけたベッドの集まりで最も大きかったのは二三個である。最も大きなサブグループは、ゴンベでは単位集団の六四％（Teleki 1977）、カサカティでは七三％（Izawa 1970）の個体を含んでいたことを考慮しても、ウガラの単位集団のサイズはせいぜい三〇～三五頭ではないだろうか。とすれば、ウガラには八～九群の単位集団が生息していることになる。もしこれらの単位集団が三三五二平方キロメートルというウガラ地域に住んでいるならば、各単位集団の行動域の平均は、やはり約四〇〇平方キロメートルという広大なものになる。

この約四〇〇平方キロメートルという行動域は、熱帯多雨林のチンパンジーの行動域よりもずっと大きい。乾燥して開けた他の地域のチンパンジーの行動域と比べてもやはり大きい。タンザニアの疎開林地帯であるカサカティのチンパンジーの行動域は昔一二〇～二〇〇平方キロメートルと推定されている（Izawa 1970; Suzuki 1969）。また、アフリカにおけるチンパンジーの西側の辺境地帯、セネガルのアシリク山では、チンパンジーの行動域は二七五～三三八平方キロメートルと推定されている（Baldwin et al. 1982; Tutin et al. 1983）。従って、ウガラのチンパンジーの単位集団が持つ行動域は、チンパンジーの中で最大級である。

どんな要因が、ウガラのチンパンジーの生息密度をこれほど低くし、行動域をこれほどまで大きくしているのだろうか。生息密度に影響を与える要因の一つは、食物の現存量とその分布様式である。疎開林地帯における単位面積あたりの果実生産量は、熱帯多雨林に比べて少ないに違いない。それらの果実をチンパンジーがすべて独占できれば話は別であるが、他の霊長類や様々な哺乳類や鳥類だって同じ果実を食べる。そうした動物たちの生息密度は熱帯多雨林の方が高いかもしれないが、疎開林地帯にも結構多くの動物が生息している。同じ食物を巡る競合の結果、チンパンジーが獲得できる食物の量が少なくなれば、チンパンジーの生息密度は低くなり、行動域は大きくせざるを得ないだろう。

生息密度の低さには、捕食圧も影響しているかもしれない。熱帯多雨林にもヒョウは生息するが、疎開林地帯にはヒョウに加えてライオンやハイエナもいる。捕食圧の影響は熱帯多雨林より疎開林地帯の方が強いだろう。

ただし、仮に捕食者が生息していなかった場合と比べて、これらの捕食者がどの程度チンパンジーの生息密度を低下させているかを実際に算出することは難しい。

ウガラのヒヒたちはどのような生息密度や行動域で暮していたのだろうか。一九九九年には私はウガラのングェでヒヒたちの調査も行った（小川 2000b）。その時得られた結果はごく平凡なものであった。ングェのキャンプ地周辺約三〇平方キロメートルの範囲内には、複雄複雌群（オスも複数、メスも複数いる群れ）が五群生息していた。（複雄複雌群の他に、少なくともオス二頭によるオスグループが一群いるようだった。）生息密度は一平方キロメートルあたり四・九頭、群れの密度は一平方キロメートルあたり約〇・一七群となった。群れのサイズは、平均三三・三頭。その構成はオトナオスが平均六・〇頭、オトナメスが平均一三・三頭、母ザルに運ばれている個体が平均一・八頭、他の未成熟個体が平均一二・三頭だった。各群はおよそ五平方キロメートルの行動域を持っていた。こうした値を他の地域のヒヒと比べてみると、ヒヒにとってウガラは他の地域とたいして変わらない生息地の一つであるらしい。

それに対して、チンパンジーにとってウガラは極限の生息地であり、生息密度は低く行動域は広大になる。ウガラのような低い生息密度と広い行動域で暮すことは、チンパンジーとしてはおそらくこれが限界なのではないだろうか。そのためにウガラがチンパンジー分布の端になっているのかもしれない。

▼ウガラのチンパンジーのサブグルーピング

チンパンジーは、他の多くの霊長類と異なり、一つの単位集団のメンバーが常に全員一緒に遊動するわけでない。単位集団のメンバーは、普段は様々な大きさ（頭数）の様々な性年齢構成のサブグループ（「パーティー」とも呼ばれる）に分かれて遊動している。そうしたサブグループが時には集まったり、時には分かれたりしながら遊動する離合集散型の社会をチンパンジーは形成しているのだ。チンパンジーのサブグループの大きさには、捕食圧や食物パッチの大きさや発情メスの数などが影響すると言われている。私はウガラのチンパンジーのサブグルーピングについて分析してみた。

その結果、ウガラのチンパンジーのサブグループは、他の地域よりも小さかった。乾季より雨季にはさらにそのサブグループは小さくなった。また、日中と比べると夜間には比較的大きなサブグループを形成していた（伊谷・小川 2003; Ogawa et al. 2007; 小川 2000a）。詳細を説明しよう。

一九九五年から二〇〇三年までのデータを整理してみると、私たちは緑の葉が少なくとも一部残っているベッド（即ち最近に作られたベッド）の集まりを一四六群記録していた。そのデータによると、ベッドの集まりの大きさ（ベッドの個数）、即ちある晩に一緒に泊ったチンパンジーの頭数は平均五・四頭（一〜二三頭）だった。また、私たちはのべ七四頭のチンパンジーに出遭っていた。この直接観察によるデータによると、サブグループの大きさは（母親と一緒に眠る幼児個体を除き）平均三・三頭（一〜一二頭）だった。

疎開林地帯ウガラには、チンパンジーを捕まえて食べる大型肉食獣が生息している。ライオンもヒョウも実際にチンパンジーを捕食することが各地で確かめられている。熱帯多雨林にはいないが、疎開林には生息するブチハイエナやリカオンも、潜在的にはチンパンジーの捕食者に含められよう。こうした大型肉食獣が生息しているため、チンパンジーにとって疎開林地帯は熱帯多雨林よりも危険な環境だと考えられる。

疎開林地帯の中でも、特に草地と疎開林は常緑林より危険な環境である。草地には、肉食獣に襲われた時に逃げ登ることのできる木が生えていない。疎開林でも、木と木の間は何メートルも空いている。地上にいる時に肉食獣に襲われたら、チンパンジーは自分から最も近い所にある木の上に逃げようとするだろう。だがその木に走りつく前に捕まってしまうかもしれない。また、常緑林と違って、草地と疎開林の林床にはイネ科の草本が生えているから、見通しが悪い。肉食獣は、そうした草本に隠れて獲物の近くに近づける。さらに、チンパンジーがなんとか木の上に逃げたとしても、ウガラの疎開林はそれほど樹高が高くない。熱帯多雨林の巨木などとは違い、ヒョウはもちろんライオンだってかなり上まで登って来るだろう。しかも、疎開林は林冠が空いている所が多いので、チンパンジーは枝を伝って隣の木へと移動して逃げきることができない。

疎開林が面積の大半を占めるウガラで生き残ってゆくためには、チンパンジーはできるだけ大きなサブグループで活動する方が安全であろう。

大きな集団を作る利点はたくさんある。一つは自分が食べられる危険を減らせることである。何頭で一緒にいようが捕食者に見つかる頻度が同じだとしたら、大勢でいる時にはその中で自分自身が犠牲になる確率は低くなる。もし自分が一頭だけでいる時に捕食者に見つかったら、捕食者は自分を襲ってくるに決まっている。しかし、三頭でいる時に捕食者に出くわした場合には、自分が狙われる確率は大雑把には三分の一になる。端にいる個体の方が狙われやすいだろうから、自分自身が狙われまいとして皆が仲間たちの間に位置しようとすれば、複数の個体が集まって自然と密集した集まりができ上がっていくだろう。また、何頭かでいれば、その分だけ目の数が増えるわけで、捕食者を発見しやすくなる。それに、グループ内にオトナオスのチンパンジーが何頭もいれば、ヒョウだって襲いかかるのは躊躇するだろう。襲ってきたのがライオンの場合には、実際にライオンと戦って対抗するのは難しいかもしれない。しかし、一頭だけでいるよりは、何頭かでいれば、ライオンにだって襲われにくくなるかもしれない。

大きな集団でいることは、自分が食べられないようにするだけでなく、自分自身がたくさん食べる上でも有利に働く場合がある。大勢でいれば、捕食者を見つける目の数だけでなく、食べ物を見つける目の数も増える。捕食者が近くにいないかどうかを警戒して周りを頻繁に見回す必要が減る。その分の時間を採食や他の活動にまわすこともできる。また、目の数だけでなく頭の数も増えるわけだから、知識の量も増える。例えば、「今あそこへ行けば果実が実っているはずだ」ということをよく知っている個体について行って、食べ物にありつくこともできるだろう。さらに、大きな集団でいれば、例えば同じく集団でやってきたヒヒや他の単位集団のチンパンジーを、採食場所から追い払うこともできよう。ウガラの場合はチンパンジーの単位集団間の争いがどのようなものであるのかはよくわからない。しかし、多くの霊長類が群れを形成して暮す大切な理由の一つは、同じ食物を食べる動物（例えばニホンザルなら他の群れのニホンザル）に良い場所を奪いとられてしまわないように、一緒になわばりを防衛するためである。

このように、大きな集団を作ることは、野生動物に様々な利益をもたらしてくれる。

だが、ウガラのチンパンジーのサブグループの大きさは、平均わずか三・三頭。ベッドの集まりから推定しても平均わずか五・四頭だった。それに比べてングェのヒヒの群れの大きさは平均三三・三頭である。ヒヒたちはウガラでもチンパンジーよりずっと大きな集団を形成していた。チンパンジーは何故もっと大きなサブグループを作らないのだろうか。

実は、大きな集団を形成することには、多くのメリットがある一方で、ディメリットも存在する。大きな集団でいれば、例えば良い採食場所を巡って他の集団を圧倒することはできるが、今度は自分の属する集団内での競争が厳しくなってくるのだ。

チンパンジーは霊長類の中ではかなり体の大きな動物である。また、ヒヒやサバンナモンキーらと比べ、熟した果実に頼る度合が大きい。従って、大きなサブグループで採食をしようとすると、いろいろと困った事態が発生する。例えば、果実が実っている木に大きなサブグループで到着しても、全員がゆっくり食べるだけの場所がないかもしれない。また、熟している果実がそれほど多くないと、それらを食べつくしてしまえば、別の木に移動しなくてはならなくなる。大きなサブグループで一日を過ごそうとすると、果実の実った木を数多く訪れる必要が生じる。そうするためには長い距離を移動しなくてはならなくなる。長い距離を移動するには、時間もかかるし、エネルギーも消費する。

乾燥疎開林地帯のウガラでは、熱帯多雨林と比較すると、チンパンジーの食物は乏しく分散している。また、ウガラの場合、チンパンジーが好んで食べる果実や実をつける樹木は、大木というほどではない。一本がかなり多くの食物をチンパンジーに提供してくれる樹種が例外的にないわけではない。びっしりと果実をつける「ムルンバ・ポリ」と呼ばれるイチジクの仲間（*Ficus* spp.）や、食べられる種子を大量に作って地面に落とす「ムクルング」と呼ばれる木（*Pterocarpus tinctorius*）などである。しかし、他の多くの樹木は、その木の下や樹上でせいぜい数頭のチンパンジーが同時に採食できる程度の大きさだ。ウガラでは、熱帯多雨林よりも、大きなサブグループで採食をすることに伴うコスト（マイナス面）が大きいに違いない。

なお、ヒヒは、ニホンザルの仲間たちと同じように、頬袋（ほおぶくろ）を頬の内側に持っている。彼らは、採食場所で手に取った果実をすばやく口に入れ、たくさんの果実を頬袋に詰め込む。そうしておいて、採食場所から移動した後に、詰め込んでおいた果実をゆっくりと食べることができる。また、チンパンジーと比べると、ヒヒはまだ熟していない果実もよく食べる。ヒヒたちの群れがあまりサブグループに分かれずにメンバー全員が一緒に遊動しても十分食べていけるのは、この点も関係しているのだろう。

一方、チンパンジーは、頬袋を持っていないし、熟していない果実はあまり食べない。そのためヒヒのような真似はできない。ウガラのような環境で上手く食べていくためには、チンパンジーは小さなサブグループに分かれた方が良いのだろう。

以上のように、サブグループを大きくすることのコストとベニフィット（ディメリットとメリット）が混在する結果、乾季のウガラのチンパンジーは小さなサブグループで毎日を過ごしているらしい。

私たちは季節によるサブグループの大きさの変化も調べてみた（伊谷・小川 2003）。一九九五年から二〇〇三年までのベッドのデータを整理してみると、乾季のサブグループの大きさは平均五・六頭（一～二三頭）であったのに対し、雨季のサブグループの大きさは平均二・九頭（一～八頭）と小さかった。この差は統計的に有意であること（偶然ではないこと）を確認した。また、直接観察のデータを整理してみても、乾季のサブグループの大きさは平均五・三頭（一～一二頭）であったのに対し、雨季のサブグループの大きさは平均二・六頭（一～六頭）と小さかった。この差も統計的に有意であることを確かめた。即ち、ウガラのチンパンジーは、雨季には乾季よりも小さなサブグループを形成していたのである。

チンパンジーの食べ物の量は季節によって増減する。後述するように、ウガラではチンパンジーが好んで食べる果実は乾季より雨季の方が少ない。吉川さんとトラッカーたちが記録したデータによると、ウガラでは熟した果実は雨季の前半に最も少なくなっていた。それに対して、乾季前半には幾種ものマメ科の樹木がつけるまだ固くなる前の豆（レギューム）をチンパンジーは食べられるし、乾季後半には疎開林に比較的多くの果実が実っている。

ウガラのチンパンジーは、比較的食物が多い乾季には大きなサブグループを形成し、食物が少ない雨季にはサブグループを小さくしていた。彼らは食物の季節変化に合わせてサブグループの大きさを調節していたようである。

さらに私たちはウガラのチンパンジーの一日の間のサブグループの大きさの変化も分析してみた（Ogawa et al. 2007）。

一九九五年から二〇〇三年までのデータを整理すると、私と伊谷さんは一九群のサブグループ、のべ七四頭のチンパンジーに出遭っていた（Ogawa et al. 2007）。（もちろん私たちは二〇〇三年以降もデータを集め続けているが、

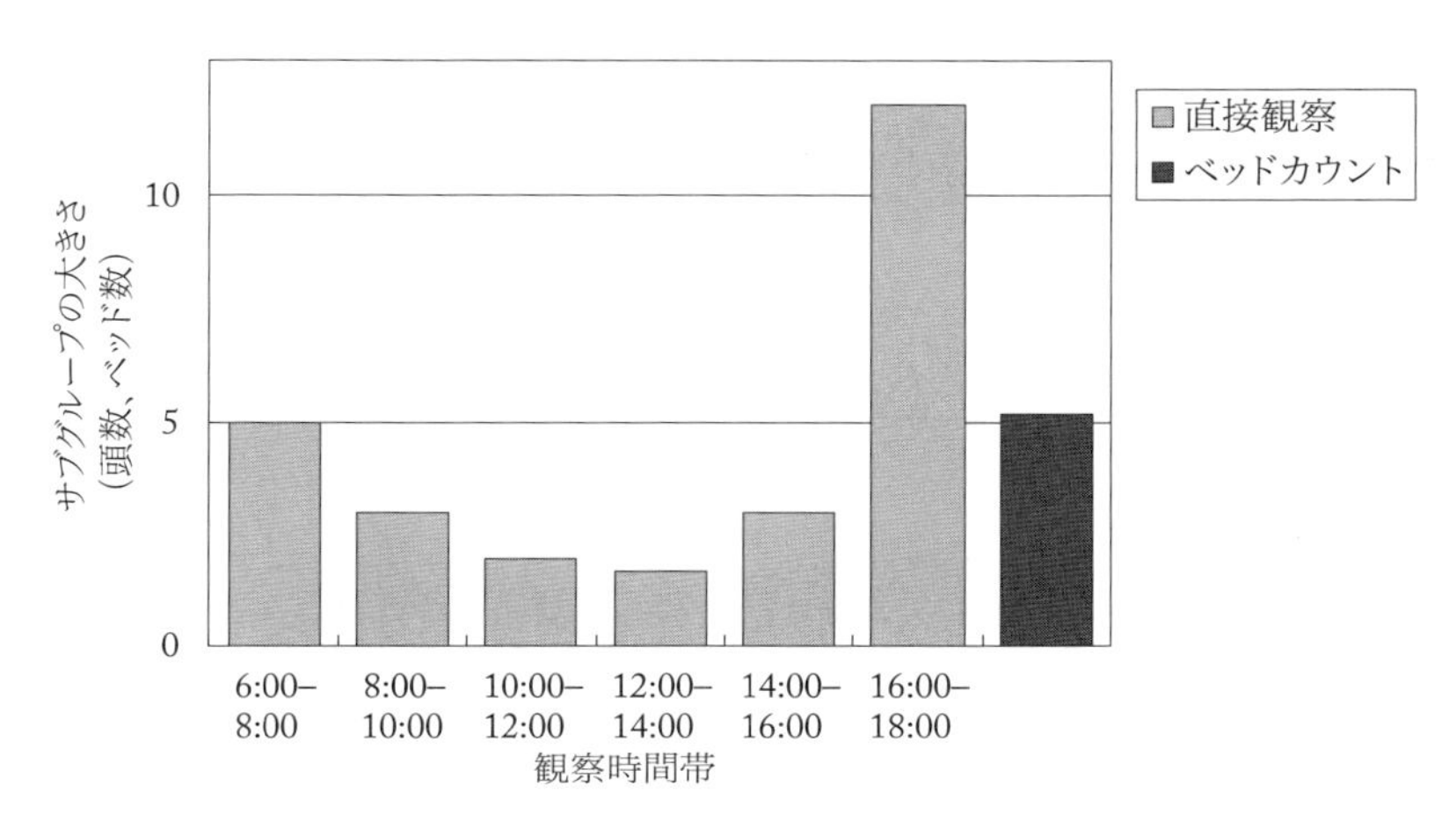

図14.1　ウガラのチンパンジーのサブグループの大きさの一日の変化

ここでは二〇〇七年に掲載された論文に使った数値で話を進める。）そのうちのべ一一頭は自分ではベッドを作らずに母親と一緒に眠る年齢の個体であったから、後でベッド数と比較するために分析から除こう。すると、サブグループの大きさは、平均三・三頭（一〜一二頭）となった。

私はサブグループの大きさを、チンパンジーを発見した時間帯によって分けて整理してみた。すると、早朝に発見したサブグループは比較的大きかったが、日中に発見したサブグループはそれよりも小さく、夕方に発見したサブグループは再び日中よりも大きくなっていた（図14.1）。発見したサブグループを折半すると、朝九時三〇分までと夕方五時以降に発見したサブグループの大きさは平均四・八頭（一〜一二頭）だったのに対し、朝九時三〇分から夕方五時までの日中に発見したサブグループの大きさは平均二・〇頭（一〜四頭）と小さかったのである。この差は統計的に有意であること（偶然ではないこと）を確認した。

また、一九九五年から二〇〇三年までに見つけた五六三個のベッド（最近に作られたベッドに限る）を調べてみると、同日に一か所に作られたベッドの集まりは平均五・四個（一〜二三個）からなっていた。前夜に作られたベッドの集まり一〇群に限って整理してみても、そのベッド数は平均五・二個（一〜一九個）だった。このベッド数を、朝夕を除く日中のサブグループの大きさ（平均二・〇頭）と比べても、その差は統計的に有意であることを確かめた。即ち、ウガラのチンパンジーは、日中には小さなサブグループを形成し、夕方から翌朝にかけては日中より大きなサブグループを形成していたのである。

夜眠る時には、昼間のように採食のために小さなサブグループになる必要はない。安全のために、できるだけ大きなサブグループを形成した方が良いだろう。そこで、ウガラのチンパンジーは、日中は（危険な動物に対抗するために最低限のサイズを維持しつつも）一日で移動できる範囲内で十分な食物を確保できるような小さなサブグループに分かれて遊動し、それが夜には安全の確保のために再び大きなサブグループを形成して眠っていたのだと考えられる。

だが、夜には日中より大きなサブグループになるといっても、彼らは一度別かれた仲間とどのようにして再会するのだろうか。ウガラのチンパンジーは、非常に低い生息密度で、広大な行動域を持って暮している。それは、平均して一〇平方キロメートル内には自分一人しかいないほどの低密度であり、単位集団の行動域は二〇キロメートル×二〇キロメートル四方ほどもある。でたらめに探していたのでは、会いたい仲間に出遭うことは至難の業に思われる。

私はオスとメスのチンパンジーが二頭でいるのをウガラなどでしばしば見かけている。他の地域でもチンパンジーは発情して性皮を膨らませたメスが特定のオスと「コンソート」と呼ばれる「恋人」関係を形成する。一度別れてしまったらそう簡単には出遭えないウガラでは、コンソート関係にあるオスとメスはより一緒に遊動する傾向があるのかもしれない。

それに対して、子供連れのメスは、それぞれ自分の気に入った川の水系に住み着いている気がする。広域を歩いてゆくと、ある川の川辺林で子供連れのメス、次の川には別の母子を見るといったことがよくあるからだ。（ただし、全体の観察数が少ないので、強くは主張できないのがくやしいしい所である。）

では、一度別れてしまったチンパンジー同士は、どのようにして再会するのか。その点では、ウガラでは泊り場にできる場所が限られていることは、かえって都合が良いはずだ。特に乾季には落葉樹は葉を落とすので、常緑林にしかベッドに使う葉が茂っていないからだ。さらに、チンパンジーが泊り場に使った場所を翌年訪れてみると、以前と同じ場所にまたベッドを作っていたことが度々あった。どこにでも葉がある常緑林の中にあっても、特定の場所が何度も泊り場として使われているのである。そうした場所は、日中に別々のサブグループに分かれていたチンパンジーたちがこの広大なウガラで再び出遭い、翌日のサブグループの構成を再編成するためのミーティングポイントとしても機能しているのかもしれない。

さらに話を進めると、ウガラのチンパンジーのような暮し方では、今一緒にいない仲間のことを想像することも大切だろう。チンパンジーが他の霊長類よりも優れた知性を進化させた要因には、幾つもの仮説が唱えられており、ここでそれらのすべてを紹介する余裕はない。ただ、同じ単位集団に属してはいるが、自分とは同じサブグループで遊動していない個体がどうしているか。それを想像すること。即ち、目の前にはいない個体や目の前で起こっていることではない事柄について想像することも、チンパンジーの知性を進化させた要因の一つにあったのかもしれない。ウガラのチンパンジーを研究してきた中からは、そんなことも考えさせられた。

一方で、小さなサブグループで過ごすウガラのチンパンジーは、その小さなグループ内でのつき合い方も大切になって来るだろう。「最近の日本の若者は、大きな集団に入りその中で競争することは嫌がるが、小さなグループ内で上手く空気を読んでつき合っていくことには長けている」と言われる。現代ではソーシャル・ネットワーク・システムの発達によって、一緒にはいない仲間とのつき合いも大切になっている。小さなサブグループ内で上手くつき合って活動しつつも、離れた仲間にも思いを馳せなくてはならないウガラのようなチンパンジーの暮し方には、現代生活における人間つき合いのヒントがたくさん隠されているかもしれない。

さらに、ウガラのチンパンジーにとって泊り場は、単に安全に眠るための場所ではなく、昼間分かれていた個体同士が再び出遭う場であるのかもしれなかった。とすると、夕方から翌朝にかけては、コミュニケーションの時間としても大切になってくるはずだ。

ただし、チンパンジーは（母親と一緒に眠る幼少個体を除いて）夜間はそれぞれが自分の作ったベッドで眠る。ニホンザルなど温帯に生息する霊長類が寒い時には体をくっつけあってさるだんごを作って暖をとるのとは対照的だ。ニホンザルは冬には夕方から翌朝まで誰かとくっついている状態で眠る。そんなニホンザルとは異なり、チンパンジーは、各自が作ったベッドがあるがために、誰かと身を寄せあって寝ることはない。人間ではセックスすることを「寝る」とも表現するが、チンパンジーでは仲の良いオスとメスであってもベッドを共にすることはないわけである。ヒトとチンパンジーの共通祖先もおそらく現在のチンパンジーと同じような暮し方であったろう。各自がベッドを作ることによって、夜間は互いにある程度の距離をとって過ごしていたはずだ。ベッドはある程度プライバシーを守る場を提供してくれてもいた。だが、チンパンジーとの分岐後に、人類はいつの頃から仲の良い男女が一緒に寝るようになった。例えば男性が恋する女性のベッドに夜這いに行ったりして。人類における夜間の異性間の社会交渉の始まりは、もっと研究するとおもしろい分野ではないかと私は思っている。そのヒントはウガラのチンパンジーの夜間の行動に眠っているかもしれない。

サブグループの大きさ（頭数）の推定方法について補足しておく。

刻々とメンバーが入れ替わるのがチンパンジーのサブグルーピングの特徴であるから、サブグループの大きさを正確に判定するのは難しい。本書では、チンパンジーを最初に発見してから（できる限りチンパンジーを追跡し）チンパンジーの気配がなくなってしまうまでに目撃できたチンパンジーの頭数を、一つのサブグループの大きさとした。

また、ある晩に一緒に泊っていたサブグループの大きさは、残されたベッドの分布から次のように定義した。葉の枯れ具合から判断して同日に作られたと推定されるベッドが、二〇メートルの間隔を空けずに繋がった集まりがあった時に、それらを同じ晩に一緒に泊ったサブグループだと見なした。従って、葉の枯れ具合から何日前に作られたかが判定できないようなベッド、即ち葉がすべて枯れていたり葉がなくなっていたりするベッドは、サブグループの大きさの分析対象からは外した。なお、こうしたベッドの集まりは、数珠つながりに長く一列に延びていることはなく、すべてのベッドはおよそ五〇メートル内の範囲には収まっていた。

「それらのベッドは本当に同日に作られたベッドなのか」という疑問を持たれた読者もいるかもしれない。前夜に作られたベッドに関しては、ベッドの真下の地面がチンパンジーの尿でまだ濡れていたりして、ほぼ確実に判断できる。しかし、新しいベッド（すべての葉がまだ緑のままだが、前日のものではないベッド）や、最近作られたベッド（一部の葉は緑だが、一部の葉は枯れて茶色になっているベッド）については、間違えて判定してしまったことが何度かあったかもしれない。例えば、チンパンジーが同じ晩に作った複数のベッドを、しばらく日数が経ってから私が発見した場合である。作られたベッドによって葉が枯れる速さは若干異なるため、それらの一部を違う晩に作られたベッドだと判定してしまった可能性はある。逆に、例えばチンパンジーが二日連続で近くに作った複数のベッドを、しばらく日数が経ってから私が発見した場合には、それらを同日に作ったと判定してしまった場合もあったかもしれない。

そこで私は、前日に作られたベッドの集まりの大きさと、同日に作られた（と私が判定した）新しいベッド及び最近のベッドの集まりの大きさを比べてみた。すると、前日のベッドの集まりは五・二個（一〜一九個）、新しいベッドの集まりは五・三個（一〜一九個）、最近のベッドの集まりは五・五個（一〜二三個）のベッドからできていた。どの新しさのベッドの集まりの大きさも、統計的には有意な差はなかった。最近のベッドまで含めてベッドの集まりの大きさを分析しても大丈夫であろう。私はそう考えた。

ところが、そのように書いて論文を学術雑誌に投稿すると、査読者（投稿論文を学術雑誌に掲載して良いかどうかの判断を雑誌の編集長に伝える。レフリーやレビュワーとも呼ばれる）に、「それでもダメだ」と言われてしまった。そのため、先述のように、前日に作られたベッドだけに限定して分析し、それでも季節や時間帯によってベッドの集まりの大きさに統計的に有意な差があることを確認している（Ogawa et al. 2007, 2014）。

コラム⑭……地道にこつこつ植生調査

糞分析と並んで、植生調査もまた、地味で単調な作業である。しかし、現地の植生を把握するには行わないわけにはいかない。私がこれまで行ってきたのは、次に紹介する方法である。

植生調査には、調べる区域の取り方によって、コードラット法（方形区法）とライントランセクト法がある。コードラット法では、ロープなどで囲って例えば一〇〇メートル×一〇〇メートルの正方形を設ける。ライントランセクト法では、例えば一〇メートル幅を一〇キロメートル延ばしていく。

次に、その区域内のすべての植物を一本一本計測し記録していく。すべてと言ってもある一定の大きさ以上、私は胸高直径（胸の高さで測った樹木の幹の直径）が五センチメートル以上の樹木を対象としていた。ところがこれが嫌になるほど多いのだ。例えば私がブカライで行ったライントランセクトでは、幅四メートル×四キロメートルの区域内に胸高直径が五センチメートル以上の樹木は八八五本あった。それらの樹木一本一本について、次の項目を逐一計測してノートに記録していくのである。

記録する項目は、植物の種名、位置、胸高直径（円周）、樹高、果実や花のつけ具合など。このうち種名は最も大切な情報の一つである。しかし、私は植物分類学の専門家ではないので、種名がわからない植物がどうしても出てくる。長年調査を続けるうちに、ウガラの疎開林に生えている樹木はかなり覚えた。しかし常緑林内には今でもまだ名前を知らない植物がたくさんある。種名がわからない場合には、その植物の枝葉を（できれば花や果実と共に）採集して植物標本を作製し、後で植物学者に同定してもらう。大きな木では葉がついた枝先が容易に手に入らない場合がある。そんな時には、高枝切りや棒の先に取りつけるタイプのノコギリを使って高い所にある枝を切り落としたり、木によじ登ったりといろいろ苦労する。樹木の位置や胸高直径（円周）はメジャーで測る。樹高は、以前は目盛を刻んだ一〇メートル余りの木の棒を計測する樹木の横に立てて測っていた。しかし持ち歩くのが大変なので、最近はレーザー距離計を使用している。

これらすべての項目を、一人で計測しノートに記入していくのは大変である。そこで数人で仕事を分担する。一人が位置を測り、一人が胸高直径（円周）を測り、一人が少し離れた所から樹高を測り、一人が葉や幹を見て種名を判定し、一人が皆の読みあげた数字や種名をノートに記録する。それでも幅四メートルのトランセクトを調べようとすると、朝から夕方まで測り続けて二キロメートルくらいしか進まない。四キロメートル測ると丸二日かかる。植生調査を行う辛さを多少は理解していただけたであろうか。私はこうした植生調査をタンザニア各地で行った。リランシンバとウガラでは、さらにフェノロジーセンサス（季節による植物の変化の調査）も行った。植生調査で記録した樹木について、果実の実り具合、花のつき具合、葉の茂り具合を、二週間に一度の頻度で丸一年間記録していったのである。ただし、この調査はトラッカーたちに頼んだので、私は初回と最後の回くらいしか参加していない。トラッカーたちよ、どうもありがとう。

生物の生態調査は、こうした地味な作業の上に成り立っているのである。

第一五章……ウガラでの生態調査回帰

▼ブカライにはもう行けず

二〇〇八年七月二六日、私はいつものように中部国際空港発。ドゥバイ経由、翌二七日、ダルエスサラーム着。七月二九日、国内線の飛行機でキゴマへ。一方、吉川さんは、二〇〇七年夏のひどい体験にも懲りず、同年一二月には一人でタンザニアを再訪した。さらに二〇〇八年の六月には三たびタンザニアを訪れ、既にウガラで調査を始めていた。私はキゴマからバスでウビンザへ。吉川さんにングェから車を運転して出てきてもらって、ウビンザで待ち合わせる。私たちはニワトリを一羽買って、ピーちゃんと名づけングェに連れて行った。

今回の調査の目標は、ングェと共にチンパンジー生息地の端の環境を調べ、彼らの生息を制限する要因を明らかにしようということである。そこで、八月八日からは、吉川さんとエマとバラムウェジを連れてングェを出て、ウガラ北東部に出向いた。九時二四分発。途中の三叉路を、ブカライに向かう南東ではなく、北東に向かう。午後二時三〇分、ムフワジ川の川辺林に着いた。

ここは、かつて一九九五年に金森さんと訪れた場所だ。その時には、木材の運び出しのために、ムフワジ川には橋が架かっていた。今回はその橋を渡って、さらにチンパンジー生息地の一番東の端まで行ってみるつもりだった。しかしムフワジ川に残っていたのは橋の残骸だけだった。水はそれほど流れていないが、段差があって車で川を越えるのは無理だった。一〇年前と比べると、ウガラ奥地にはむしろ人は入らなくなっていたのである。ムフワジの川辺でキャンプとする。夕方マラガラシ川の方に歩いてみると、一九九五年と同じように四頭のウォーターバックが平原で草を食んでいた。

八月九日、エマと吉川さんを連れてムフワジ川から東へ歩く。この先にはウガラ川が流れているはずである。なくなった橋の先に残っていた林道の轍(わだち)跡をたどって行く。だが、丘陵地にさしかかると、道はすっかり荒れていた。仮に車でムフワジ川を越えられたとしても、この斜面を車で登っていくのは無理な状態だった。その日は徒歩だったので、歩いて斜面を登りきる。ただ、東を見渡しても、ウガラ川はまだ見えなかった。一九九四年に私と伊谷さんは東のウガラ川から斜面を登ってこの辺まで来ていたはずだ。今日私たちが西側から歩いてきたこの地点まで、あの日私と伊谷さんは来ていたのだろうか。今となってははっきりとはわからなかった。アフリカゾウの糞があった。国立公園を除いては、初めて吉川さんにゾウの糞を見せることができた。午後二時二〇分、そろそろキャンプに引き返そう。

一〇日にはムフワジで植生調査を済ませ、翌日には久しぶりにムフバシにも行ってみた。八月一一日の一〇時〇五分、ムフワジ発。コモンダイカやハーテビーストが疎開林を横切ってゆく。クリップスプリンガーも見かけた。そうして一二時五三分、ムフバシの川に着いた。この川に架かった橋を渡り、急斜面を登って高台を南へ進めば、チンパンジー分布の「東限」、チンパンジーたちの「桃源」でもあるブカライに着くはずである。しかし、ムフバシに架かっていた橋も、今はもうなくなっていた。車ではブカライには行けなくなっていた。

私たちは、イサ平原でも植生調査を行い、一三日の九時四〇分、ムフバシを去った。一一時四三分、ジョンとアレックスの待つングェに戻る。ングェでは八月一四日まで調査を行った。

▼ンコンドウェの滝で

今度は、ウガラ駅方面から生息地の端を目指してみる。八月一六日の一〇時一〇分、全員でングェ発。午後四時〇〇分、ンコンドウェ経由。さらにムパンダロードを少し南下して、午後六時三〇分、ニエンシ川（ニアマンシ川）の上流部に着いた。二〇〇五年に、エマ、バトロ、バラムウェジ、ハッサニたちと来て、ワニに怯えながら釣りをした場所である。この先は、ウガラ駅を経由して、さらにウガラ東部のウガラ川近くまで行き、チンパンジー生息地の東端の環境を調べるつもりだ。旅から旅の日々になりそうだ。足を縛って車に乗せていくのが可哀想で、ピーちゃんは食べてしまった。今までせっせと卵を産んでくれてありがとう、ピーちゃん。

八月一七日の九時三五分、ウガラ東部を北上する。昨年ルワンダから密入国して来ていた密猟者集団は、今年はもういなくなっているはずだ。その情報を信じて林道を入っていく。

午後四時四五分、ニエンシ川の下流部着。一九九四年や一九九七年にはこのニエンシ川を車でジャブジャブと渡ってさらに奥へ進んだ。ところが今年は、以前来た時とは違って、川底がガタガタだ。徒歩で膝上まで水に浸かって渡渉しながら確かめてみるが、車で渡ろうとするとスタックする危険が高かった。昨年ロビン・ハート・サファリはルワンダからの密猟者集団にこの地域から追い出されてしまったので、それ以来誰も川底を整備していないのだろう。結局ここからも引き返すしかなかった。

やむをえず、私たちは、八月二〇日から二七日まで、ンコンドウェ近辺での三か所で植生調査を行った。本当はアフリカ全体から見ても分布域の東限であるウガラ東部で行いたかった調査である。だが、行けないものは仕方がない。ンコンドウエもまたウガラのチンパンジー生息地の中では南端にあたる。その生息地の外と端と内で植生や野生動物や人間の活動の痕跡を記録した。これはチンパンジーの生息に影響する要因を明らかにする貴重なデータとなるはずだ。

何度目だろうか。今年もンコンドウェの滝にやって来た。考えてみれば、ムパンダロードを通るたびに、このンコンドウェの滝を見てきたはずだ。その時々でいろいろな思いをかかえながら。

八月二七日、三か所での環境調査を終え、この年の調査は終了した。

三〇日から九月一日までは、吉川さんとバラムウェジを連れて、ゴンベを訪れた。私は二度目だが、吉川さんとバラムウェジにはきっと良い体験になったと思う。

九月一日には、ウビンザ泊。翌日からの帰り道は、北回りでもなく、南回りでもなく、タンザニアの真ん中を通ってみることにした。今年吉川さんがウガラに入った時にJATAツアーズの運転手は真ん中を通って来たらしい。道はあまり良くないはずだし、途中に大きな街が少ないのが欠点だが、確かに距離的には一番短い。では真ん中の道を通って帰ってみよう。

九月二日の七時四六分、ウビンザ発。午後二時二八分、タボラというタンザニアのど真ん中の街に泊った。三日の七時四〇分、タボラ発、午後三時四〇分、ドドマ着。もう少し走り続けて、午後六時三〇分、モロゴロ着。しかし、そこでまたランドクルーザーが壊れた。ウビンザにはガソリンスタンドはない。正規のガソリンスタンドではない店でディーゼル（軽油）を買ったのが間違いだった。量を水増しするために、混ぜ物が入ったディーゼルを買わされたのだ。でも、車が壊れた話は、読者の皆さんも「もう十分」という感じだろう。省略する。修理工場で車を修理し、セルー動物保護区に寄って、九月八日、午後六時三〇分、ダルエスサラーム着。

九月一一日、ドゥバイへ。一二日、中部国際空港に帰国した。

コラム⑮……私のキャンプ用品と調査道具

私がタンザニアで使っている生活道具と調査用品を紹介しよう。

まずは、私がウガラなどの調査地で常に持ち歩いている物。地図とコンパス、アーミーナイフ、ライター、頭にかぶるモスキート・ネット、絆創膏。私はポケットがたくさんついたジャケット（釣りをする人たちがよく着るタイプ）を愛用しており、これらはそのポケットに入れている。デイパックの中には、水筒、アメ、お弁当、予備のメガネ、タオル、ティッシュ・ペーパーなど。かならず持っていく調査道具は、三色ボールペンとノート（「測量野帳」というノートを愛用している）、多機能デジタル腕時計、それに双眼鏡。以前は万歩計を腰につけて歩いた距離を測っていたが、今ではGPSを使用している。これらに加えて毎日持ち歩いているのは、二メートルの小さなメジャー、糞を持ち帰るためなどに使うジップつきビニール袋。カメラ（またはビデオカメラ）もだいたい毎日持っていくか、トラッカーに持ってもらう。帰りが遅くなりそうな時にはヘッドランプ。

毎日持ち歩きはしないが、車に積んでいく物、あるいは徒歩や自転車での調査の際に大きなザックに入れて背負って持っていくのは、次の物である。寝袋、マット、テント、着替えも含めた服、軍手、サンダル、歯ブラシと歯磨き粉、耳かき、爪切り。年をとるとフロスも必需品だ。手鏡、石鹸と石鹸箱、ひげそり用カミソリ、蚊取り線香と殺虫剤、ちょっと使いたい時用の小型の電子蚊取り、うちわ。ヘッドランプに加えて懐中電灯（地震対策コーナーで売られている発電式の物が便利だ）。テント内の明かりにはソーラー・ライト（ホーム・センターなどで売っている庭先などを照らすタイプ）。その他、目覚まし時計、スワヒリ語のテキスト、裁縫セット、電卓、南京錠、メガネのネジを絞める小さなドライバー、様々な地図と地形図。自分用に持っている薬類は、マラリア治療薬、傷用消毒液、キンカン、正露丸、ロキソニン、抗菌目薬、抗生剤の軟膏など。それに体温計。毒蛇に咬まれた時用のリムーバー(毒吸い取り器)。念のために注射器と使い捨て注射針。ピンセット、脱水症状に陥った時用にポカリスウェットの粉。ノートと筆記用具は十分用意する。予備が必要なのは、メガネ、双眼鏡、ライター。雨季には、上下の雨具、折り畳み傘、長靴。日々のささやかな楽しみに週刊誌、ハンモック、ルービックキューブ、ハーモニカ、トランプ、チョコレート、ウォークマンなど。やはり持っていくのはノートパソコン。二〇〇ボルト対応のコンピュータには必要ないが、変圧器。タンザニアのコンセントへの変換プラグ。携帯電話。乾電池と充電器(ソーラー式充電器とコンセントに繋ぐタイプ)。

調査隊全体としては、さらに次の物が加わる。トラッカーたち用のテント、ブルーシート。ソーラー・パネル。斧、スコップ、パンガ(山刀)。パンガとナイフを砥ぐためのやすりも必要だ。缶切り。バケツを少なくとも二つ。鍋やフライパン。ヤカン。食器はお椀とお皿。お玉、しゃもじ、「ムイコ」と呼ばれるウガリを作る時のかき混ぜ用のヘラは必需品である。箸、スプーン。フォークはたまにスパゲティを食べる時だけ箱の奥から取り出す。ナイフ、まな板、茶こし、コップ、コーヒー・フィルター、スポンジたわし。石鹸は、炊事洗濯ご飯炊き、お風呂のすべてに欠かせない。水浴び用の手酌おけ、洗濯板、洗濯物を干すためのロープと洗濯バサミ。薬は、抗生物質各種、トラッカー用のマラリア治療薬、ボルタレン、ブスコパンなど。結局あまり使わないが、汚い水の浄化剤。休日に楽しむために、釣り用具一式、投網、タモ。金森さんの残していったネズミ捕り用の各種トラップやトラバサミ。ガムテープと針金があると何かと便利である。消耗品は、トイレットペーパーなど。

そしてもちろん食料。主食の米とセンベ。砂糖は途中でなくなっても我慢できるが、塩は絶対必要。油、ダガーと干し魚、野菜いろいろ、お茶の葉。それから醤油。

歩いていく時には重くて持っていかないが、車には積んでゆく調査用品を挙げると、そのリストはさらに膨大になってゆく。植物標本を作成するためには、剪定鋏や、高い所にある枝を切るための棒の先につけるタイプのノコギリや高枝切り、植物を挟む古新聞紙、植物を新聞紙に貼りつけるセロハンテープ、植物の名前を新聞紙に書くマジックペン。植生調査のためには、ナンバーリングテープ、それを打ちつけるガンタッカー（大型ホッチキスのような物）とその針、五〇メートル・五メートル・二メートルメジャー。見つけたベッドまでの距離を測るレーザー距離計。レーザー距離計はゴルフでグリーンまでの距離を測るのにも使われている物だ。これで樹高も測る（測定地点から根本までの距離と木のてっぺんまでの距離を測定すると、ピタゴラスの定理を使って樹高を自動計算してくれる）。測りは、長さだけでなく重さなどを測る様々なタイプが揃っている。種子の重さを測るには、一グラムから測れる電子重量測り。二〇キログラムまで測れるバネばかり。勾配角度計。最高と最低を記録できるデジタル式温度湿度計。ロープ、カラビナ、ハーネスなど木登り用の道具も買い揃えた。標本用エタノール。シリカゲルは果実を乾燥させる時に使う（ただし、乾季のウガラでは、日なたに転がしておけば果実は一日でカラカラに乾いてしまうので、シリカゲルは一度も使われることもなく数年経った）。DNA採取のために糞を拾うには、使い捨てビニール手袋、使い捨てマスク。ジップつきビニール袋。乾電池各種（単三、単四、ボタン電池のLR43など）。センサーカメラ（カメラトラップ。動物が前を通ると自動で撮影される）も調査用品に加わった。

このようにフィールド・ワークには様々な道具を使う。最近はさらに様々な調査道具が開発され、それらを上手く使うことがフィールド・ワークを成功に導く上でも大切になってきている。

しかし、昔からサルの仲間の調査に使われてきたのは、ノートとペンと双眼鏡である。たとえ最新の調査器具が壊れたり盗まれたりしてしまっても、ノートとペンさえあれば、そして目の前に観察対象の動物がいてくれさえすれば、フィールド・ワークは続けられる。まずは、現場に立って研究対象と向きあうことが、フィールド・ワークの原点だと思っている。（でも、ウガラでは、チンパンジーは見れないんだけど。）

第一六章……ボートでマラガラシ川をゆく

▼新ボート購入、船外機の運転を習う

二〇〇六年のルグフ川下りの失敗にもめげず、この年私はもう一度川下りにチャレンジすることを企てていた。前回の失敗の原因は、乾季で川の水が少なく、ボートの底が浅瀬で川底の石にあたって破れたことである。だから今回は雨季に決行だ。

再挑戦するにあたって、私は前回よりずっと大きなゴムボートを購入した。アキレス社ＳＥ四〇〇。六人乗り用である。前回の四人乗り用のゴムボートでは、荷物を積んで三人が乗った時点で沈みかけの状態になってしまった。だが、新しく購入したボートの積載重量はずっと大きい。また船の後部には船外機を取りつけられる。洪水の時などに自衛隊が救助に使うタイプだと思ってくれれば良いだろう。ゴムボートは二〇〇七年の二月に既に船便でタンザニアに送ってあった。船外機もヤマハ製８馬力２サイクルエンジン「Ｅ８ＤＭＨＬ」を二〇〇七年の二月にダルエスサラームで購入してあった。後は川下りを実行する機会を窺っていたわけである。

二〇〇九年二月一七日、関西国際空港発。（名古屋でなく大阪までわざわざ行くのは、中部国際空港とドゥバイを結ぶエミレーツ・エアー・ラインの便は乗客が少なくて廃止されてしまったからである。）ＥＫ三一七便でドゥバイへ。

翌一八日、ＥＫ七二五便でダルエスサラーム着。

今回の計画は次の通りである。ウビンザから、まずマラガラシ川を遡上する。前回と違って船外機があるから、遡上も可能なのだ。そして、マラガラシ川の左岸、即ち南側のウガラ地域にボートをつけ、川辺でキャンプをしながらチンパンジーの調査を行う。最後は、それまで遡上してきたマラガラシ川を一気に下って、ウビンザに帰還だ。

二月二一日の七時〇〇分、ダルエスサラーム発。まずはゴムボートと船外機をウビンザまで運ばなくてはならない。重量を考えると、飛行機にそれらを載せてひとっ飛びというわけにはいかない。自動車による二泊三日の旅である。雨季のタンザニアを一人で運転して横断するのは避けたかったので、根本さんに運転手を手配してもらった。選ばれたのは、ＪＡＴＡツアーズの専属運転手ブルーノだ。私がマラガラシ川沿いの調査に出ている間は、彼にはウビンザの宿で待っていてもらう予定である。「一緒にボートに乗って、テント泊りのキャンプをしようよ」と誘ったが、ブルーノには断られた。二〇〇三年から二〇〇五年にかけて一緒に調査をしたハッサニのような運転手は、なかなかいないのである。ハッサニは「その方が自分には向いている」と言って長距離トラックの運転手になっており、一緒に来てもらうことはできなかった。

二月二一日の七時二二分、ダルエスサラーム発。舗装道路の運転はさすがに速い。ブルーノの運転だと、午後四時五〇分にはシンギダに着いてしまった。翌二二日の七時二〇分、シンギダ発。途中、未舗装道路で、トラックとバスがぬかるみにはまって動けなくなり、道をふさいでいた。大型車が道に対して横向きになった状態でスタックしてしまうと、他の車もそこを通過できずに立ち往生して渋滞を引き起こす。雨季にはこうした事態がタンザニアの方々で起こっているのだ。幸いこの時は、私たちのランドクルーザーはトラックとバスの脇をぎりぎりすり抜けることができた。その後、ブルーノの運転でも一度スリップを起こしたが、ぐるりとU字を描いただけで停まった。夕暮れ時の午後五時五五分、早くもウビンザの一歩手前、カスルという街まで着いた。

二月二三日、ムワミラ村着。「ボートを積んできた。明日から調査だ」とエマたちに伝え、カズラミンバ村へバラムウェジを呼びに行く。この日はバラムウェジの家で泊った。

バラムウェジがエマの携帯電話に電話して、船旅に持って行くセンベ（ウガリの粉）の量について相談した。そう、この年には、ほとんどのトラッカーが自分の携帯電話を所持して使っていた。川下りの最中に濡らしてしまわないようにと、忘れないうちにジップ付きのビニール袋を二重にして渡す。持って行くセンベの量だが、エマは「一五キログラム」と言っているらしい。いやいや、それは多過ぎるだろ。ボートが沈んでしまう。六キログラムにした。二四日、ムワミラ村を通り、エマとマシャカを乗せる。午後一時四五分、ウビンザ着。

「それでは、いよいよ出航だ」と言いたいところだが、私たちにはまだクリアしなくてはならない問題があった。私もトラッカーも船外機の操縦方法を知らないのだ。船の運転手を探して雇うか、あるいは私たち自身が船外機の操縦をマスターする必要があった。

船外機を操縦できる人がウビンザには何人かいることは確認してあった。そのうちの一人バカリという男と交渉する。彼は、ムワミラ村に住んでいたことがあり、トラッカーたちの知り合いである。しかし、バカリは「運転手として働いて泊り込みの調査に同行するなら、トラッカーたちと同じ給料で働くのは嫌だ」と譲らなかった。彼にはウビンザで操縦を習うだけにしよう。そして、なんとかなりそうならば、私といつものトラッカーだけで調査に行こう。きっとなんとかなるだろう。

マラガラシ川の河原に車をつけ、ゴムボートを車から降ろして空気を入れ、後部に船外機を取りつける。当然周りには大きな人だかりができた。バカリに促され、私とエマとバラムウェジとマシャカはボートに乗り込んだ。橋のたもとを出発し、一から船外機の操縦方法を教えてもらう。四人とも全く初めての体験である。私は車とバイク、バラムウェジはバイクの運転はできる。しかしエマとマシャカは運転できる乗り物といえば自転車だけである。でもいきなりの実施訓練だ。

まず驚いたのは、船外機にはブレーキが存在しないことである。エマはいきなりエンジンをおもいきりふかして、停まることができないまま、川辺の草むらに突っ込んだ。バラムウェジは緊張してガチガチである。運転手に尋ねると、「マシャカの運転が一番ましだ」と言う。私はマシャカに運転を任せることにした。運転手には、「マシャカ」が「ましゃか」の大抜擢である。

▼マラガラシ川沿いの調査

二月二六日、出航の日。車を川辺に停め、ボートを降ろし、船外機を取りつけて川に浮かべる。ライフ・ジャケットを着こみ、荷物をボートに載せる。一二時三〇分、いよいよ出航だ。

じわじわとマラガラシ川を遡航する。マシャカの決して上手とはいえない運転である。運転がへたなためか、時々エンジンが止まってしまう。そうすると、ワイヤーを引っ張ってエンジンをかけなおす間に、ボートは川の流れに従って下流に流される。エンジンがかかるとまた遡航を開始する。文字通り一進一退の攻防だ。

川が幾筋にも分かれている場所があった。葦のような草がびっしりと茂る合間、幅二メートル足らずの水の流れを進んでいく。蛇行するので、スクリューに草が絡まってしまう。一旦船外機を持ち上げて、草を取る。

この日だけは雨は降らないでほしいと願っていたが、途中ザーザー降りの雨となった。

急流では、上手くコースを選ばないと、水の流れに負けて遡れなかった。「あっちを通ろう」「その渦をまいている下には岩があるぞ。スクリューをぶつけてしまわないように気をつけろ」幸い、二〇〇六年の乾季のルグフ川の時のように船底が川底の石にすれてしまうことはなく、無事浅瀬を乗り越えた。

午後四時三〇分、そろそろボートを上陸させてテントを張る場所を見つけたい。しかし、川の南岸は一面パピルスが茂っていて、ボートを岸につける場所が見つからない。岩の陰に一メートルだけ草が途切れて陸がある場所が、やっと見つかった。そこにボートを停める。

荷物は大丈夫だろうか。一番下に置いたテントはずぶ濡れだが、二重にビニール袋で包んでおいた寝袋はじっとりと湿っている程度で済んでいだ。火をおこすことができるかどうかも不安だったが、トラッカーたちが上手く火をつけてくれた。まずまずのキャンプ生活を送れそうだ。何より乾季のウガラと違って飲み水には困らない。夕食はウガリと干魚。一つの鍋を四人で囲む。

二月二七日、そうだ、チンパンジーの調査もしておかねば。昨夜ボートをつけた南斜面をマシャカと登ってウガラを歩いた。チンパンジーのベッドは発見できた。この付近ではウガラのチンパンジーはマラガラシ川の川辺までを住み場所にしていたのだ。

夕方、マラガラシ川に漁網を仕掛けてみた。ボートを出して中洲のパピルスの湿地に網を張る。網は去年買ったものである。ウガラの小さな川に仕掛けてみたのだが、その時は一匹も取れなかった。そもそも魚がいなかったのかもしれない。それに比べると、マラガラシ川には大きな魚がたくさんいるはずだ。翌日には朝早くチェックをしに行こう。夜に網を仕掛けた場合は、早朝のうちに網をあげてしまわないと、せっかく掛った魚がワニに食われてしまうらしい。網をあげると見事一五センチメートルほどの魚がかかっていた。

二月二八日、この日はエマと上流部を視察する。しかし、丘の上からマラガラシ川の上流の彼方を見下ろすと、実に残念な光景が広がっていた。マラガラシ川は幾筋にも分かれ、浅瀬の急流となっていたのだ。地図で見て恐れていた通りの浅瀬であった。「いつの日にか、ウガラ駅からウガラ川を下って、マラガラシ川を下って、最後はタンガニイカ湖に出て夕日を見ながら乾杯だ」という野望を実現するのは難しそうであった。

三月一日、バラムウェジと歩く。夕方にはもう一度網をチェック。今日も「メレ」というコイの仲間が三匹取れていた。あっと言う間だったが、最後の晩である。一本だけ持ってきたコニャギという酒の小さな小瓶を開けて皆で飲む。焚火を囲んで、濡れた靴下を乾かす。

三月二日、待望の川下りだ。下りでは船外機は必要ない。浅瀬でスクリューが水面下の岩にぶつからないように、斜めにして水面から上げておく。急流ではラフティング（急流下り）の要領だ。それぞれが一本ずつのオールを持って、四人の息を合わせて乗りきった。

そうして私たち四人は出発地点のウビンザに帰ってきた。「いつかボートでタンガニイカ湖まで行こう」と私はトラッカーたちに言った。しかし「よし、行こう」と積極的に賛成する者は誰もいなかった。このプランは未だに実現していない。

川辺に上陸した私は、携帯電話を使って、ウビンザの宿で待機している運転手ブルーノを呼んだ。この日は、ムワミラ村を通過してエマとマシャカに別れを告げ、カズラミンバ村のバラムウェジの家に泊った。

三月三日の朝八時、カズラミンバ村発。ダルエスサラームへの悪路をブルーノの運転で二泊三日の旅である。途中、恐れていた通り、ぬかるみにはまって動けなくなったトラックが道をふさいでいた。既にバスなどが五台、四輪駆動車が一〇台以上渋滞している。トラックが動けるようになるのを待っていては、へたすると何日もここで野宿する羽目になるかもしれない。しかし、こんなこともあろうかと、私たちはパンガも鉈（なた）もスコップも車に積んでいる。道の横に生えている木をパンガで切り倒し、ランドクルーザーならなんとか通れるほどの小道を作った。私たちの後をすべての四輪駆動車がついてきた。午後四時、カスル着。もう少し先まで行こうと、土砂降りの雨の中を再発。午後七時三〇分、カハマ着。

三月四日は七時一五分、カハマ発。午後六時一五分、モロゴロ着。三月四日は九時〇〇分発。一二時三〇分、渋滞気味のダルエスサラームに到着した。車の増えたダルエスサラームでは、朝夕の通勤時間帯以外でも街中が渋滞するようになっていた。

三月六日、根本家に招待されて夕食。例年調査を終えてダルエスサラームに戻ると、根本さんの家に夕食に招待してもらえることが多い。今回はちょうどダルエスサラームに出てきていた阿部さんと一緒に夕食に招待された。根本さんの奥さんの金山麻美さんの手料理は、タンザニアの野外調査での単調な料理に飽きた舌にはたまらない。インド洋に面したダルエスサラームでは海産物も新鮮でおいしいし、フィールドではほとんど食べられないおひたしやサラダも食卓にのぼる。ダルエスサラームに戻る日が近くなってくると、それが楽しみで待ち遠しくなるほどだ。金山麻美さん、いつもありがとうございます。

三月八日、ドゥバイへ。そして三月九日、関西国際空港に帰国した。

コラム⑯……ウガラの動物たち（うっとうしい虫編）

ウガラの虫たちを紹介しよう。タンザニアでは様々な綺麗な蝶を見た。巨大なナナフシや、日本では目にすることがすっかりなくなった立派なゲンゴロウも見た。しかし、私の記憶に強く残っているのは、いまいましい奴らばかりである。紹介するのはそうした虫たち（昆虫に限らず節足動物全般）である。

まず、「ドロボー」と呼ばれるツェツェバエ（*Glossina* spp.）。眠り病を媒介することで知られるが、タンザニア西部ではその心配はしなくて良いらしい。しかし、こいつらに刺されると、血を吸われる時に「チクッ」と痛い。しかも、こいつらは蚊のように叩き落としただけでは死なない。肌にとまっているところを手でパチンと叩くと、つぶれて地面に落ちる。しかし油断してはいけない。彼らはまだ死んではいないのだ。地面に落ちたのを捕まえてきっちりと頭をもぎ取っておかないと、復活してまた刺しに来る。

思いおこしてみると、昔は今よりもずっと多くのツェツェバエがいた。そのためウガラで車を運転するのは大変だった。初代の車にはエアコンがついていなかったので、窓を閉めきると暑い。しかし、窓を開けると、ツェツェバエが車内にどんどん侵入して刺しに来る。おそらく車全体をゾウのような大きな動物と思っているのだろう。ツェツェバエは交代で数秒おきに、首を、顔を、服越しに背中を、裾から入って足をと、とにかく体中をチクッと刺しに来る。やがてツェツェバエの波状攻撃に我慢できなくなってくると、私たちは一旦窓を閉めて車から降りる。車中に殺虫剤を撒くのだ。そうして数分後に車内に戻ると、さすがのツェツェバエも死んでいる。ツェツェバエの死体が車のシートに数十匹も転がっていた。

その頃は、ウガラを歩く時にはよく小枝を持っていた。葉のついた小枝をはたきのように使って常に背中を叩き、ツェツェバエを振り払いながら歩いていたのだ。前を歩いているエマの背中にも、当然数匹のツェツェバエが常にとまっていた。しかし、二〇〇〇年を過ぎた頃だったと思う。いつものようにエマの後ろを歩いていると、エマの背中には普通のハエがとまっていた。トイレによくいるキンバエであろう。ウガラにはこんなハエは似つかわしくない。私は少し感傷的になって、「ツェツェバエよ、戻ってこい」と一瞬思った。もちろん今でも実際にツェツェバエに刺されると、「痛てぇ」と叫んで捕まえて頭をもぎ取るのであるが。

アリにも油断ならない。朝起きてみると、鍋や食器に小さなアリがびっしりとたかっていることがある。「シミジ」と呼ばれる小さなタイプのアリだと、残りご飯から一匹一匹取り除くのは面倒だ。鍋を火の上に持っていくと、熱さで逃げて行ってくれる。多少残っていても、そのまま食べる。

小さなタイプのアリはまだ可愛いものである。注意しないといけないのは、「シアフ」と呼ばれるサファリアリ（*Dorylus* spp.）である。サスライアリともグンタイアリとも呼ばれる。こいつらは、他のアリのように土の中や木の洞に特定の巣を持たず、毎日軍隊のような行列を作って行進していく。そして見つけた昆虫や爬虫類、時には大型の哺乳類までも次々に食い殺してゆくのだ。彼らの幅数センチメートルの黒い行列をよく見ると、働きアリの中にも獲物を運ぶ奴や戦闘を行う奴など幾つかのタイプがいる。鋭い顎を持った奴に咬みつかれると、相当痛い。うっかりサファリアリの行列の上に座り込んでしまおうものなら大変である。とにかく行列から走って離れ、「痛い、痛い」と叫びながら、体中に噛みついているアリたちを一匹一匹取り除いていくしかない。

「ムチュワ」と呼ばれるシロアリ。日本では、木材家屋をボロボロにしてしまう存在として嫌われているが、普段目にすることはあまりないだろう。タンザニアでは毎日お目にかかる。いろいろな種のシロアリが様々なタイプのシロアリ塚をそこらじゅうに作っているからだ。あるものは高さ二メートルを超える巨大な塚を、あるものは高さ五〇センチメートルほどのキノコ型のかわいい巣を作る。このキノコ型のシロアリ塚は、手ごろな石が見つからない時には、三角形に配置して竈にもなる。私はよく蹴飛ばしながら歩いている。蹴っ飛ばすと、中からわらわらとシロアリたちが出てきておもしろい。

このタイプのシロアリ塚はゴンベ渓流国立公園にもあった。ゴンベを訪れて歩いていた時も、私はいつもの習慣で蹴っ飛ばしかけた。しかし国立公園ではそんなことはご法度である。私にとっては当たり前の存在になってしまったこのシロアリ塚も、タンザニアに初めて来る観光客にとってみれば、きっと思い出に残る貴重品であろう。そう思った私は、すんでのところで蹴っ飛ばすのを思いとどまった。

サファリアリと同じく、種によっては大きく強力な顎を持ったシロアリもいる。コンゴ共和国でのことだ。私は、調査地に生息する虫は一通りすべて採集しておこうと思って、テント周辺にいる虫たちを集めていた。ピンセットで一匹一匹つまみあげて、エタノールの入った瓶に入れてゆく。ピンセットを使うのが面倒で、一匹のシロアリを指でつまみあげた時だ。たとえ指を咬まれて「痛てて」と叫ぶことになっても我慢しようと思っていた。ところが、私が胴体を掴んで摘みあげたそのシロアリは、私の指先に咬みつき、苦もなく私の皮膚をスパッと切りさいたのである。タラリと流れ出す血を見て、私はショックを受け、そのシロアリを逃がしてしまった。

サソリにも要注意だ。私は刺されたことはないが、暗がりで不用意に地面に座ったりすると危ない。私が初めてアフリカに来て間もない頃、トラッカーのオスカが私のすぐ横にいたサソリを見つけてつぶしてくれたことがあった。今では、夜焚火を囲んで夕食をとる際などには、必ず自分が座る場所をチェックする習慣が身についた。

蚊は「ムブ」と呼ばれる。乾季のウガラではそれほど刺されない。マラリアを媒介するハマダラカには刺されないように特に注意して、夕暮時はテント内で休んで過ごせば良い。

むしろ「ウドュミ」と飛ばれるハリナシバチの方が、うっとうしい。文字通りハ、リ、ハリを持っていないハチなので、刺されるわけではない。しかし目や口など水分のあるところにたかってくる。見晴らしの良い崖の突端で景色を楽しみつつ一休みしようとすると、十中八九こいつらが大量にやって来るのだ。特に目に入って来ようとするのが腹立たしい。叩き潰すと簡単に死んでくれるのではあるが、つぶされると特有の臭いを発する。その匂いがまた別のハリナシバチを呼び寄せるという悪循環に陥る。頭からかぶるモスキート・ネットが必需品となる。

第一七章……ウガラのチンパンジーの泊り場選択と採食

▼ウガラのチンパンジーのベッド分布

この章は、第一四章に加えて、チンパンジーの話である。ウガラのチンパンジーはどのように自分たちの生息地を利用しているのだろうか。

生息密度や単位集団の大きさから計算すると、ウガラのチンパンジーは四〇〇平方キロメートル以上という広大な行動域を持つと推定された。四〇〇平方キロメートルというと二〇キロメートル四方である。しかしチンパンジーが毎日二〇キロメートル歩いて行動域の端から端まで移動しているわけはなかろう。四〇〇平方キロメートル以上というのはウガラの総面積を単位集団の推定数で割って出した値である。その区域の中にはチンパンジーがほとんど利用しない場所も含まれていよう。例えば平坦地では疎開林にも川辺林にもチンパンジーのベッドはほとんど見つからない。逆に、断崖や起伏に富んだ場所では、疎開林にもカバンバジケ林や渓谷林などの常緑林にもチンパンジーのベッドはたくさん見つかる。実際ブカライでは〇・三〇頭という高密度でチンパンジーが生息していた所もあった（Ogawa et al. 2014）。

また、四〇〇平方キロメートル以上というのは、特定の季節にだけ利用する場所もすべて加えた、年間の総行動域面積と捉えられる。ブカライやングェでの調査で私が経験したように、ウガラのチンパンジーは一定期間ある場所に滞在した後にはその場所から姿を消してしまうことがあった。季節によって利用する場所を大きく変えているのかもしれない。ウガラのチンパンジーが本当にそうした遊動パターンをとっているのかどうかは、まだ明らかにはなっていない。チンパンジーの後をつけていくことがウガラでは難しいからだ。チンパンジーに負担がかからないような方法でテレメーターを取りつけるなりして、一日の移動距離や遊動パターンが判明する日がいつか来ることを祈っている。

では、今までに集めたデータからすると、ウガラのチンパンジーはどんな環境を好んで利用していると考えられるのか。本当は、彼らがどんな場所でよく採食し、どのように移動しているかも知りたい。しかし直接それらを確認できた観察例は少ない。たくさん集められたデータはベッドである。そこで私たちは、チンパンジーがどんな場所に泊っていたかを分析してみた（Ogawa et al. 2007, 2014; 吉川ら 2012）。

まず、チンパンジーはどんな樹木のどの位置にベッドを作っていたのか。一九九五年から二〇〇三年までに記録した五四九個のベッドについてまとめた結果を紹介しよう（Ogawa et al. 2007）。

ウガラのチンパンジーのベッドは、地上から平均一三・四メートル（三〜三〇メートル）の高さに作られていた。捕食者が全くあるいはほとんど生息していない地域では、チンパンジーは草を用いて地面にベッドを作ることもある。しかしウガラでは地面に作られたベッドは一つもなかった。ライオンやヒョウに捕食される危険が高いウガラでは、チンパンジーは地上にベッドを作るような真似はしないようである。最も低い所に作られたベッドは地上から三メートルだったが、これは例外中の例外だ。

ベッドが作られていた木の樹高は、平均一九・八メートル（五〜三五メートル）だった。ベッドが作られていた木が高いほど、ベッドは高い所に作られていた（統計的に有意な相関関係が出た）。また、疎開林ですべてが木の一番てっぺんに作られているベッドの集まりを見たことがある。木が低い場所ではウガラのチンパンジーはなるべく安全な高い所に泊ろうとしていたことが窺われた。

ベッドが作られていた木の胸高直径は、平均三六・九センチメートル(四・三〜一二一・三センチメートル)だった。最も細い四・三センチメートルの木に作られた一個を除く残り五四八個(九九・八%)のベッドは、胸高直径五センチメートル以上の木に作られていた。ウガラのチンパンジーは、胸高直径が五センチメートル以上の樹木にベッドを作るとみなして良いだろう。

同日に一か所に作られたベッドの集まり三群(ベッド数はそれぞれ一〇個、四個、六個)について、すべてのベッドの位置と高さをメジャーで測ったことがある。後でそれぞれのベッド間の距離を計算してみた。すると、一つの集まり内におけるベッド間の平均距離は、それぞれ二八・六メートル、一八・二メートル、六・三メートルとなった。二個以上のベッドが同じ木に作られていることも多い。最も近いベッドとの距離の平均は、それぞれ七・八メートル、一二・〇メートル、五・五メートルだった。このように、チンパンジーを直接観察することはできなくても、ベッドの分布などを調べてみると、いろいろなことがある程度はわかってくる(Ogawa et al. 2007)。

私がこのような分析をした後に、ウガラの他のチンパンジー研究者たちもさらに詳細な方法でチンパンジーのベッドについて調べている。例えばアドリアーナはウガラのイサでベッドが作られていなかった木をランダムに選んで、ベッドが作られていた木と比べてみた。すると、ベッドが作られていた木の方が太くて高く、枝分かれの始まる位置までも高かった(Hernandez-Aguilar 2006)。フィオナとアレックスは、セネガルのフォンゴリ地域と比べて、ウガラのイサのチンパンジーが樹木のどんな位置にベッドを作っているかを調べた。フォンゴリは、ウガラと同様にチンパンジー分布域の端にあたり、森と草地がモザイク状に混在する地域である。だが、ウガラと違って、肉食獣は生息していない。フォンゴリと比べると、ウガラのチンパンジーはより高くまた枝の先の方にベッドを作っていた（Stewart & Pruetz 2013）。ウガラのチンパンジーは、地上性の捕食者が登るのが難しい木の、登って来るのが難しい位置にベッドを作っていたと考えられる。

チンパンジーがベッドを作る樹種は様々だが、どんな木でも良いというわけではなさそうだ。ウガラのブカライ及びングエでは、チンパンジーは「カバンバジケ」という木に多くのベッドを作っていた。カバンバジケ林は川の源流部の崖の直下などにあるパッチ上の小さな常緑林である。カバンバジケはその林の優占種だ。

一九九五年から一九九七年にかけて私と伊谷さんが記録した九八二個のベッドの内訳は、カバンバジケに三三八個（三九・五％）、渓谷林のカバンバドゥメに二四五個（二四・九％）、疎開林のムバに七二個（七・三％）、疎開林のムクルングに二三個（二・三％）であった。

でも、このようにベッドの実数だけを見たのでは、チンパンジーの好みはわからない。その樹種にベッドが多かったのは、単にその樹種がたくさん生えていたからかもしれない。そこで、生えている樹木の中にこれらの樹種が占める割合と比べて、これらの樹種にはより多くのベッドが作られていたのかを調べてみた。

私はウガラのブカライで植生調査を行って、五〇メートル×五〇メートルの方形区に生えていた胸高直径五センチメートル以上の樹木、即ちチンパンジーがベッドを作りうる木を記録した。すると、カバンバジケ林内に設けた方形区内にあった一四〇本のうち、五八本（四一・四％）がカバンバジケだった。一方、カバンバジケ林内で見つかった四〇四個のベッドのうち、三八八個（九六・〇％）がカバンバジケに作られていた。両者を比べると、カバンバジケ林においてチンパンジーは期待値よりも（統計的に有意に）多くのベッドをカバンバジケという木に作っていた。

渓谷林で見つかった二二七個のベッドのうちでは、二二五個（九九・一％）がカバンバドゥメに作られていた。

渓谷林では植生調査を行っていなかったので、カバンバジケ林と同じような分析はできなかった。だが、もし類似の分析をすれば、渓谷林においてもチンパンジーはカバンバドゥメという木に期待値より多くのベッドを作っていたという結果が得られると私は予想している。

ウガラのングェの疎開林内では一〇〇メートル×一〇〇メートルの方形区を設け、その中に生えていた胸高直径五センチメートル以上の樹木を記録した。すると、方形区内に生えていた二三四本の樹木のうち、三七本（一五・八%）がムバで、一二本（五・一%）がムクルングだった。一方、疎開林で見つかった二八八本のベッドのうち、七二個（二五・〇%）がムバに、二三個（八・〇%）がムクルングに作られていた。期待値と比べると、疎開林においてチンパンジーは（統計的に有意に）多くのベッドをムバとムクルングに作っていた（Ogawa et al. 2007）。

カバンバジケ、カバンバドゥメ、ムバ、ムクルングは、いずれもチンパンジーがその豆（レギューム）を食べる樹種である。チンパンジーたちは、採食の効率を上げるために、それらの豆を食べてそのままその木の上で眠ったのだろうか。いや、そう決めつけるのは早計だろう。チンパンジーがこれらの木に泊ったのは、それらの樹種が実際に豆をつけていた時だったとは限らない。そこで私は、チンパンジーがその樹種の果実や豆を食べていた季節には、そうでない季節よりも頻繁にその樹種に多くのベッドを作っていたかどうかを調べてみた（Ogawa et al. 2014）。

まず私は、一年を三か月ごと、乾季前半、乾季後半、雨季前半、雨季後半の四つの季節に分け、チンパンジーが各季節にどの樹種の果実または豆を食べていたかを整理した。ウガラでは少なくとも三三種の樹木にベッドが作られていたが、どの季節に作られたかが判定できるように古いベッドを除くと、最近に作られた七一九個のベッドがあったのは二八種だった。これら二八種のうち、チンパンジーがその樹木の果実または豆を食べる種は一四種だった。さらに季節を考慮すると、チンパンジーがその季節に果実または豆を食べていたのは、二八種×四季節＝のべ一一二種・季節のうちの、二九種・季節だった。各樹種に各季節に作られていたベッドの数から計算すると、もしチンパンジーが果実または豆を食べている季節だからといって特にその樹種に頻繁にベッドを作ることがないならば、これらの二九種・季節（チンパンジーがその季節に果実または豆を食べていた樹種）には、発見された計七一九個のベッドのうちの、五七三・四個（七九・七％）のベッドが作られていたはずだと計算できる。一方、実際にチンパンジーが果実または豆を食べていた季節にその木に作られていたベッドの数は五九三個（八二・五％）だった。両者に大きな差はない。統計的検定を行っても有意な差ではなかった。即ち、ウガラのチンパンジーがその季節に自分たちが果実や豆を食べている樹種に頻繁に泊っているという結果は得られなかった。

▼ウガラのチンパンジーの泊り場選択

では、チンパンジーが泊る場所に影響を及ぼしている要因は一体何なのだろう。

第一に考えられるのは、捕食圧である。先述したように、チンパンジーは木の上の方や枝の先の方にベッドを作っていた。さらに、木の上のベッド位置の選択だけではなく、一日の遊動を終えて「さて、どこに泊ろうか」という泊り場の選択にも、捕食圧は効いているだろう。チンパンジーは自分たちが捕食される危険が低い場所を泊り場として選んでいたかもしれない。

第二に考えられるのは、食物の分布である。採食樹やその近くで寝てしまえば、移動する手間（時間とエネルギー）が省け、採食の効率を上げられるだろう。自分がいない間に食べ物を他の動物に取られてしまう心配もない。しかし、既に述べたように、ウガラのチンパンジーがその時に果実や豆が実っている採食樹によく泊っていることを示す結果は得られなかった。ただし、その木自体にはベッドを作っていなくても、近くには泊っているかもしれない。

第三に、飲み水の分布である。熱帯多雨林とは異なり、乾季のウガラでは、水は何処にでもあるわけではない貴重な資源である。彼らは、特に乾季には、水の近くに泊っているかもしれない。

第四に、物理的な快適さが挙げられる。ベッド位置の選択としては、チンパンジーは例えばクッションとして快適な葉を敷くことができる木にベッドを作っているかもしれない。それに加えて泊り場の選択としても、寒すぎたり暑すぎたりせず、雨や強い風をしのぐことができる場所を泊り場に選んでいるかもしれない。

その他、なわばりの防衛に役立つ場所を泊り場とすることもあるかもしれない。でもこれはウガラではあまり考えなくて良いだろう。私は第一から第四の要因を検証してみることにした。なお、四つの要因はいずれも排他的ではなく、複数が同時に効いているかもしれない。

ちなみに、長年私が不思議だったのは、「ウガラを含むタンザニアのチンパンジーたちはなぜ『山』が好きなのだろうか」ということである。日本ではニホンザルを含め多くの野生動物は「山」に住んでいる。それは平野部のほとんどが耕作地や市街地となってしまったからだ。ところがタンザニアのチンパンジーが「山」に住んでいるのは、それだけが原因ではない。人が住んでいないウガラの中でも、平坦な場所にはベッドは見つからないのである。

ウガラを含むタンザニアのチンパンジーが傾斜地あるいは傾斜地を含む丘陵地に多くのベッドを作っている理由は何だろうか。多くの研究者がこれまでにいろいろなアイデアを出している。丘陵地の方が平坦地よりもチンパンジーの食物が多いのかもしれない。傾斜地の方が肉食獣は狩りがしにくいのかもしれない。例えば、チンパンジーは捕食者に見つかりにくく、狙われにくく、逃げやすいのかもれしない。傾斜地の方が樹高が高くて安全だからという可能性もある。アレックスは、音声が遠くまで聞こえるからではないかという仮説を検証しようとしている（Piel & Moore 2007）。ジムは、「ツェツェバエが少ないからではないか」と言ったことがある。これらの仮説も検証してみたいと思っていた。

そこで私は、近年発展してきたＧＩＳ（地理情報システム、geographic information system）という方法で、チンパンジーのベッドがあった場所の環境を、吉川翠さん（林原類人猿研究センターを経て、日本農工大学大学院連合農学研究科大学院生）に分析してもらった（Ogawa et al. 2014; 吉川ら 2012）。分析には、五万分の一の地形図と衛星写真から撮影された画像を利用した。

私たちはまず、一九九四年から二〇一二年までに私たちが歩いたセンサスラインのうち、重複部分を除いたりして、分析に使えるセンサスラインをピックアップした。その合計は四八七・六キロメートルになり、そのセンサスライン上から私たちは一五一二個のベッドを発見していた。

しかしセンサスラインから離れるほどベッドの発見率は低くなる。センサスラインから遠い所にあったベッドは見逃しも多いはずである。そこでほぼすべてのベッドを発見できていたと推定される範囲に限って分析することにした。先述した密度推定の際には、センサスラインからの距離と発見ベッド数のカーブから考えて、センサスラインから三五メートル以内のベッドはほぼすべて発見できたと考えた。三五メートルはちょっと半端なので、この時の分析には三〇メートル以内を分析の対象とした。

吉川さんは、私たちが歩いたセンサスラインを中心として片側三〇メートル、即ち三〇＋三〇＝六〇メートル幅のベルトをコンピュータ画面上に作成した。このベルト内にあったベッドは三七九個だった。吉川さんはさらに、このベルトを出発地点から六〇メートルごとに区切って、六〇メートル×六〇メートル方形区をコンピュータ画面上に作成した。作成した八一二六個の方形区のうち、チンパンジーのベッドを含む方形区は九三個、ベッドを含まない残りの方形区は八〇三三個となった。

このデータを使って私たちは、方形区内のベッド数に影響を与えている要因を、一般化線形モデルを使って分析してみた。すると、方形区内のベッド数には、方形区内の常緑林の面積割合と方形区の斜度がこの順に強い影響を与えており、方形区の標高は影響していないという結果が得られた。

私たちはさらに、緑の葉がなくなっていてどの季節に作られたか判断が難しい古いベッドはデータから除いた。そして、最近に作られたベッドについて、それらを乾季と雨季に分け、ベッドを含む方形区とベッドを含まない方形区の環境を比較してみた。すると、結果は次の通りとなった(図17.1)。

第一に、方形区内の常緑林の面積割合は、乾季には、ベッドのあった方形区では四一・八%(〇~一〇〇%)で、ベッドのなかった方形区では三・七%(〇~一〇〇%)だった。雨季には、ベッドのあった方形区では二九・八%(〇~一〇〇%)で、ベッドのなかった方形区では四・五%(〇~一〇〇%)だった。即ち、常緑林の面積割合は、乾季も雨季も、ベッドのあった方形区はベッドのなかった方形区よりも高かった。乾季も雨季もその差は統計的に有意だった。

第二に、地面の傾斜は、乾季には、ベッドのあった方形区では九・八度(二・五~一七・六度)で、ベッドのなかった方形区では四・八度(〇・〇~三二・五度)だった。雨季には、ベッドのあった方形区では五・七度(〇・六~二五・四度)で、ベッドのなかった方形区では八・〇度(〇・四~三三・五度)だった。即ち、乾季にはベッドのあった方形区はベッドのなかった方形区より傾斜がきつかったのに対し、雨季にはベッドのあった方形区はベッドのなかった方形区より傾斜が緩やかだった。乾季も雨季もその差は統計的に有意だった。

第三に、標高は、乾季には、ベッドのあった方形区では一二〇五メートル(一〇九六~一三九二メートル)で、ベッドのなかった方形区では一二〇〇メートル(一〇四一~一五四九メートル)だった。雨季には、ベッドのあった方形区では一二四六メートル(一一五〇~一四三五メートル)で、ベッドのなかった方形区では一二三六メートル（一一〇三〜一六二一メートル）だった。標高は、乾季も雨季も、ベッドのあった方形区はベッドのなかった方形区よりもわずかばかり高かった。ただし、その差は、雨季には統計的に有意だったが、乾季には有意ではなかった。

ＧＩＳ分析によって、チンパンジーは乾季も雨季も常緑林割合の高い場所によく泊ることが明らかになった。これは、次に示すように、ベッドが作られていた場所の現地調査による植生の分析結果とも一致する（Ogawa et al. 2014）。

私たちは各ベッドがどの植生に作られていたかを整理した。発見したチンパンジーの

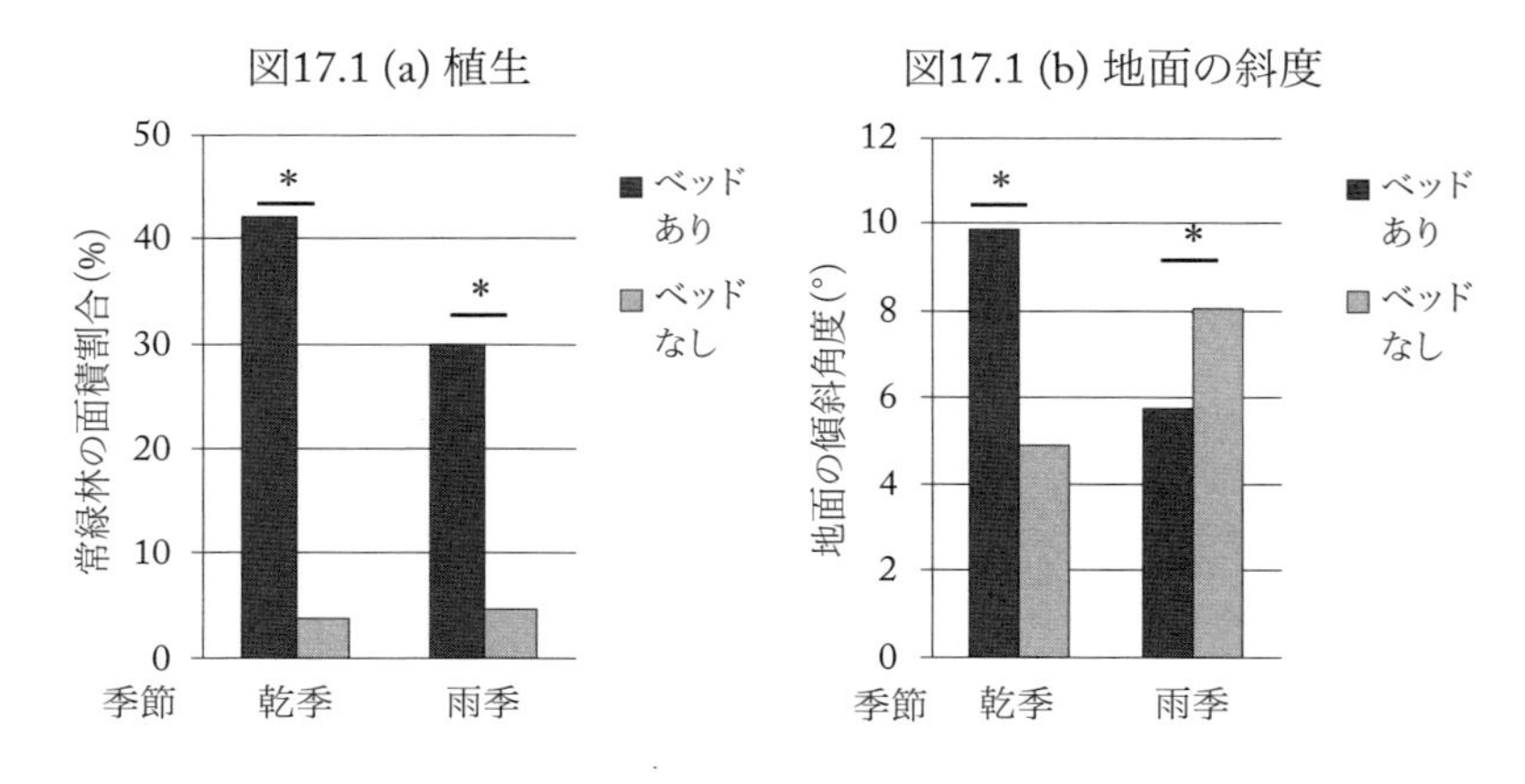

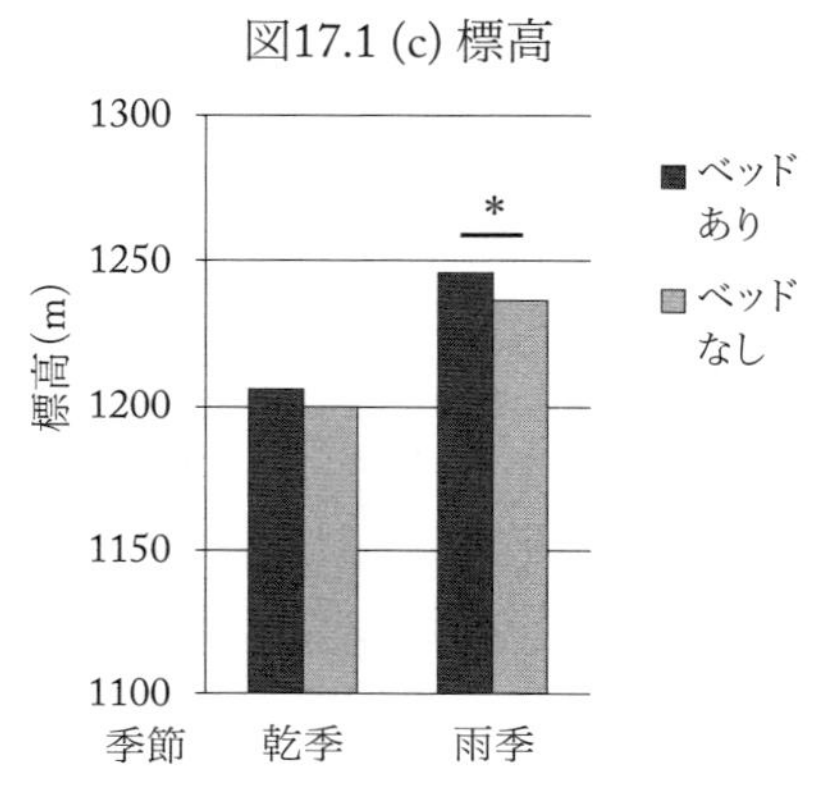

図17.1　ウガラのチンパンジーのベッドを含む方形区と含まない方形区の状態

ベッドの中で、どの植生にあったかをはっきりと判定できたベッドの数は三二一個だった。

なお、何年もウガラで調査してきたわけなので、実際に見つけたベッドの数はもっとずっと多い。しかし、例えばチンパンジーやチンパンジーのベッドを意識的に探している途中に見つけたベッドには、その植生にバイアスがかかっているかもしれない。例えば、前節でチンパンジーのベッドについて分析したデータでは、常緑林（特に平坦な川辺林を除くカバンバジケ林と渓谷林）に多くのベッドが作られていた。しかし、そうした場所にチンパンジーがよくいることやベッドが多いことを知って、チンパンジーを探してそれらの場所を長く（あるいはひょっとすると注意深く）歩いたとする。すると、そうした場所にベッドがある割合は実際以上に高く出てしまう。ここで分析に使うベッドは、先述のGIS分析に使ったデータと同じく、そうしたバイアスがかからないようにして歩いたセンサスラインから三〇メートル内に見つかったものに限定している。

発見したベッドのうちの一四六個（四五・五％）は疎開林にあったが、一七五個（五四・五％）は常緑林にあった。ベッドの数自体は、疎開林と常緑林で大差ない。しかしウガラでは、疎開林が面積の八六％を占めているのに対して、常緑林はわずか二％しか占めていない。ウガラのチンパンジーたちが疎開林よりも常緑林を選んで泊っていたことは明白であろう。

念のため、次に述べるように期待値を出し、期待値と実数を比べてみた。ウガラでは地上に作られたベッドは一つも発見されていない。草地には木が生えていないので、ベッドは作りようがない。草地を除くと、常緑林の面積割合は残った面積のうちの五・八％、疎開林の面積割合は九四・二％となる。もしチンパンジーがでたらめに泊り場を決めているなら、ベッドの合計数三二一個のうちの五・八％、即ち三二一×〇・〇五八＝一八・六個しか常緑林にベッドはないはずである。しかし実際には常緑林に作られていたベッドは一七五個であった。この差は統計的に有意であることを確かめた。

この結果は当然といえば当然かもしれない。疎開林の多くの樹木は乾季に葉を落とす落葉樹であるからだ。ただし乾季には疎開林に葉が一枚もなくなるというわけではない。乾季が始まっても疎開林の何処かにはまだ葉をつけた落葉樹が残っているし、あるいは乾季の終わりには芽吹いて葉をつけ始めた落葉樹も存在している。また、数は少ないものの、疎開林内にはある程度は常緑樹も生えている。そこで私たちは、最近に作られたベッドついてそれらを乾季に作られたベッドと雨季に作られたベッドに分け、それぞれのベッドがあった植生を分析してみた。その結果、乾季には四一個のうち三六個（八七・八％）のベッドが常緑林にあり、五個（一二・二％）のベッドが疎開林にあった。雨季には、九四個のうち七三個（七七・七％）のベッドが常緑林にあり、二一個（二二・三％）のベッドが疎開林にあった。ウガラのチンパンジーは、乾季も雨季も、面積割合から予測されるよりも有意に多くのベッドを常緑林に作っていたのである（図17.2）。

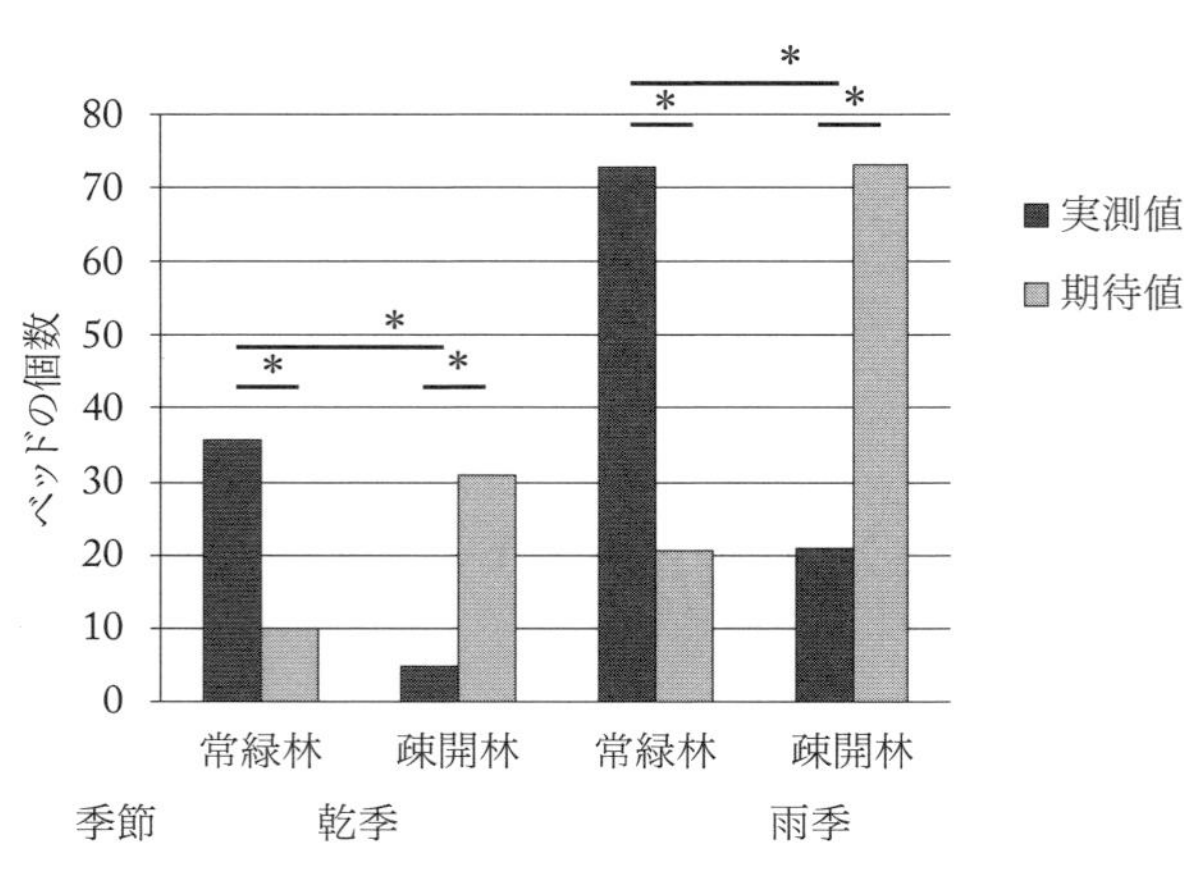

図17.2　ウガラの常緑林と疎開林の乾季と雨季のベッド数

ちなみに、二〇一四年に掲載された論文では、さらに厳密にベッドを作ることができる場所の相対値、即ちベッド数の期待値を常緑林と疎開林で算出して比べている（Ogawa et al. 2014）。ご面倒でない読者は、次に述べる期待値の計算方法も読んでいただければ幸いである。

疎開林は、生息地に占める面積の割合は高いが、常緑林よりも樹木密度が低く、乾季には葉も少なくなる。そこで、それぞれの植生にベッドを作ることができる場所の相対比率は、［疎開林］：［常緑林］＝［常緑林の面積割合×樹木密度×葉の茂り具合」：［疎開林の面積割合×樹木密度×葉の茂り具合］で求められよう。面積割合は、先述したように、［常緑林］：［疎開林］＝五・八％：九四・二％である。各植生の樹木密度は、植生調査の記録から計算した。チンパンジーがベッドを作っていた樹木の九九・八％は胸高直径が五センチメートル以上だったので、チンパンジーがベッドを作るのは胸高直径が五センチメートル以上の樹木と捉えて、それらの樹木の本数を数えた。すると、そうした樹木は常緑林では一平方メートルあたり〇・〇九本だったが、疎開林では〇・〇二本しかなかった。葉の茂り具合は、トラッカーたちに果実の実り具合を調べてもらった際に同時に記録してもらった。ジョン、バラムウェジ、エマ、アレックスに二週間に一度の頻度で一年間村からングェに通ってもらったのである。そして、各樹木について、最も多くの葉をつけた状態を一〇〇％として、枯れていない成葉が何％あったかを一〇〇％、七五％、五〇％、二五％、〇％の五段階で記録してもらった。その結果、乾季には常緑林では平均七七・七％、疎開林では六六・〇％だったが、雨季には常緑林では平均八七・九％、疎開林では八六・二％だった。

常緑林の面積割合×樹木密度×葉の茂り具合を使って計算してみると、乾季には期待値は常緑林：疎開林＝二四・六％：七五・四％となった。一方、実際に作られていたベッド数の比率は、常緑林：疎開林＝三五個：五個＝八七・八％：一二・二％だった。雨季には、期待値が常緑林：疎開林＝二二・〇：七八・〇となった。一方、実際に作られていたベッド数の比率は、七三個：二一個＝七七・七％：二二・三％だった。従って、乾季にも雨季にも、それぞれの植生の葉の相対量のわりに、チンパンジーは疎開林よりも常緑林に有意に多くのベッドを作っていたと考えられる。

なお、乾季の疎開林が六六・〇％も葉をつけているというのは、疎開林の光景から受ける私の印象からすると多すぎる。これは小さな低木も一本と数えての平均値だからかもしれない。ウガラの疎開林の低木には「ムソンガティ」と呼ばれる常緑林（*Diplorrhynchus condylocarpon*）が多く生えている。それに対して高木の大半は葉を落とす。

大きな木も小さな木も同じ一本と数えるのではなく、各樹木に胸高直径（または胸高直径の二乗や三乗）をかけた値の平均値をとった方が、その植生における葉の相対量を表すには適切だっただろう。そうすると、乾季の疎開林の葉の相対量はもっと低い値になったかもしれない。

結局、チンパンジーは、単に樹木が多くて枯れていない葉も多いから疎開林より常緑林に多くのベッドを作っていたわけではなかった。他の何らかの理由で、疎開林より常緑林を選んで泊っていたのである。チンパンジーが泊り場として疎開林よりも常緑林を好む理由は何だろうか。

もしかするとそれは、チンパンジーが単に常緑林にある特定の樹種にベッドを作るのが好きなだけかもしれない。枝を折り込みやすかったり葉がふさふさしていたりして心地よいベッドが作りやすい木が常緑林には多いという可能性は否定できない。

しかし、チンパンジーが常緑林内または常緑林割合が高い場所で眠る大きな理由の一つは、やはり捕食される危険を減らすためではないかと思われる。

何度も強調しているように、ウガラにはライオンやヒョウたちが生息している。常緑林と比べると疎開林は樹木密度が低く、即ち木と木の間隔が長い。このことを確認するために、私は植生調査の結果を整理した。私は一〇〇メートル×一〇〇メートル四方の方形区をングェの疎開林に設けた。常緑林は、五〇メートル×五〇メートル四方の方形区を、ブカライのカバンバジケ林に一つ、ングェの川辺林に一つ設けた。その結果、胸高直径が五センチメートル以上の樹木は、疎開林には二三二本、常緑林には四四三本あった。その樹木密度は、常緑林では一平方メートルあたり〇・〇九本だったが、疎開林では〇・〇二本となる。疎開林では樹冠が開いている場所が多いのも当然である。また、疎開林の樹木は樹高も低い。常緑林には小さな木も多いので、意外なことに樹高の平均値は常緑林の方がむしろ低かった。胸高直径が五センチメートル以上の樹木の平均値は、常緑林では平均一四・一メートル（三〜二五メートル）なのに対し、疎開林では一七・九メートル（二〜二五メートル）だったのだ。しかし、高木を形成する樹木に限って分析してみると、樹高が一〇メートル以上の木は、常緑林では一平方メートルあたり〇・〇五本だったが、疎開林では〇・〇二本しかなかった。樹高が二〇メートル以上の木は、常緑林では一平方メートルあたり〇・〇二本だったが、疎開林では〇・〇一本しかなかった。これらの差はいずれも統計的に有意だった。

チンパンジーにとってみれば、日中だけでなく夜間も、疎開林は肉食獣に襲われやすい環境であろう。従って、捕食圧がチンパンジーの泊り場選択に影響を与えているという第一の仮説は正しそうである。

第二の仮説、チンパンジーは採食効率を上げられるように泊り場を選んでいるかどうかを検討してみよう。先述したように、チンパンジーはその樹種の果実または豆を食べている季節にその木に多く泊っているわけではなかった。しかし、その木には泊っていなくても、近くには泊っていたかもしれない。

私は、トラッカーに二週間に一度記録してもらった五キロメートルのセンサスライン二本に沿ってベッドや果実を整理してみた。ＧＩＳ分析の際と同様に、私はセンサスラインを六〇メートルずつ区切り、六〇メートル×六〇メートルの方形区を一六六個作った。一方で、一年を三か月ごと、乾季前半、乾季後半、雨季前半、雨季後半に分け、各季節に食べられていた果実や豆を整理した。そして、チンパンジーが各季節に果実や豆を食べていた樹木の本数を、のべ一六六方形区×四季節＝六四四方形区・季節ごとに数えた。

方形区内には最近作られた一六個のベッドが七つの方形区に見つかっていた。そこで、のべ六四四方形区・季節のうちの、ベッドがあった七つの季節・方形区内と、ベッドがなかった残り六五七方形区・季節について、その季節に果実や豆が食べられていた胸高直径五センチメートル以上の樹木の本数を比べてみた。しかしながら、ベッドがあった方形区内とベッドがなかった方形区でその季節にチンパンジーが果実や豆が食べられていた樹木の本数には、統計的に有意な差はなかった。このようにベッドが作られていた木そのものだけでなく、その周囲の環境を調べてみても、チンパンジーのベッドの分布とチンパンジーの採食樹との間には関係は見つからなかった。

また私は、チンパンジーのベッドがあった植生調査のトランセクトラインとベッドがなかったトランセクトラインを比べて、どちらがチンパンジーが果実を食べる樹木が多いかを調べてみたこともある。詳細は省くが、チンパンジーが果実を食べる木の胸高直径から胸高断面積を計算して比較したのだ。この時もまた、チンパンジーは果実を食べる木が多い所により多くのベッドを作っているという結果は得られなかった。

これらの結果は、食物の分布がチンパンジーの泊り場選択に全く影響を与えていなかったということを意味しているわけではない。だが、ウガラでは捕食圧が高く、捕食を回避することが泊り場選択にも効いていた。もしかすると、そのために、ウガラのチンパンジーは採食効率を上げるように泊り場を選ぶ余裕がないのかもしれない。

第三に、チンパンジーは飲み水を得られる場所の近くによく泊っていたかどうかを検討してみよう。

残念ながら、ウガラ内の水のある場所すべてを把握することはできない。小さな水たまりも点在しているからだ。だが、常緑林は一般に水分の多い場所に発達する。常緑林が泊り場として好まれるのは、飲み水を得やすいためであるかもしれない。また、チンパンジーが斜面を好む理由は長らく謎のままであったが、その答えの一つも水の得やすさにあるかもしれなかった。それは次に示す結果から示唆された。

乾季のウガラでは水は常緑林内の川底に限られる。川といっても、平坦な場所の川辺林は干上がっていることが多く、傾斜地の渓谷林の谷底や崖の直下には水が残っていることが多い。即ち、チンパンジーが水のある場所の近くに泊ろうとするならば、常緑林の中やその近く、あるいは傾斜地にベッドが多く作られているはずである。

そして、この傾向は、特に乾季に際立っているはずだ。雨季にはあちこちに水たまりがあるが、乾季にはそうでないからだ。

既に述べたように、ベッドは疎開林よりも常緑林に多く作られていたし、常緑林の面積割合はベッドのなかった方形区よりベッドのあった方形区が高かった。ただし、これだけでは水か捕食圧のどちらがチンパンジーの泊り場選択に影響を与えていたのかは判然としない。

だが、さらに分析してみると、チンパンジーが水を確保しやすい場所に泊っていたことを示す三つの証拠が得られた。第一に、地面の傾斜は、雨季にはベッドのあった方形区はベッドのなかった方形区よりも緩やかだったのに対し、水が傾斜地にしかない乾季にはベッドのあった方形区はベッドのなかった方形区よりも傾斜がきつかった。第二に、衛星画像からの分析によって一万平方メートル以上の常緑林から各ベッドの集まりまでの距離を吉川さんが算出してみると、すべてのベッドの集まりは常緑林から六一四メートル以内にあった。そして常緑林から離れれば離れるほどベッドの集まりの数は少なくなっているという（統計的に有意な）負の相関が得られた。第三に、疎開林に作られたベッドは、雨季には常緑林から平均一八四メートル（一六〜六一四メートル）離れていたが、乾季には平均九二メートル（七〜三一三メートル）しか離れていなかった。常緑林までの距離が乾季には雨季よりも（統計的に有意に）狭まっていたのである。これらの結果は、飲み水の分布もまた、チンパンジーの泊り場選択に影響を与えていたことを示している。

なお、実際に分析してみる前は、傾斜のきつい所では常緑林面積割合も高いのではないかと、私は予想していた。しかし、方形区の斜度と常緑林割合の関係は、相関係数＝〇・〇五という弱い正の相関（一方が増えれば他方も増えるという関係）しかなかった。広大な区域を取れば、傾斜がきついと常緑林が多いという関係はもっと強くなるかもしれない。イサ平原やムフワジ平原に比べると丘陵地には常緑林が多いからだ。しかし、少なくとも六〇×六〇メートル四方の方形区を単位として分析した限りにおいては、その区画内の傾斜がきついからといって、その区画内の常緑林割合が高いわけではなかった。

もし仮に斜度がきついと常緑林が多かったならば、傾斜がきついとベッドが多いという関係は見かけ上だけの関係で出てくる場合がある。つまり、斜度がきついと常緑林が多く、常緑林が多いとベッドが多い。そのために、傾斜がきついとベッドが多いという結果が得られる。この場合には、チンパンジーは傾斜がきついためにその場所を泊り場に選んでいるわけではない。ところが実際には、傾斜がきついと常緑林面積割合が高いわけではなかった。従って、チンパンジーは乾季には傾斜のきつい場所を選んでいたと考えられる。


チンパンジーが斜面を好む理由は、同じ疎開林同士であっても斜面の方が安全だからかもしれない。傾斜地にはムバが優先する立派な疎開林が多い。それに対して、平坦地には「ムラマ（*Combretum molle*）」と呼ばれる細く樹高も低い樹木が点在するだけの場所が多いという印象がある。そこで私は傾斜地と平坦地の疎開林を比較してみた。

私はそれまでに次の植生調査を行っていた。ングエ、ブカライ、ンコンドウェの傾斜地で幅四メートルのトランセントを計二六キロメートル（一〇四〇〇〇平方メートル）、イサ、シャングワ、ムフワジの三か所の平坦地で幅四メートルのトランセントを計一二キロメートル（四八〇〇〇平方メートル）である。その結果、胸高直径五センチメートル以上の樹木は、むしろ平坦地の方が多く、傾斜地では一平方メートルあたり〇・〇三七本であり、平坦地では〇・〇四一本だった。しかし、胸高直径五センチメートル以上かつ樹高一〇メートル以上の樹木に限定すると、傾斜地では一平方メートルあたり〇・一四本で、平坦地では〇・〇一三本となり、傾斜地の方が多くなった。さらに樹高が二〇メートル以上の樹木に限定すると、傾斜地では一平方メートルあたり〇・〇三本で、平坦地では〇・〇二本となり、やはり傾斜地の方が多くなった。また傾斜地の樹木は樹高が平均九・四メートル

(一～三二メートル)と高く、平坦地では八・八メートル(一～三四メートル)と低かった。サンプル数が減ってしまった二〇メートル以上の樹木の比較を除き、いずれも統計的に有意な差が出た。従って、傾斜地は平坦地より樹高が高い木が多く、より安全であると考えられる。

とすると、チンパンジーは、捕食回避のために傾斜地によく泊るのかもしれない。あるいは、傾斜地では声が遠くまでよく届くといったことも影響しているのかもしれない。他の可能性も否定できない。しかしながら、それらの仮説はいずれも、チンパンジーは雨季にはむしろ傾斜のゆるやかな場所によく泊っていたという結果については、うまく説明できない。乾季に傾斜がきつい場所によく泊るという季節変化を最もよく説明できるのは、やはり水仮説であろう。

最後に、第四の要因、チンパンジーは眠るのに快適な場所を選んでいたかを検討してみよう。GIS分析によると、ベッドがあった方形区とベッドがなかった方形区の高度は、乾季には有意な差がなかった。雨季には統計的に有意な差が出たものの、ベッドがあった方形区はベッドがなかった方形区より一〇メートル高かっただけである。一般には高度が一〇〇メートル上がれば、気温は〇・六℃下がると言われている。一〇メートルだと〇・〇六℃である。あまり大した差とは思えない。また、後述するように、ウガラ以外の幾つかの地域でも調べてみると、常緑林割合と斜度についてはどの地域でも一貫した傾向が出たのに対して、高度については一貫した傾向が出なかった。快適さ仮説を検証するためには、ウガラでの高度と気温との関係、また湿度や他の要因についてさらに検討してみる必要があるだろう。

以上、ベッドが作られた場所の環境を分析してみると、ウガラのチンパンジーのベッド分布に大きな影響を及ぼしているのは植生と斜度であり、チンパンジーたちは、捕食されにくく、飲み水を得やすい場所を泊り場に選んでいることが示唆された。ウガラのチンパンジーは、採食のためには果敢に疎開林に出て行く。しかし、泊り場には常緑林内やその近くを選んでいた。安全な場所または乾季に水が得やすい場所として、常緑林の近くと傾斜地を泊り場に選んでいた。

私たちの祖先の暮しに思いを馳せると、初期人類がチンパンジーと同じようにベッドを樹上に作って暮している限りは、こうした遊動パターンを採らざるをえなかっただろう。私たちの先祖も、容器やあるいは水を得るためのなんらかの道具を上手く使わぬ限りは、ウガラのチンパンジーと同じような遊動パターンを続けていたに違いない。

▼ウガラのチンパンジーの採食

この章の最後では、ウガラのチンパンジーの採食品目の特徴についてまとめよう（Yoshikawa & Ogawa 2015）。

私と吉川さんは、一九九五年から二〇一一年にウガラの主に北東部のングェと中央部のブカライで見つけたチンパンジーの糞合計四六五個を分析した。チンパンジーの糞を洗うと、ザルに一番多く残るのが果実の種子である。チンパンジーの好物は熟した果実であるが、その果実を効率よく食べるために、チンパンジーは種子ごと果実を飲み込むことがよくあるからだ。果実の種子の他には、植物の繊維、豆のかけら、虫のかけら、動物の骨なども消化されずに糞から出てくる。豆も種子の一種であるが、これは種子自体を食べようとして消化しきれなかった物だ。昆虫などの節足動物をチンパンジーが食べた場合には、キチン質でできている外皮部分は消化されずに出てくることがある。そんな糞分析の結果に、（例数は少ないが）直接観察でチンパンジーが食べていたと確認できた物を加え、私たちはウガラのチンパンジーの採食品目（種と部位）のリスト作成に取りかかった。

なお、チンパンジーは、果実などを口に入れて、しがんで甘い果汁を吸い取り、カスは吐き出すという食べ方もする。その食べカスは「ワッジ」と呼ばれている。それらの証拠もリストに反映させた。

私たちはさらに、自分たちの調査結果に、ウガラの複数個所で短期的に行われた調査（Nishida 1989; Moor 1994）と、ウガラ西部のイサで行われた調査結果（Hernandez-Aguilar 2006）を加え、ウガラのチンパンジーの採食品目リストをまとめた（Yoshikawa & Ogawa 2015）。これでもウガラのチンパンジーが食べている物を完全に網羅できたわけではない。また、このようにして作った採食品目のほとんどは、糞分析の結果に拠っている。糞からはチンパンジーが食べても消化されなかった物だけが出てくる。糞から出てこない食物については特に不完全なリストである点には十分注意しなくてはならない。しかし、現在までにわかっている採食品目リストを他の地域と比べてみると、次のことが推定できた。

比較の結果、第一に、ウガラのチンパンジーの採食種数と部位数は、熱帯多雨林のチンパンジーのものより少なかった。乾燥疎開林地帯では熱帯多雨林より樹木本数と種数が少なく、採食できる果実量と種数が少ないためかもしれない。ただし、ウガラのチンパンジーの採食種数と部位数は、他の乾燥疎開林地帯のチンパンジーのものよりは多かった。

第二に、ウガラのチンパンジーは、植物の根も食べており（Hernandez-Aguilar 2006）、その種数は熱帯多雨林よりも多かった。根の採食は果実の不足を補っているのかもしれない。

第三に、ウガラのチンパンジーは動物を食べることは少なかった。食べている種数も少なく、食べている頻度も低かったのである。大・中型哺乳類は一度も食べられていなかった。四六五個もの糞を調べて中から出てきたのは、げっ歯類（ネズミの仲間）の骨が一回と、鳥類の羽毛が一回きりであった。これは熱帯雨林を含む他の地域のチンパンジーの動物食と比べると、非常に低い頻度である。ウガラではサブグループの大きさが小さいために、大きな集団で狩りをすることが難しいからかもしれない。またマハレで頻繁に獲物となるアカコロブスはウガラではごく一部にしか生息していない。このこともウガラで哺乳類食が少ない原因かもしれない。

以前は、サバンナへと初期人類が進出していったことには、人類が狩猟をして肉食をするようになったことが深く関係していると考えられていた時代もあった。しかし、ウガラの調査から明らかになってきたのは、それとは相反する傾向だった。最も乾燥し開けた地域であるウガラのチンパンジーは、まれにしか動物を狩って食べていなかったのである。アリやシロアリなどの無脊椎動物を食べる頻度も多くはなかった。乾燥地帯に住むようになったウガラのチンパンジーは菜食主義に近い食生活を送っていたのである。

コラム⑰……ウガラの植物たち

このコラムでは、ウガラの植物、特にチンパンジーがよく食べる植物を季節ごとに紹介しよう。

乾季後半（八月から一〇月）には、ウガラのチンパンジーは疎開林に実る果実を多く食べている。ウガラでは八月から九月には「ムナジ（*Parinari curatellifolia*）」と呼ばれる樹木の果実「マナジ」がよく食べられる。マナジは縦五センチ×横四センチ×奥行き四センチメートル、重さ一四・五グラム程度の黄土色の果実だ。私も時々拾って食べる。芋のような触感だ。ただし、果実の中央には五・五グラムもある大きな種子が一つ入っているので、モモを丸ごと食べる時のように、外側から歯をたててガシガシ齧っていくことになる。チンパンジーは種子ごと果実を飲み込んでしまう。そのためチンパンジーの糞からはムナジの種子がよくゴロゴロと出てくる。「マトゥンダ・ンゴロ（*Vitex doniana*）」の果実もよく食べられる。マナジよりひとまわり小さく、三センチ×二センチ×二センチメートル、六グラム。やはり中央に一個、一・四グラムの種子が入っている。一〇月になると、「ムクス」と呼ばれる *Uapaca* 属の二種の果実「マクス」が熟してくる。ほぼ球形の果実だ。葉も果実も大きい方のタイプ（*U. kirkiana*）の果実は二四・二グラム。中に一・〇グラムの種子が四粒入っている。小さい方のタイプ（*U. nitida*）の果実は一・八グラム、種子は〇・二グラムだ。「ムコメ」と呼ばれる *Strychnos* 属の数種（*S. innocua*、*S. pungens*、*S. spinosa*、*S. rucens* など）は、低木だが、「マコメ」と呼ばれる丸くて大きな果実をつける。果実の直径は約一〇センチメートル。九一・〇〜四六八・〇グラムだ。熟すまでは硬くて、真ん丸なので、チンパンジーでも歯がたたないらしい。果実に歯型が残っていたりする。熟すと、石を叩きつけたりすれば、割ることができる。実際、チンパンジーが地面の岩に熟した果実を叩きつけて割った跡を見たことがある。果実を割ると、中には一・四グラム程度の種子が一〇粒ほど入っている。種子の周りを舐めると、飴のような食感だ。雨季の始まる頃には「ムシンドィ（*Anisophyllea pomifera*）」の果実「マシンドィ」が実り始める。果実は一六・六グラム。種子は二・七グラム。乾季に実るマナジなどが皆芋のような食感であるのに対して、マシンドィにはブドウのようなジューシーな美味しさがある。このように、ウガラのチンパンジーは疎開林の果実を多く採食している。アカオザルやブルーモンキーのように川辺の常緑林にへばりついて生活していると、これらの果実は食べられない。乾季に多くの葉が落葉した危険な疎開林に果敢に出ていくことによってこそ、ウガラのチンパンジーはそこに実る果実を食べることができるのである。

しかし、乾季後半と比べて、雨季の前半（一一月から一月）には、大きくて食べやすい果実はあまり熟していない。マハレでは、「ムルンバ・ポリ（*Ficus* spp.）」と呼ばれるイチジク属の様々な果実が、種によって季節を違えて多くの果実をつける。しかし、ウガラには、マハレほどはない。「ムトボ（*Pseudolachnostylis maprouneifolia*）」という、けっこう頻繁に食べられている疎開林の低木の果実がある。しかしスカスカの食感である。チンパンジーは、直径三・〇センチメートルのこの果実を丸ごと飲み込んだり、甘味を含んだ水分をしがんだ後でワッジとして吐き出したりしている。確かに口の中で何度もしがんでいるとジワリと甘さが広がってくる。だが、これだけではお腹がいっぱいにはなりそうにない。では常緑林内には果実はないのか。マハレでは、「ムブンゴ（*Saba comorensis*）」と呼ばれる蔓性の植物が果実「マブンゴ」を実らせ、これが主要な食物となる季節がある。果実は七・〇グラム。中に幾つか入っている種子は一個一・五グラム。ウガラには常緑林自体が少ないために総量は多くはない。ゴンベでは、「ムゴンゴ（*Pseudospondias microcarpa*）」と呼ばれる樹木の紫色の果実がよく食べられている。〇・七グラムのしわしわの種子が特徴的なので、これが糞に含まれていればすぐわかるのだが、ウガラでは糞からそれほどは出てはこない。強いてあげれば、「ムザンバラウ・ポリ（*Syzygium guineense*）」が、常緑林に実る雨季前半の大事な果実だろう。

雨季の後半（二月から四月）にチンパンジーがどうしているかは、私にはまだよくわからない。私自身は雨季にはあまりウガラに滞在していないからだ。またこれまでに採集できた糞が少ないことにも原因がある。乾季と違って、チンパンジーの糞が乾くまでの間にスカラベ（フンコロガシ）が糞を丸めてコロコロと持って行ってしまうのである。

乾季前半（五月から七月）になると、チンパンジーにとっての食物事情は好転する。豆があるからだ。疎開林地帯のチンパンジーは豆をよく食べる。豆といっても大豆やエンドウ豆のような草本類がつける豆ではない。樹木がつける豆である。その鞘（さや）は、種によって大小様々だが、長さおよそ一〇〜三〇センチメートル、幅五センチメートル、厚さ二センチメートルほど。その中に数粒の平たい豆（種子）が入っている。鞘が弾けて飛び出してくる頃には、豆は既に固くなっている。そうなる前に、チンパンジーは鞘を齧りわって、中にあるまだ柔らかい豆を食べるのである。果肉だけが消化されて種子が糞から出てくる果実とは異なり、こうした豆は消化されてしまうので、どの程度食べられているかを糞分析から判定することは難しい。しかし、私を含む研究者の直接観察などから、ウガラでは「ムバ（*Brachystegia bussei*）」「カバンバジケ（*Monopetalanthus richardsiae*)」「カバンバドゥメ（*Julbernardia unijugata*）」を始めとして、一〇種以上の樹木の豆が食べられていることがわかっている。「ムクルング（*Pterocarpus tinctoriu*）」という樹木がつける種子もよく食べられる。種子の周りにヒラヒラした羽根をつけているので、本来風に散布を頼る植物である。豆のように固い鞘には覆われておらず、またどんぐりのように大量の種子を生産するので、チンパンジーに限らずヒヒやリスなどにとってもありがたい食べ物となっているようだ。

長い期間頻繁に食べられている果実の一つは、「マトゥングル（*Aframomum mala*）」と呼ばれるアフリカ・ショウガの果実である。その果実は茎の先端にはない。地面からぽっこりと赤色の果実が顔を覗かせている。レモンに近いくらい酸っぱいが、美味しい。水分も多く含んでいるので、見つけた時には私もよく食べる。「ムコマ（*Grewia mollis*、*Keetia guienzii*）」と呼ばれる樹木の果実の種子も糞からよく出てくる。これは常緑林の縁の藪（やぶ）のような場所によく生えている低木である。「マトゥングル」や「ムコマ」の果実を食べるためには、チンパンジーは危険を覚悟の上で木を下りなくてはいけない。捕食されるのを避けつつ、如何に効率よくこうした食物を食べるかという点が、ウガラのチンパンジーが生き抜いていくには重要に違いない。

第一八章……ウガラに家を建てる

▼ングェ保全観察センター建設計画

ウガラのングェに家を建てることになった。これまで私はずっとテント生活で調査を行ってきた。私自身はそれで十分満足である。しかし、GRASP（Great Ape Survival Project：大型類人猿を救うプロジェクト）の日本支部から調査や保護保全活動をするためのお金をいただいた。「では、ングェに調査基地を造ろう」という計画になったのだ。建設するのは、一階建て三部屋の焼きレンガ製の一軒家である。

二〇一〇年の七月二二日、関西国際空港へ。今回はカタール・エアー・ラインでドーハへ。ドーハで乗り換えてダルエスサラームへ。

キゴマまでは、ブルーノの運転でひとっ走り。七月二五日、ダルエスサラーム発。ムカンバコとスンバワンガとムパンダで泊って、八月二八日、キゴマ着。運転手のブルーノには飛行機でダルエスサラームへ帰ってもらった。

翌日からは、お役所通いがキゴマで始まった。ウガラに家を建てる許可を取得するためである。吉川さんとバラムウェジにも手伝ってもらったが、手続きはなかなか進まない。でもそんな話の詳細は読者には退屈だろうから省略しよう。私自身もあまりにも退屈なお役所通いに嫌気がさして、途中の七月三一日にはバラムウェジが偶然チンパンジーのベッドを見たというトゥビラという場所にも行ってみた（Ogawa et al. 2011）。八月三日に、ようやく地方行政から建設許可を取得できた。

八月四日には、さらにングェの最寄りの街ウビンザの委員会にも出席した。委員会は選挙で選ばれた村長と二〇人ほどの委員によって構成されていた。その委員会でもングェに保全観察小屋を建てて良いかを諮ってもらった。「家を建てるなら、我々にお金を払え」と言い出すおばちゃんもいた。しかし、バラムウェジがングェに保全観察小屋を造る意義を滔々と説明してくれて、最後にはウビンザの人々からの理解も得られた。

▼焼きレンガの家造り

八月五日の一一時、遂に小屋の建設が認められ、ウビンザ発。一二時三八分、ングェ着。やっとフィールドに入ることができた。ングェ川支流のルタンダ川に家を建てて住んでいたガリモシ一家もいなくなって、彼の泥壁の家も崩れかけていた。となると、一か月後には、ングェに建っている唯一の家が、私たちの保全観察小屋となるはずだ。

八月六日、家造り開始である。だが、すべては自分たちの手でしなくてはならない。周りには店もないし職人もいないからだ。ノコギリなどの道具は街で買って持ってきた。この年からは飯田恵理子さん（京都大学野生動物研究センター大学院生）がハイラックスの調査をングェで始めており、調査隊のメンバーは私、吉川さん、飯田さん、エマ、バラムウェジ、ジョン、アレックス、マシャカなど。トラッカーたちには交替で、日によってはチンパンジーやハイラックスの調査を手伝ってもらったり、日によっては家造りを手伝ってもらったりと、臨機応変に仕事を分担してもらった。

家の材料は、基本的にはすべて現地で調達した。主な材料はレンガと木材だ。ドアや窓枠に使う木材は、周辺の木こりから卸値で買えばよい。問題はレンガだ。

最も簡単に家を建てるには、藁葺きの家を造るという手もある。木と木で草を挟み込んで壁にしたものだ。でも、藁葺きの家を調査基地とするのは、あまりにみすぼらしい。三匹の子豚に出てくる「藁の家」もオオカミに吹き飛ばされてしまった。次に簡単なのは、ウガラで木こりたちが住んでいるタイプの家だろう。自分たちが板を作った端材を並べて壁にした家だ。三匹の子豚に出てくる「木の家」である。でもこれもオオカミに吹き飛ばされてしまった。ここはやはりレンガの家を建てよう。

というわけで、基地の建設はレンガ作りから始まった。まずはングェ川の近くの土で本当にレンガを作れるかどうかを確認する。土選びはバラムウェジが上手いそうだ。彼が選んだ場所の土を使って、試しに六個だけ型を作って乾かしてみた。どうやら良いレンガになる土だそうだ。

八月七日、本格的に作業開始。鍬とピッケルで斜面の土を掘り崩す。ングェ川からバケツで水を汲んできて、そこに何杯もかけていく。水をかけた部分の土を、スコップですくったり足で踏んだりしながら、さらに捏ねて泥をつくる。ヒヒたちが、何事が始まったのかと、遠くから様子を窺っていた。数時間で、三メートル四方の水田の苗代のような物ができあがった。

翌八月八日、一晩水を浸しておいた泥を、建設予定地まで運ぶ。一〇メートル足らずであるが、大変な労働だ。次に、泥を木の枠に流し込んで直方体のレンガの形にする。レンガは三一センチ×一五センチ×一二・五センチメートル。木の枠に泥を詰めては、それを型から外して地面に置く。その作業を繰り返すこと五〇〇回。今日は五〇〇個のレンガのもとができた。急に乾燥させると、せっかく作ったレンガのもとにひびが入ってしまう。枯れ草をかぶせ、直射日光が当たらないようにする。

家の大きさと形は、バラムウェジの家と全く同じにした。三部屋が並んだ平屋だ。ベッドルームが二部屋と真ん中にリビングルームが一部屋。各部屋の大きさは、横二六四センチ×奥行二七四センチメートル。高さは、天井までが二〇〇センチメートル、屋根の尾根までが二七〇センチメートル。計算してみると、約一五〇〇個のレンガを作れば良いはずだ。

八月九日に再び泥を捏ね、一〇日にその泥で型を作る。レンガの数を数えてみると三八〇個。前回の分と合わせて、これで八八〇個できた。一一日に三たび泥を捏ね、一二日に型を作る。まだ一三八〇個であるが、泥が途中でなくなってしまった。明日もうひと頑張りして追加しよう。翌八月一三日、捏ねて型を作って、遂に計一六八〇個になった。これで足りるだろう。

レンガを乾かしている間に、私たちは木材を調達した。ただし違法に樹木を伐採している木こりたちから材木を購入するのは避けたい。「普段『森を守れ』と言っているくせに、この家は木を切って造ったじゃないか」と後で突っ込まれかねないからだ。そこで木材は、政府から正式の許可を得て樹木を伐採していた「カバンガ・ガレージ」という会社から購入した。ングェ川を上流に歩いてゆき、木こりたちが伐採した木材を集めている場所で板を買い取り、キャンプまで自転車で運んだ。

八月一五日、次の工程はレンガの仕上げである。この段階で出来上がっているレンガのもとは、直方体の泥のかたまりである。しかし完全な直方体にはなっておらず、はみ出している土がある。これを一個一個パンガで削りとってきれいな直方体に仕上げるのだ。一六八〇個のレンガのもとをひたすら整えていく。

その作業が終わった日の夜七時、乾季にしては珍しく大粒の雨が降ってきた。せっかく作ったレンガが、雨でダメになってしまわないようにしなくては。こんな時は研究者もトラッカーも全員が団結して働く。雨に濡れながら、皆で急いでテントから建設現場に走り、レンガのもとの上にブルーシートをかぶせた。ところが一人足りない。マシャカである。マシャカはこの時ングェ川に水浴びに行っていたらしい。作業が終わった頃におっとり刀で建設現場に歩いて来たマシャカを見て、エマは「おまえの仕事は風呂に入ることかぁ」と叱っていた。

しかし、そんなエマもまた、若い日本人研究者からの評判は必ずしも良くない。私とは一九九五年から苦楽を共にしてきた仲である。普段は多少サボっていても、いざという時には苦労や危険を顧みず私を助けてくれると信じている。しかし、言われてみれば、最近は植生調査一つとっても楽な役割分担にまわろうとすることが多くなっていた。今年は、私が調査地に入る前に、飯田さんがエマを雇って先にングェに来ていた。飯田さんが休憩時に水筒からングェの茶色い水を飲もうとすると、横にいたエマは自分のバッグからファンタを取り出して飲んだのだそうだ。まぁこれは、自分のお金で買って持ってきたのだから別にかまわないのだけど、私がングェのキャンプに着くと、エマはキャンプに自分の奥さんを呼び寄せて暮していた。それは認められないと、奥さんはムワミラ村に帰らせた。エマは「妻を村まで送って行く」と言うので、そうさせたら、ングェには二日間戻って来なかった。

私にしてみれば、最近のエマの立場はまるで次のような感じであった。昔若い二人が小さな会社を立ち上げた(私とエマのこと)。長年の苦労の末、会社は徐々に大きくなり、今では一流企業となった。一人は社長となり、一人は専務となって、今年は自社ビルも建設中である(今造っている小屋のこと)。やがて会社には新入社員が入社してきた。新入社員の目には、専務(エマのこと)は毎日たいして仕事をしていないように映る。実際あまり熱心に仕事をしているわけではない。若い社員たちには「あんな人、この会社に要らないんじゃないの」と言われている……。

私自身もこの二~三年は植生調査や糞分析のような地味な仕事ばかりやっている。もう一度エマと二人で広域調査に出たいという思いに駆られた。

レンガはやがて日光で乾いた。「日干しレンガ」の出来上がりである。タンザニアの田舎の民家には、この状態になった日干しレンガを積み上げただけの家もある。しかし、もっとも頑丈なのは「焼きレンガ」だ。家造りは、レンガを焼く行程に進む。

　私たちは日干しレンガを建設予定地の横に積み上げた。積み上げられたレンガはまるでピラミッドのように見えてかっこ良かった。レンガのピラミッドには、トンネルのように空洞にした部分を作っておく。その空洞に大きな薪をくべて火を焚くためだ。

　八月二一日、今日はレンガ焼き日だ。この作業はアレックスが得意だそうだ。今日は彼が現場監督である。責任を感じてか、アレックスは朝真っ先に建設現場に向かった。九時一七分、前日に準備しておいた直径二〇センチメートルの太い薪をトンネルにつっこむ。焼く前には、ピラミッド全体に泥土をかぶせ、煙が抜けないようにして加熱効果を高める。一〇時四四分、泥塗り終了。一二時二〇分、着火。火が落ち着いたのを確認して、トンネルに蓋をする。後は、時々蓋を開けたり閉めたりして火の具合を調節する。翌朝様子を見に行くと、白い煙がピラミッドの所々から立ち昇っていた。触ってみると、全体がかなりの熱さになっている。それでも焼き足りないとアレックスが判断したので、薪を加えてさらに焼き続けた。

　次に、いよいよ家の組み立て作業に入る。レンガを積み上げる作業だけは、大工さんにやってもらった。壁は、正確に垂直に立てないと、倒れてしまう恐れがあるからだ。大工さんはングェに来る前にカズラミンバ村で手配しておいた。八月二四日、フェドリックとアダムという二人の大工さんが自転車で到着した。八月二五日、家の敷地を決める。このやり方は日本での家の建てる時と同じだった。二人の大工さんは、水平器と糸を使って、これからレンガを積んでいく場所を正確に決めていった。

　八月二七日、朝六時からピラミッドを解体し、焼きあがったレンガを地面に並べる。全員でレンガ降ろしだ。焼いてから一週間近く経っているにもかかわらず、ピラミッド内部のレンガはまだ手袋なしでは触れないほど熱かった。

　私たちが地面に降ろしたレンガを、二人の大工さんが家の敷地に壁となるように積み上げてゆく。水平器を使いながら、また糸を垂らして垂直かを確認しながら、レンガとレンガの間に泥を挟んで一個ずつレンガを積み上げていく作業だ。壁は徐々に上に向かって伸びてゆき、三〇日、すべての壁（外壁と部屋の仕切りの壁）が完成した。

八月三一日、日本の夏休み最終日。今度は床造りに入る。床にはセメントを敷くことにした。セメントの粉はキゴマの市場で二袋購入してきた。セメントの粉と混ぜる砂はングェ川の川底から車で運ぶ。平らな岩の上でセメントの粉と砂とバケツの水を混ぜる。一方、周りから石を運んできて床に敷き詰める。最後に、その隙間にセメントを流し込む。これで、雨季にも、ドロドロの土の上ではなく、セメントの上で快適に寝ることができるだろう。そうして遂にベッドルームが二部屋と真ん中にリビングルーム一部屋の立派な家がほぼ完成した。

残るは屋根である。日本家屋ならば屋根には藁（わら）、即ち米を収穫した後の稲を利用する。ングェには田畑はないので稲はないが、疎開林の林床にはたくさんのイネ科草本が生えている。周辺から屋根に適したタイプの枯れ草を集めてきて敷き詰めれば良い。だが、残念ながら、日数が足らなくなった。最後の仕上げはトラッカーたちに任せることにしよう。

私は最後に二枚の看板を作った。一つの板にはマジックで「Ngye Conservation & Observation Center（ングェ保全観察センター）」と書いた。いつの日にか郵便物が届くことを願って住所も書きたかったが、「タンザニア、ウガラ、ングェ」以上の細かい住所は書きようがないのでやめておいた。もう一つの板には、「GRASPジャパンの資金援助によるウガラ・サバンナ・チンパンジー・プロジェクト」と書いた。この二枚の板を家の前に生えている木に打ちつける。

この日私がングェ川で水浴びをしていると、カワウソがングェ川の川辺を走っていった。なんだか「不思議の国のアリス」に登場するウサギのように走っていった。

九月一日、トラッカーと大工さんを村へ送ってキゴマへ。ただし、エマとバラムウェジとジョンには、引き続きングェに残ってもらい、果実の実り具合の季節変化を記録するセンサスを続けてもらう。九月二日、キゴマ発。今回は北周りで、カハマ、ドドマ、ミクミ国立公園で泊り、九月五日にダルエスサラームに戻った。九月八日、ドーハへ。深夜に飛行機を乗り換えて、翌九月九日、関西国際空港に降り立った。

ウガラのングェに調査基地を造ったことによって、タンザニアでのチンパンジー調査はングェでの生態調査が中心となり、他の動物を調査する研究者もまたングェに滞在するようになっていった。時代は確実に移っていった。

コラム⑱……タンザニアの習慣と日本の習慣

日本人の私からすると「ちょっと変わっているな」と感じたタンザニアの習慣を紹介しよう。

タンザニアでは七時は「一時」と言う。八時は「二時」。六時間引いた数字である。混乱するだろうと思いきや、意外とそんなことはない。朝六時から一日が始まり、一時、二時、三時と時が進んでいくのは、馴れてしまうとなかなか気持ちが良い。とり間違えて失敗したのは一度きりである。二〇〇八年にゴンベに行こうとして港で船の時間を尋ねると、「ゴンベへの船は明日の『二時』に出る」と言われた。翌朝八時に港に行くと、出港は午後の二時だった。こういうはめにならないように、バスや飛行機の時間を言われた時には、「それは『スワヒリ・タイムのサー・ンビリ（二時）』か？　それとも『英語の two o'clock』か？」と聞き返すようにしている。でも、この時はトラッカーのバラムウェジも横にいたので、油断して確認しなかったのだ。もちろん私たちは午後の二時まで六時間も港で延々と船が出港するのを待つことになった。

タンザニアに限らないが、アフリカを含む多くの地域では、人々は重い荷物は頭の上に載せて運ぶ。遠征に出かける時には、背負えるようになっているザックを渡しても、頭に載せて歩いてゆくトラッカーもいる。これは実際にやってみるとなかなか具合が良い。最近私は日本でも重い荷物は頭に載せるようになった。例えば宅配便を送りに段ボールをコンビニに持って行く時だ。私は段ボールを頭に載せてコンビニに入って行く。その瞬間店の人に多少奇異の目で見られるのを感じる。しかし、頭の上に載せる方が腰を痛めにくいし、姿勢も良くなる。日本でもこの方法がもっと広まると良いと思う。

タンザニアの人たちに「変わっている」と思われる日本人の習慣も、当然幾つもある。

彼らは、地面に座り込むことはあまりしない。そんきょの姿勢（いわゆるウンチング・スタイル）もほとんどとらない。インタビューに訪れた村の庭先で、地面に胡坐をかいて座り込もうとすると、恐縮して「どうぞ、これに座ってください」と椅子を出される。

私は食事の時には「いただきます」「ごちそうさま」と手を合わせる。一方、エマは一応クリスチャンだが、食事前のお祈りをしている姿は一度として見ていない。私が食事の度に手を合わせるのは、街でも結構おもしろがられる。

タンザニアに広めようとした日本の文化が幾つかある。例えば箸である。キャンプにはスプーンの隣に箸も置いてある。「こうやってつまんだら、料理や食事の時に便利でしょ」とトラッカー促すのだが、誰も挑戦しようとしなかった。しかし、まな板は結構普及した。タンザニアの人々は、利き手にナイフを持ち、反対の手で野菜を持って、切ってゆく。菜っ葉類も固く束ねて切ってゆく。私は日本から持ってきたプラスチック製のまた板を見せ、「野菜はこうやって切っていくと便利でしょ」と示した。すると最近はトラッカーたちも時々まな板を使うようになってきた。

第一九章……繋がった道路

▼ルバリシ村のチンパンジー餌付け騒動

この年からは金田大君（京都大学野生動物研究センター研究員）もウガラでの調査に加わった。金田君は猛禽類の研究者で、親鳥がどのように狩りをして巣にいる雛を育てていくかを観察しようとしている。若い頃海外青年協力隊としてザンビアで先生をしていた経験があるが、タンザニアに来るのはこの年が初めてだった。一緒にランドクルーザーでウガラに入る。また、齋藤美保さん（京都大学野生動物研究センター大学院生）も、調査地まで送ってあげることになった。齋藤さんは昨年からカタビ国立公園でキリンの調査をしている。従って、旅のメンバーは私、金田君、吉川さん、齋藤さん。

二〇一一年七月二〇日、関西国際空港発、ドゥバイへ。翌日ダルエスサラーム着。二三日、ダルエスサラームから電話してみると、エマにもバラムウェジにも携帯電話がつながった。時代も変わったものだ。

七月二五日、ダルエスサラーム発。大勢いるので運転手は雇わず、主に私の運転で、時々交替しながらタンザニア中央突破を目指す。一日目はモロゴロ泊。二日目は一日走り続けて、日が暮れる寸前にタボラ着。三日目にムワミラ村に着いた。

していた。

七月二八日、トラッカーを乗せて、ングェに入る。昨年建てた家は、トラッカーたちの手によって屋根も完成していた。

七月二九日から、ムパンダを経由し、齋藤さんをカタビ国立公園まで送り届けた。七月三〇日、皆で国立公園のキリンやカバやアフリカゾウを見物。その後、せっかくこんな南の方まで来たからということで、タンガニイカ湖方面にも行ってみる。エマ、バラムウェジ、金田君、吉川さんで、午後一時一〇分、カタビ発。午後三時三〇分、イフクトゥワの三叉路経由。午後六時五〇分、ルバリシの急坂を下る。カタビで時間を取りすぎて、日が暮れてしまった。もう少し走ればルバリシ村に着くはずだ。しかし、こんな時間に知り合いもいない村に行っても、いろいろと苦労するかもしれない。私は坂を下りきった所で車を停めた。きれいな水の流れていた川辺の竹やぶの中にテントを張る。ルバリシ村を訪れるのは明日の朝にしよう。

ルバリシ村を訪れた理由の一つは、この近くで餌付けされたチンパンジーのその後の状態を知りたかったからである。

ルバリシ村の南にそびえるカロブワ山脈では、松谷光絵さんが一時期チンパンジーの餌付けを試みていた。松谷さんはＴＢＳ系列のテレビ番組「どうぶつ奇想天外！」などの撮影に携わっていた人である。番組製作のためにマハレ山塊国立公園のチンパンジーを撮影したことが何度かある。マハレはもともと研究者が観察するためにチンパンジーを人付けしていった場所である。チンパンジーを撮影しようとすれば、マハレでは当然いろいろな制約がある。またマハレには観光客もチンパンジーを見に来る。テレビ番組を製作しようとしている人にとっては、画面に人間の姿が映ってしまうのが邪魔に思えることもあっただろう。そこで、自分の撮影用に別の場所でチンパンジーを餌付けしてしまおうと考えたわけである。撮影の邪魔にならない範囲で、タンザニア国内外の観光客からは料金をとって餌付けされたチンパンジーを見せるようにもする。上手くいけば、その利益は地元のルバリシ村にも還元できるという構想でもあったらしい。マハレのトラッカーの一人であったラマザニ・ニュンドーさんを助手に雇って手伝ってもらい、松谷さんは餌付けの試みを実行した。

この地域でならチンパンジーの餌付けは成功する可能性は高いと私は予想していた。カロブワ山のチンパンジーはそれほど人を恐れないからだ。第一一章で紹介したように、松谷さんの試みに先立つこと六年前の二〇〇三年に、私はこの地域でチンパンジーの調査を行っていた。その時、トラッカーたちがカロブワの山頂でチンパンジーに出遭ったのだが、チンパンジーたちは人間から逃げようとせず、木の上から脅してトラッカーたちを追い払ったほどである。しかし、この出来事は、カロブワ山のチンパンジーは密猟の被害に遭いやすいことも示唆している。

二〇一一年の七月三一日、ルバリシ村の人々に尋ねてみると、チンパンジーの餌付けは（一旦はある程度成功したものの）既に廃止されていた。カロブワ山でのチンパンジー餌付け計画は次のような経過をたどったらしい。バナナとサトウキビによる餌付けを試み始めて一年くらいすると、チンパンジーは山の裾野に設けた餌場に下りて来るようになった。餌場からバナナとサトウキビを取っていくようになり、二〇一〇年には木の下から樹上のチンパンジーを見られる程度にまでなったそうである。しかし、私たちがルバリシ村を訪れた二〇一一年現在、松谷さんは日本に帰国しておりタンザニアにはいなかった。餌付けは廃止されて、チンパンジーは山の上の方のもともとの生息地に戻ったそうである。餌付けの試みは結局地元にも何の利益ももたらさずに終わったようだ。また、一度餌付けされて人慣れしたことによって、カロブワのチンパンジーたちが密猟されやすくなってしまっていないかも心配である。

実際、チンパンジーが密猟によって殺されたという話は、タンザニア各地で幾度も聞いていた。

二〇〇三年、ムパンダから西に入ったカトゥマ村で人々の調査をしていた研究者の阿部さんからは、次のような話を聞いたことがある。カトゥマ村からさほど離れていない何処かで、ある人物が何頭かのチンパンジーを銃で撃ち殺した。その中にはアカンボウを抱いた母親も含まれており、その人はチンパンジーのアカンボウを自分の家で飼い始めたそうである。しかしアカンボウはすぐに大きくなるものだ。成長したチンパンジーはペットとして飼えるような動物ではない。その人は、チンパンジーをもてあまして、手放したくなっている。そういう話を阿部さんが耳にしたそうである。ただしチンパンジーたちを殺したのが自分であることは知られたくないらしく、警戒して名前や住所などは明かそうとしなかった。結局、その人物と直接会うことはできず、そのチンパンジーのアカンボウを救いだすことはできなかった。

一九九九年には、ワンペンベに近いムンドェ村で、村の近くに来て畑を荒らすようになったチンパンジーが殺されたという話も聞いた。この話は第七章で紹介した通りである。この時にも、途中から村人たちは警戒を強め、結局誰がチンパンジーを殺したのか、その頭骨をまだ持っているかもしれないのは誰なのか、突き止めることはできなかった。

リランシンバにコンゴ民主共和国からの難民が来ていた時には、コンゴ難民にチンパンジーが殺されて食べられてしまったことが二度はあったという話を、二〇〇二年にエマから聞いた。タンザニアの人たちと違って、コンゴ民主共和国の多くの人たちにはチンパンジーを食べる習慣がある。食べられてしまったリランシンバのチンパンジーは恐らく一頭や二頭ではないだろう。

こうしたタンザニアで私が見聞きした例だけではなく、アフリカの多くの国々でチンパンジーは、場合によっては食料にするために、場合によっては子供だけを生け捕りにして売りさばくために、殺されている。私もトラッカーが捕まえてしまったブッシュバックやコモンダイカを食べたことはあるので、大きなことは言えないかもしれない。別にチンパンジーだけが特別に大切な存在と言うわけではない。しかし、チンパンジーは、ＩＵＣＮ（International Union for Conservation of Nature and Natural Resources：国際自然保護連合）に「絶滅のおそれのある種のレッドリスト」に絶滅危惧ＩＢ類として掲載されている動物だ。もちろん生息地が破壊されてしまっては生きていけないが、チンパンジーにとってより直接的な脅威の一つは密猟である。私たちチンパンジー研究に関わる者は、直接密猟を食い止めることはなかなかできないかもしれない。しかし、チンパンジーの現状を報告したり、それに基づいた保全政策を提言したりすることで、密猟をなんとか食い止めることに貢献したいと思っている。

▼道路が舗装されていた

さて、七月三〇日、ルバリシ村を出た私たちは、そのままタンガニイカ湖方面に向かった。村の人に「湖岸沿いの道はマラガラシ川沿いにキゴマまで繋がった」と教えられたからである。二〇〇五年には、ルグフ川の橋はまだ工事中で、車ではルグフ川より南には行けなかった。南からはムバングティ川で道路が行き止まりになっていて、それ以上北へは車では行けなかった。その間が道路で繋がったらしい。私たちはその道路を通ってキゴマ方面に抜けてみることにした。既に多くの車がその道路を通ったことであろうが、日本人としてはきっと一番乗りだ。

七月三一日の一一時三〇分、ルバリシ村発。タンガニイカ湖に出て、湖岸沿いに北上する。あぁ、これは懐かしのカパラムセンガ川だ。二〇〇五年には、河口付近のタンガニイカ湖をジャブジャブとまわりこんで走って、この川を越えた。今はもうその必要はない。橋が架かっている。次にムバングティ川だ。これも簡単に越えられる。そしてヘレンベ村。あの頃は外国人も自動車も見たことがなかった子供たちが、今では私たちにそれほど関心を示さない。村に車を停めても、せいぜい一〇人程度の人だかりができる程度だ。あの時道案内をしてもらったマチョは元気だろうか。以前撮った写真の束の中からマチョが写っている写真を取り出して、車に集まってきていた村人に見せて尋ねてみたが、残念ながら彼は別の村に引っ越していて、再会はかなわなかった。ヘレンベ村からは（もちろん舗装こそ施されていないが）平坦にならされた道がさらに北へと続いていた。

午後二時四三分、水が流れている川にさしかかった。ＧＰＳで位置を確かめると、二〇〇五年にキャンプをしたルンガニャ川ではないか。エマが「うん、ここだ」とつぶやいた。川辺の日陰に車を停め、休憩がてら持ってきたパパイヤを食べる。金田君と吉川さんたちはとりたてて何の感慨もないだろうが、私にとっては二〇〇五年にあれほど苦労して訪れた場所だ。その場所にこんなにも簡単に車で来ることができるようになったとは。あの時の旅が幻のように感じられた。

午後四時三五分、ルグフ川を渡る。二〇〇五年には、まだ橋が架かっておらず、引き返した場所だ。また、二〇〇六年には、もし失敗して途中でリタイヤしていなければ、ここにゴムボートで下ってきたはずの場所でもあった。

午後四時三五分、イラガラ経由。マラガラシ川を渡るフェリー乗り場を通過。午後五時五八分、ルイチェ着。キゴマとウガラを結ぶ幹線道路に出た。ここから三〇分も西に走ればキゴマ、東に向かえばカズラミンバ村とムワミラ村を経てウビンザに至る。話には聞いていたが、なんとここからキゴマまでは道路が舗装されていた。この付近は昨年から工事中だったのだが、現在ではキゴマからカズラミンバ村まで舗装が完了し、来年にはウビンザまで道路が舗装されるらしい。私たちは舗装道路を快走してカズラミンバ村に。午後六時三六分、バラムウェジの家の前にテントを張って泊った。

▼センサーカメラの活用

八月一日の八時〇〇分、バラムウェジを乗せてカズラミンバ村発。ムワミラ村を通って、午後一時一六分、ングェ着。調査開始の前に、すっかりドライブと小旅行を楽しんでしまったが、今日から調査開始である。メンバーは私、金田君、吉川さん、エマ、バラムウェジ、ジョン、アレックス。

八月二日、朝自然に目が覚めた。六時三〇分、テントから出てみると一番乗りである。早起きになったのは、年をとったせいだろうか。若いトラッカーのアレックスが二番目に起きてきた。エマやバラムウェジはまだテントの中である。アレックスがお湯を沸かし始めた。最古参のエマはもちろん、昔はエマやバトロに下っ端扱いされていたバラムウェジも、今ではトラッカーの中心的存在となっている。この日はカヨゴロ谷でチンパンジーに遭うことができた。

この年にはセンサーカメラ（カメラトラップ）を利用してみた。センサーカメラとは、動物がカメラの前を通ると、それを感知してシャッターがおりる自動撮影カメラのことである。年々性能も向上し、最近では写真だけでなく動画も撮ることができる。

二〇一〇年の夏には、吉川さんが一台だけ持参して試していた。腐らせた肉を地面に置き、その前の木にセンサーカメラをくくりつけて一晩セットしておくと、見事にヒョウの姿が映っていた。

今回は一〇台に増やして挑戦である。ライオンやブチハイエナも映したかった。しかし、特に肉食獣の画像は思ったようには撮れなかった。肉食獣をおびきよせて撮影するためには、もうしばらく肉を腐らせてもっと強烈な臭いにした方が良いのだろうか。かと言って、センサーカメラをセットする日まで肉をキャンプの近くに置いておいたら、夜のうちにマングースなどに取られてしまうかもしれない。臭いにつられてライオンやヒョウがキャンプにやって来ても嫌である。私たちはランドクルーザーの中に大切に肉を保管した。センサーカメラをセットする日。車のドアを開けると、肉は完全に腐って車内はひどい悪臭である。あまりの臭さに、息を止めないと車の中にぶら下げてある腐った肉の入ったビニール袋にまでたどり着けない。息を止めて車のドアを開け、すばやく袋の結び目を解き、車から飛び出して、手をまっすぐに伸ばしてなるべく袋を持った手の先を鼻先から遠ざけ、「これ、よろしく」とエマに渡した。そして、エマに持ってもらって、肉とカメラを仕掛けに行った。「このケモノ道をライオンが通るはずだ」とエマが主張した所にも仕掛けてみた。だが、残念ながら、はずれだった。

なお、翌二〇一二年の夏には、果実のよく実ったムナジの下や、水辺にもセンサーカメラをセットしてみた。期待を込めて再生すると、一番たくさん映っていたのはトラッカーのジョンだった。キャンプの近くの水辺に仕掛けたセンサーカメラには、何度もジョンの姿が映っていた。彼は、キャンプ地に戻ると、その水辺でパンガ（山刀）を洗うのが日課だったのである。しかし、二〇一二年には、ジョン以外にも、たくさんの動物を撮ることができた。ヒヒ、ブルーモンキー、ヤマアラシ、モリイノシシ、イボイノシシ、ラーテル（*Mellivora capensis*）、ブッシュバック、コモンダイカなど。チンパンジーも撮ることができた。ウガラでは現在に至るまでチンパンジーを人慣れさせることに成功しておらず、直接観察ができる頻度は相変わらず微々たるものだ。しかし、センサーカメラを利用することで研究の進展が見込めるかもしれなかった。

二〇一一年に話を戻そう。八月二六日には、伊谷さんと飯田さんが、タノとハミシを連れてやって来た。そして八月二八日が本書の冒頭で紹介した「二〇一一年のウガラ（カヨゴロ谷）」である。この年私は八月三〇日までングェで調査を続けた。

八月三一日、キゴマの宿へ。すると、宿の駐車場に「Ugalla Primate Project（ウガラ霊長類プロジェクト）」と英語で書いてある車が停まっていた。ジムやアドリアーナやアレックスではなかった。キャスティン、サマンサ、サイモンといった私の知らない新しい研究者やボランティアの人たちが、アメリカ合衆国から来てウガラのイサでチンパンジーの研究を始めているそうだった。私は彼らのことは知らなかったが、相手の一人は私を知っていた。タンザニアで長年チンパンジーの調査をしてきた研究者として、私もチンパンジー研究者の間ではそれなりに知られた存在になっているようだった。

九月一日、今年の夏休みも終わってしまった。金田君、吉川さんと一緒に帰路に着く。キゴマ発、北回りで、カハマ、ドドマに泊り、九月三日、ダルエスサラーム着。

九月五日、エミレーツ・エアー・ラインでダルエスサラーム発、ドゥバイへ。翌六日、関西国際空港着。エミレーツの無料バスで名古屋まで戻り、夜半豊田の自宅に着いた。

コラム⑲……タンザニアでこれには気をつけて

「タンザニアではこれには気をつけてほしい」というアドバイスをしておこう。

と言っても、「パスポートなどの貴重品はウエストポーチではなく貴重品袋にしまって下着の内側に入れておけ」とか、「空港では客引きのタクシーには乗るな」とかいう忠告ではない。例えば「ピリピリを切る時には軍手をはめよ」といったことだ。

「ピリピリ」と呼ばれるタンザニアのトウガラシは、小ぶりのピーマンくらいの大きさである。市場で他の野菜と並べられて生で売られている。(七味唐辛子のように粉にした物も売られているし、そのまま乾燥させて売られている場合もある。)このピリピリは、中の種子を取り除き、皮だけにしてから、乾かしておくのが良い。そうしないと種子の近傍にカビが生えることがある。そして、この作業をするためにピリピリの種子を取り除く際には、軍手をはめないとえらいことになる。ピリピリを触った手でうっかり鼻や目を擦ったりしようものなら、ヒリヒリして数時間もがき苦しむはめになるのだ。手を十分洗う前にトイレに行って大事な部分を触ろうものなら、もっと悲惨なことになる。

「ウププ（またはムププ）（*Mucuna pruriens*）」と呼ばれる植物にも要注意だ。この植物の豆の鞘には毛のような小さな棘がびっしりと生えていて、それが皮膚に刺さると大変な痒さをひきおこす。ポリ（原野）を歩いていてトラッカーが一番恐れるのは、ライオンでもなくヘビでもなく、このウププである。テントを張る場所を決める際には、近くにウププが生えていないことが絶対条件である。

調べてみると、この植物は日本では品種改良され、「ハッショウマメ」として知られていた。この豆にはドーパミンの原料となるLドーパを含有していているため、古くから強精剤としても使われているそうだ。タンザニアで調査をしていると、トラッカーたちは度々いろいろな植物の根や茎や葉を集めてくる。「薬になるのだ」と言う。腹痛用の薬もあるが、その多くは強精剤だ。「ウププは強精剤になる」と教えてやったら、トラッカーたちは喜んでウププの実を取りに行くだろうか。いや、しないだろう。そのくらいウププの痒さは強烈で恐れられている。それに、強精剤になると言われている植物は、めったやたらとある。ある日トラッカーたちが「これは良い薬になる」「あれも良い薬になる」と話していたら、それを聞いていたマシャカが「なんだ。すべての植物が薬じゃないか」と言ったことがある。

「シヨ・ンバリ」という言葉にも注意しないといけない。「遠くはないよ」という意味である。これまで私はタンザニアで地元の人々に「チンパンジーを見た」という場所にまで何度となく案内してもらった。そして、歩き始めてしばらくして、「そこは、ここから遠いのか」と尋ねると、「シヨ・ンバリ（遠くはないよ）」と言われることが多い。これが曲者である。「そこまでは何キロメートルくらいですか」と聞いても、正確な答えが返ってくることはほとんどない。「キロメートルって何？」と聞き返されたりする。そして、「もうあと少しで着くよ」と言われながら、一時間以上歩き続けるはめになったりするのだ。「カリブ・サーナ（すぐ近くだよ）」と言われて、油断してサンダル履きで歩き出そうものなら、その場所に着くまでには足の指の間が擦り剥けてくる。

第二〇章……タンザニアのチンパンジーの生息状況

では本書の締めくくりとして、この章では、私がこれまでにタンザニアの各地を訪れて得られたチンパンジーの生息状況を報告しよう（伊谷・小川 2003; 加納ら 1999; Ogawa et al. 1997, 2004, 2006a, 2006b, 2007, 2013, 2014; 小川 2000a; 小川ら 1999a, 1999b; Yoshikawa et al. 2008; 吉川ら 2012）。

▼タンザニアのチンパンジーの分布域

改めて紹介すると、タンザニアはアフリカにおけるチンパンジー（*Pan troglodytes*）分布の東端にあたり、タンザニア西部にはヒガシチンパンジー（*Pan troglodytes schweinfurthii*）がタンガニイカ湖の東岸に沿って生息している。一九六五年から一九六七年にかけて加納さんが調査した時点では、加納さんの分け方に従うと、ゴンベ（ゴンベ渓流国立公園）、リランシンバ、ウガラ、マシト、ムクユ、マハレ（マハレ山塊国立公園）、カロブワ、ワンシシの八地域にチンパンジーが生息していた（Kano 1972）。これに加えてルワジにもチンパンジーが生息していることを一九九六年に私たちが発見したのは、第四章で述べた通りである（Ogawa et al. 1997）。

私は、一九九四年にタンザニアで調査を始めてから二〇〇八年までの間に、この九つの地域をすべて訪れた。

その模様を記したものこそが本書である。自慢になるが、タンザニアのチンパンジー生息地をこれだけ歩き回った研究者は私だけだろう。このうち国立公園であるマハレとゴンベを除くと、七つの地域が国立公園外にある。その七地域、即ちリランシンバ、ウガラ、マシト、ムクユ、カロブワ、ワンシシ、ルワジ地域の環境とチンパンジーの生息状況を整理してみよう。

なお、タンザニアには、この他にビクトリア湖のルボンド島にもチンパンジーが住んでいる。ただし、これは他国から移入されたニシチンパンジー（*Pan troglodytes verus*）である。タンザニアに元々生息しているチンパンジーではないので、考察の対象からは外すことにする。

私は、リランシンバ、ウガラ、マシト、ムクユ、カロブワ、ワンシシ、ルワジの七地域すべてに、今でもチンパンジーが生息していることを確認した。一九六〇年代から約五〇年の歳月が流れても、タンザニアにはチンパンジーが絶滅してしまった地域が一か所もなかったのは幸いである。

一方、一九六〇年代にチンパンジーが生息していなかったミシャモ平原やウガラの南の境界にあたるニエンシ川（ニアマンシ川）の平坦地などには、現在でもやはりチンパンジーは生息していなかった。タンザニアではこうした平坦地にはチンパンジーは住んでいないのである。また、ルワジのさらに南東のウフィパ・エスカープメントにもチンパンジーはいなかった。ワンシシとルワジの間にはカタビ国立公園があるが、ここにもチンパンジーは生息していない。カタビ国立公園を除くと、ワンシシ及びマハレとルワジの間には市街地や耕作地が広がっている。少なくとも現在ではチンパンジーが住めるような場所は残っていない。

チンパンジーの生息地である九地域のうち、ウガラ、マシト、ムクユ、マハレ、カロブワ、ワンシシの六地域は、チンパンジーが互いに行き来できる地域として繋がっていると考えられる。加納さんの描いた分布図では、ワンシシ地域は孤立した生息地として描かれている (Kano 1972)。しかし、その後私や伊谷さんや坂巻君が現地を訪れてみたところ、ワンシシとカロブワの間でもチンパンジーのベッドを発見した。どうやらワンシシとカロブワは細くではあるが繋がっているようである。

ウガラとマシトは、便宜上ムパンダロードで東西に分けられている。しかし、ジムは「一九九四年以前にはムパンダロードからチンパンジーのベッドを見つけたことがある」と言っていた。一九九〇年代後半以降には、ムパンダロードから見える所にチンパンジーが泊ることは極めて少なくなったとはいえ、チンパンジーの行き来がムパンダロードによって完全に妨げられているというほどではないだろう。

マシトとムクユの境はルグフ川である。タンガニイカ湖近辺では橋がなければ車ではルグフ川は渡れない。しかし、マラガラシ川やウガラ川と比べると、ルグフ川はそれほど大きな川ではない。ミシャモを流れている上流部では、ルグフ川の上には川辺林の木が覆いかぶさって緑のトンネルが作られていた。実際アカオザルやヒヒたちがその枝伝いにルグフ川を渡って行ったから、チンパンジーがルグフ川を渡ることはそれほど難しくないと思われる。

ムクユとカロブワの境には、チンパンジーの行き来を阻むような障壁は特に何もない。

以上のように考えると、チンパンジーの生息地は、ウガラからワンシシまでは大きくCの字を描くようにして繋がっていると考えられる。Cの内側にあたる部分がミシャモ平原である。

私はタンザニア各地でチンパンジーの糞を集めた。その糞から抽出したチンパンジーのDNAを竹中さんから引き継いで井上さんと田代さんが分析した結果でも、これらの地域のチンパンジーの間には遺伝子の交流がありそうだった (Inoue et al. 2013)。従って、互いに行き来して子供を残しているまとまりを一つの地域個体群とすると、ウガラ—マシト—ムクユ—マハレ—カロブワ—ワンシシ地域には、「グレイター・マハレ」とでも呼べる大きな地域個体群が生息していると捉えることができよう。

それに対して、ゴンベ、リランシンバ、ルワジの三地域には、それぞれ他の地域個体群とは隔絶された小さな地域個体群が生息している。

ゴンベとリランシンバは八〇キロメートル離れている。その間には少なくとも現在ではチンパンジーが行き来できそうもない市街地や耕作地が広がっている。

北岸のリランシンバと南岸のマシトとの間にはマラガラシ川が横たわっている。完全に無理とは言い切れないが、マラガラシ川によってリランシンバとマシトのチンパンジーはそう簡単には行き来できないだろう。ＤＮＡを分析してもらった結果でも、おそらくはタンザニアの北から南に広がって行ったチンパンジーにとって、マラガラシ川という大きな河川は、チンパンジーにとって大きな障壁になっていたことが示唆されている（Inoue et al. 2013）。

マハレ及びワンシシとルワジの間には、カタビ国立公園を除いて市街地や耕作地が広がっており、両地域は一八〇キロメートル離れている。この間をチンパンジーが行き来するのは現在では極めて困難である。またこの間には「カレマギャップ」と呼ばれる動植物相の境界がある。ＤＮＡの差異から考えると、ルワジのチンパンジーは、かつてマハレやワンシシから南下したのではなく、タンガニイカ湖の南から回り込んだ可能性もあるくらいである（Inoue et al. 2013）。

従って、タンザニアにおけるチンパンジーの地域個体群、即ち他とは遺伝子の交流が全くあるいはほとんどないまとまりは、ゴンベ、リランシンバ、グレイター・マハレ、ルワジの四つと捉えられる。

ただし、グレイター・マハレ地域個体群の占める面積はあまりに広いので、環境もチンパンジーの生息状況も様々である。以降では、加納さんの分類に従って、グレイター・マハレはウガラ、マシト、ムクユ、マハレ、カロブワ、ワンシシの六地域に分けて、各地域の現状を紹介しよう。

▼タンザニアのチンパンジーの生息密度と生息頭数

マハレとゴンベの両国立公園内を除き、一九九五年から二〇〇八年までに私は七地域のすべてでベッドセンサスを行った。センサスラインは、疎開林、常緑林、草地のすべての植生を通過しており、特定の植生を長く歩くといった偏った歩き方はしていない。歩いたセンサスライン上における各植生の比率と衛星画像から算出したその地域全体の植生の比率を比べてみても大きな差はなかった。また、センサスラインは、完全な直線でこそないものの、基本的には道のない所を無作為に歩いている。林道やケモノ道ばかりをたどって歩いたわけではない。チンパンジーがいそうな場所を探して歩いた場合は、たとえベッドを見つけたとしても、ベッドセンサスの分析には含めていない。また、同じ年に同じ場所を複数回歩いた場合は、二度目以降に歩いた時の重複部分は分析から除いた。そうしていくと、分析に使えるベッドセンサスとして、計八六二キロメートルを私は歩いていた。そして、それらのセンサスラインから、合計八五七個のベッドを私は発見していた。

私たちは、このベッドセンサスの結果を基に、「ディスタンス」という動物の生息密度を推定するため専用のコンピュータ・プログラムを用いて、各地のチンパンジーの生息密度を求めた（Yoshikawa et al. 2008）。このうちウガラのチンパンジーの生息密度については第一四章で紹介した通りである。ディスタンスでは、センサスラインから離れるにつれてベッドの発見率が低くなっていくカーブの具合から、実際に存在したベッド数を推測する。そこで、私たちはまず、センサスラインから各ベッドまでの垂直距離を入力していった。次に、一頭のチンパンジーが一日に作るベッドの数を入力した。それはおよそ一個であるが、チンパンジーは時として昼寝用にもベッドを作ることがある。一日一個よりは若干多い。ある調査によると、チンパンジーは一日に平均一・一個のベッドを作っていたので、その値を使用した（Plumptre & Reynolds 1997）。最後に、ベッドの寿命（ベッドが作られてから、ベッドの骨組までも崩れ去ってなくなってしまうまでの日数）を入力した。第一四章でも紹介したように、この日数は樹木の種類や他の条件によって大きく変わる。熱帯多雨林におけるベッドの平均寿命はせいぜい一〇〇日程度であるが、ウガラのベッドの平均寿命は二六〇日以上だった（Ogawa et al. 2007）。タンザニアでは、ウガラとウガラ以外の地域の優占樹種、チンパンジーがベッドをよく作る樹種は、概してよく似ている。ベッドの寿命は他の国の値よりウガラの値を使うのが適切であろう。私たちはベッドの寿命には二六〇日を使用した。

これらの値を使って算出すると、各地域のチンパンジーの生息密度、即ち一平方キロメートルあたりに生息しているチンパンジーの頭数（母親と一緒に眠る幼少個体は除く）は、リランシンバで〇・〇二頭、ウガラで〇・一〇頭、マシトで〇・一二頭、ムクユで〇・〇五頭、カロブワで〇・〇三頭、ワンシシで〇・〇二頭、ルワジで〇・〇一頭となった（表20.1）（Yoshikawa et al. 2008）。タンザニアのチンパンジー生息地全体では、一平方キロメートルあたり〇・〇五頭となった。ただし、これらの値はそれほど厳密な数字ではない。本当の生息密度が九五％の確率で収まる範囲は、表20.1に示したようにかなりの幅がある。

このうちのリランシンバについて補足する。一九六〇年代リランシンバには、一四〇平方キロメートルの範囲に、一平方キロメートルあたり〇・二九頭の密度で、約四〇頭のチンパンジーが生息していたと加納さんは推定している（Kano 1972）。一九九五年から一九九六年にかけて加納さん、私、安里さん、金森さんがベッドセンサスを行った結果では、三一六平方キロメートルの範囲に、一平方キロメートルあたり〇・一〇〜〇・一四頭の密度で、三二〜四五頭のチンパンジーが生息していると推定された（加納ら 1999）。ところが一九九七年にコンゴ民主共和国からの難民キャンプがリランシンバの北東部に造られて、チンパンジーの生息地は半減してしまった。生息地は約一四〇平方キロメートルに狭まり、生息密度は一平方キロメートルあたり〇・〇二頭となり、生き残ったチンパンジーはわずか数頭になってしまったと思われる（表20.1）（Ogawa et al. 2006b, 2013; Yoshikawa et al. 2008）。このように、リランシンバのチンパンジーの生息地と生息数の激減には、難民キャンプの設立という特別な原因がある。

だが、注目すべきは、他の地域でも、一九九〇～二〇〇〇年代におけるタンザニア各地のチンパンジーの生息密度は、（ウガラ地域を除くと）一九六〇年代より大きく低下していたということだ。加納さんが行った推定と私たちが行った推定は生息密度の算出方法が異なる。そのため厳密には両年代の生息密度を直接比較することはできない。しかし各地域の生息密度には、ウガラを除くすべての地域において、一貫して大きな差が出た。タンザニアにおけるチンパンジーの生息密度はこの五〇年間に激減してしまった可能性が高いと思われる。私たちはこの事実と真摯に向き合う必要があるだろう。

生息密度にチンパンジーの生息地面積を掛けると、生息するチンパンジーの頭数が求まる。計算してみると、各地域におけるチンパンジーの生息頭数は、リランシンバで三頭、ウガラで三三五頭、マシトで二六四頭、ムクユで五五頭、カロブワで二九頭、ワンシシで一〇頭、ルワジで一八頭となった（Ogawa et al. 2013）。ただし、生息密度の推定値と同様に、この生息頭数の推定値もそれほど厳密な数字ではない。その理由の一つは、生息密度自体がかなりの誤差を含んでいることである。そして、もう一つは、生息地面積も厳密な数値ではないことである。各地のチンパンジーの生息地及びその面積について説明しよう。

チンパンジーが実際に何処まで生息していて何処からは生息していないということを、タンザニア全土にわたって正確に把握することは、非常に困難である。また、潜在的な生息地、即ちチンパンジーが生息することが可能な環境である場所を推定することも、なかなか難しい。これまでに何度か試みては来たが、現在に至るまで上手くいっていない。

そこで先述の生息頭数の算出には、リランシンバ、ウガラ、ルワジについては、私が衛星画像なども利用して大雑把に推定した面積を使用している。マシト、ムクユ、カロブワ、ワンシシ地域については、加納さんが推定した面積を使用している。

リランシンバのチンパンジーの生息地については、先に説明した通りである。チンパンジーの生息地内に造られた難民キャンプの影響で、生息地は一四〇〇平方キロメートルに狭まってしまった。リランシンバ地域は比較的狭いので、実際に隅まで歩いてベッドの有無を確認した。リランシンバのチンパンジーの現在の生息地面積は、ほぼこれで間違いないだろう。

ウガラのチンパンジー生息地は、大きめに見積もった値となっている。既に紹介したように、ウガラはウガラ川、マラガラシ川、ニエンシ川(ニアマンシ川)、ムパンダロードに囲まれた三三五〇平方キロメートルの地域である。三つの川のそばにはチンパンジーがほとんど使わない平坦地がある。また、ムパンダロードの近くではチンパンジーのベッドを目にすることはほとんどない。従って、このウガラ地域全体にチンパンジーがいるとみなすことは、チンパンジーの生息地面積を過大評価している。

ルワジは、タンガニイカ湖と耕作地で囲まれた一二五〇平方キロメートルの地域である。こちらも耕作地ぎりぎりまでチンパンジーが住んでいると仮定した値である。実際にチンパンジーが住んでいる面積よりも大きくなっているだろう。

マシトは、東をムパンダロード、北をマラガラシ川、西をタンガニイカ湖、南をムクユとの境界ルグフ川及びミシャモ平原に囲まれた二二〇〇平方キロメートルの地域である。マラガラシ川の北岸には、リランシンバを除いて、チンパンジーは住んでいない。タンガニイカ湖の中にチンパンジーがいないのは当たり前だが、湖畔には漁村と耕作地が広がっている。従って、実際のチンパンジーの生息地面積がこれより小さいことはあり得ても、これより大きいことはないだろう。

ムクユは、北をマシトとの境界ルグフ川、西をタンガニイカ湖、南をカロブワとの境界、東をミシャモ平原に囲まれた一一〇〇平方キロメートルの地域である。これまた実際のチンパンジー生息地がこれより大きい可能性はほとんどない。

カロブワは、北をムクユとの境界、東をタンガニイカ湖及びマハレとの境界、南を平坦な耕作地、東をミシャモ平原に囲まれた九〇〇平方キロメートルの地域である。ワンシシは平坦な耕作地に囲まれた五〇〇平方キロメートルの丘陵地帯だが、その北西にまでチンパンジーは生息し、カロブワ地域と繋がっていると考えられる。この二つの地域については、果たして何処までチンパンジーが生息しているかの判断は難しい。ただ、私自身が実際に現地を歩きまわった様子から考えても、地形図及び衛星画像を基に推測しても、加納さんが推定した生息地面積はおおむね正しかったと思う。従って、これらの地域については加納さんの推定値を使用した。

なお、これらの生息地の範囲の中には、チンパンジーが実際にはあまり使っていない場所も含まれている。例えば、後述するように、チンパンジーのベッドが存在した六〇メートル×六〇メートルの方形区は、すべて地面の傾斜が〇・六〜三〇・八度の範囲内にあり、標高が七九七〜一八一四メートルの範囲内にあった。この条件から外れる場所にはチンパンジーはいない、少なくともベッドは作らないと考えられるかもしれない。（ただし、そのような場所は、それほど多くはなかった。上記の範囲内に収まる環境は平均九七・四％、地域によって八九・三〜九九・七％という値となっていた。）また、たとえ地面の傾斜と標高から判断する限りにおいてはチンパンジーがベッドを作っていておかしくはない場所であっても、実際には村や耕作地となっていて、チンパンジーが生息していない場所もある。（なお、チンパンジーのベッドが存在していた方形区は、常緑林の面積比率では〇〜一〇〇％だった。）もっと大きい方形区をとれば、チンパンジーが生息する地域には常緑林がどれだけ以上の面積を含んでいるといったことがわかるかもしれない。しかし現状では、チンパンジーがいる地域と植生との関係は十分明らかにできていない。例えばタンガニイカ湖畔の平坦地やゆるやかな傾斜地にはかなりの耕作地が点在している。そのような場所を一つ一つ差し引いて行くと、実際にチンパンジーが生息している場所は、ここで推定したチンパンジーの生息地面積よりも小さいに違いない。

村や耕作地は現在では一九六〇年代よりもずっと多くなっている。それは現地調査や衛星画像から明らかだ。実際にチンパンジーが生息している場所の面積は、村や耕作地の拡大によって一九六〇年代より狭まっているに違いない。従って、ここでチンパンジーの生息地面積として使った値は、実際の生息地よりも大きな値であることに注意しなくてはならない。そうした過大評価した面積を使って推定した生息頭数は、実際よりも大きな値が算出されているはずである。


以上のように、推定した各地のチンパンジーの生息地面積に生息密度を掛け合わせた結果、リランシンバ、ウガラ、マシト、ムクユ、カロブワ、ワンシシ、ルワジの七つの地域に生息しているチンパンジーの合計は七一四頭となった。即ち、タンザニアにおいては、国立公園の外には約七〇〇頭のチンパンジーが生息していると推定されたわけである。ゴンベ渓流国立公園とその周辺に約一〇〇頭のチンパンジーが生息し（Ndimuligo 2008）、マハレ山塊国立公園には約五〇〇頭のチンパンジーが生息していると考えると、現在タンザニア全土には約一三〇〇頭のチンパンジーが生息していると推定できる。

一方、一九六〇年代に加納さんはタンザニアに最大およそ二〇〇〇頭のチンパンジーが生息していたと推定している（Kano 1972）。その内訳は、国立公園内に約七〇〇頭、国立公園外に約一三〇〇頭だ。

国立公園内外の各地域のチンパンジーの生息頭数を一九六〇年代と一九九〇〜二〇〇〇年代で比べてみると、リランシンバでは四〇頭から三頭に、ウガラでは二〇〇〜二四〇頭が三三五頭に、マシトでは三二〇〜四〇〇頭が二六四頭に、ムクユでは二〇〇〜三二〇頭が五五頭に、カロブワでは三二〇〜三六〇頭が二九頭に、ワンシシでは四〇〜八〇頭が一〇頭になっている。タンザニアの国立公園外のチンパンジーは、どの地域においても（絶滅こそしてはいなかったものの）ウガラを例外として大きく減少してしまったようだ。ゴンベとマハレという国立公園内のチンパンジーの生息頭数（それぞれ約一〇〇頭と五〇〇頭）には大きな変化はないと考えられよう。それに対して、一九六〇年代にタンザニアの国立公園外に生息していた約一三〇〇頭のチンパンジーは、この五〇年あまりの間に半減し、一九九〇〜二〇〇〇年代には約七〇〇頭になってしまったと思われる。

なお、ＷＣＳ（Wildlife Conservation Society：野生生物保護協会）は「タンザニアには現在二八〇〇頭のチンパンジーが生息している」と報告している（Plumptre et al. 2010）。これは現実より多く見積もり過ぎであろう。ＷＣＳの報告は、査読を受けて学術雑誌に掲載された論文ではなく、自分たちが書いたレポートを引用している（Moyer et al. 2006）。そのレポートは、二〇〇五年にカロブワ及びワンシシを二〇三キロメートル、ルワジ地域を七一キロメートル歩いただけのデータに基づいている。ベッドに葉がなくなるまでにかかる日数を九七日間と推定し、葉が残ったベッドだけを数えているが、彼らは二〇〇五年の八月と九月にしか調査をしていない。おまけに、常緑林から隣の常緑林まで疎開林を歩いた後、常緑林内をジグザグに長く歩いてベッドセンサスを行っている。五月から九月という乾季だけに、主に常緑林内に作られたベッドだけを使って密度を算出した結果、タンザニアには二八〇〇頭ものチンパンジーが生息していると推定してしまった。タンザニア各地を長年かけて歩いてきた私には、この推定値はとうてい信じられない。この推定値を参照してしまっては、タンザニアにおけるチンパンジーの保護保全政策に致命的な間違いを犯す危険がある。

▼タンザニアのチンパンジーの生息環境

タンザニアの国立公園外のチンパンジーが大きく減少してしまった主な原因は、生息地面積の減少と生息地環境の悪化であろう。私は、チンパンジーの生息地の環境を、ＧＩＳ（地理情報システム）を使って吉川さんに分析してもらった。第一七章でウガラのチンパンジーに対して行ったのと同じ方法である。

分析に使えるベッドセンサスとして、私たちは一九九五年から二〇一二年までに計一〇二六キロメートルを歩いていた（表20.1）。

なお、前節で生息密度を算出した時のベッドセンサスとは若干距離が異なっている。二〇〇八年に行った密度推定後に歩いたデータも加わっているからだ。また、ベッドの密度推定には使えなかったがこちらの分析には使えたデータ、あるいはこちらの分析は使えなかったがベッドの密度推定には使えたデータもある。表20.1には、こちらの分析に使ったベッドセンサスの値を載せてある。

第一七章で説明したように、私たちが歩いたセンサスラインを中心として三〇＋三〇＝六〇メートル幅のベルトを、吉川さんはコンピュータ画面上に作成した。さらにこのベルトを出発地点から六〇メートルごとに区切って、六〇メートル×六〇メートルの方形区をコンピュータ画面上に作成した。私たちはタンザニア各地で合計二一五四個のベッドを発見していたが、これらの方形区の中にあったベッドは六六五個だった。作成した一七八四五個の方形区のうち、チンパンジーのベッドを含む方形区は一八六個、ベッドを含まない残りの方形区は一七六五九個だった。私たちはそれらの方形区の環境を比較してみた。その結果は次の通りである。

第一に、各方形区の標高は、ベッドがあった方形区では一二一七メートル（七九七〜一八一四メートル）であり、ベッドがなかった方形区では一二一六メートル（七八〇〜一八七六メートル）だった。この間には統計的に有意な差はなかった。ベッドがあった方形区の方がなかった方形区より標高が高かったか低かったかは、地域によって異なっていた。

第二に、各方形区の地面の傾斜は、ベッドのあった方形区では一〇・一度（〇・六〜三〇・八度）であり、ベッドのなかった方形区では六・五度（〇・一〜三七・七度）だった。即ち、ベッドがあった方形区はベッドがなかった方形区より（統計的に有意に）傾斜がきつかった。これは七地域のうちムクユを除く六地域に当てはまった。ウガラだけではなく、タンザニアのほとんどの地域のチンパンジーは、傾斜のきつい場所にベッドを多く作っていたわけである。平坦地となっているミシャモやニエンシ川（ニアマンシ川）の南には、あるいはウガラ内においてもイサ平原やムフワジ平原には、チンパンジーのベッドが見つからないことは、これまでに何度も紹介した通りである。

第三に、各方形区内の常緑林の面積割合は、ベッドがあった方形区では二五・〇％（〇～一〇〇％）であり、ベッドがなかった方形区では五・七％（〇～一〇〇％）だった。即ち、チンパンジーのベッドがあった方形区はベッドがなかった方形区より常緑林の占める面積割合が（統計的に有意に）高かった。これは、七地域のうちワンシシを除く六地域に当てはまった。なお、ワンシシにおいては、ベッドセンサスを行った丘には、谷の底にも常緑林自体がほとんどなかった。私が見つけたベッドはいずれも疎開林に作られていた。ワンシシのチンパンジーは乾季にも葉をつけている木を疎開林内に何とか見つけて泊っていたのである。そのためにワンシシでは、ベッドがあった方形区の常緑林割合は非常に低い値になっていた。

第一七章のウガラのデータでも分析したように、ＧＩＳを使った方形区内の環境分析に加えて、ベッドが作られていた場所そのものの植生も私は分析してみた。すると、発見したすべてのベッド二一五四個のうちで、常緑林に作られたベッドは一〇八五個（五〇・四％）であり、疎開林に作られたベッドは一〇二〇個（四七・三％）だった。（両方の植生にまたがっていたりして判別できなかったベッドは四九個（二・三％）あった。）一方、私がタンザニアのチンパンジー生息地の各地で植生調査を行った記録では、疎開林が八六・九％、常緑林が五・九％、その他（草地、竹林、耕作地、市街地など）が七・二％を占めていた。常緑林は疎開林よりずっと少ない面積しか占めていない。この点を考慮すると、タンザニアのチンパンジーは疎開林より常緑林を泊り場として選んでいると考えられた。

また、チンパンジーが生息していない地域も加えて、各地域のチンパンジーの生息密度とそれらの地域の環境も私たちは分析してみた。チンパンジーの生息地は、マハレとゴンベの両国立公園を除くリランシンバ、ウガラ、マシト、ムクユ、カロブワ、ワンシシ、ルワジの七地域。非生息地、即ち生息密度が〇頭である地域は、ミシャモ平原、ンコンドウェの西（サバガ川上流部）、ニエンシ川（ニアマンシ川）の南の平坦地の三地域である。これら一〇の地域のチンパンジーの生息密度と環境を分析してみると、各地域におけるチンパンジーの生息密度と常緑林面積の割合には、（統計的に有意で）相関係数が〇・五八という高い正の相関があった。即ち、チンパンジーの生息密度は常緑林割合の高い地域ほど高かったのである。この分析からも、チンパンジーにとって常緑林は大切な存在であることが窺える。

常緑林がチンパンジーにとって大切なのは、一つにはおそらく安全な泊り場としてではないかと思われる。ウガラのチンパンジーの泊り場選択において論じたように、常緑林は樹木密度が高く（即ち樹間距離が短く）、林冠が閉じていて、樹高が高い木が多い。ライオンやヒョウが生息するタンザニアの疎開林地帯において、チンパンジーの生息を制限する第一の要因は捕食圧とその捕食を軽減するための安全な泊り場があるかどうかであろう。常緑林はまた、安全に休息したり、採食したりする場所も提供してくれる。

もちろん疎開林や草地がチンパンジーにとって何の意味も持たない場所では決してない。ウガラのチンパンジーは特に乾季の後半には疎開林の果実を食べるために果敢に疎開林に出て行った。だが、ウガラの調査結果によると、チンパンジーは果実や豆がなっている樹木やその近くに多くのベッドを作っているわけではなかった。食物がチンパンジーの生息に影響を与えていないことが示されたわけではない。しかしチンパンジーが食物の多い所に多く生息しているという結果は見つけられなかった。おそらく、たとえ生きていくのに十分な食料がある地域であっても、安全な泊り場を確保できない場所には、チンパンジーは住もうとしないのであろう。

傾斜地に多くのベッドが作られていたことと、常緑林内または常緑林の多い場所にベッドが多かったことを合わせて考えると、水の得やすさもウガラのみならずタンザニアの疎開林地帯のチンパンジーにとって大切な要因であると考えられる。ウガラにおいても類似の分析を行ったが、疎開林に作られたベッドは、そこから最も近い一ヘクタール以上の常緑林の端から平均一五〇メートルの距離に作られていた。すべてのベッドは常緑林から六四〇メートル以内の位置にあった。チンパンジーにとって常緑林またはその近くは、安全だけでなく水を得るためにもやはり大切な場所のようである。

従って、タンザニアの疎開林地帯においてチンパンジーが生息できるか否かを決める要因には、食物の分布よりも、捕食圧及びその捕食を軽減するための泊り場があるかどうかと、水の得やすさが強く効いているのではないかと思われる。

人間の活動は、チンパンジーの生息にどのような影響を及ぼしているのだろうか。チンパンジーが生息していない先述した三地域を加えて一〇地域を比較してみると、各地域におけるチンパンジーの生息密度と約一〇ヘクタール以上の市街地との距離の間には（統計的に有意で）相関係数〇・七一という強い正の相関があった。市街地に近いほどチンパンジーの生息密度は低かったのである。ウガラを除いてチンパンジーの生息密度が一九六〇年度より激減したのは、やはり人間の影響が圧倒的に大きいと思われる。

チンパンジーの実際の生息地あるいは潜在的生息地がどれだけ残っており、それらが以前と比べてどれだけ減ってしまったのかは、残念ながらまだ十分明らかにできていない。しかし多くの地域においてチンパンジーの生息地が狭まり、残った環境も悪化しているのは明らかである。

一九八〇年代からタンザニア西部一帯では現地で「ムニンガ」と呼ばれる樹木（*Pterocarpus angolensis*）を伐採して商業用木材にして運び出して販売することが盛んになっていった。一九九七年からは現地で「ムクルング」と呼ばれる樹木（*Pterocarpus tinctorius*）も伐採され始めた。切りだして採算の取れるムニンガの大木がほとんど伐り尽くされたためかもしれない。

多くの樹木は、商業用木材以外の目的でも伐採されている。炭を作って売るため、自分の家や家具を作るため、そして日常の炊事用の薪に使うためなどである。そうした利用のためには、樹木は特定の樹種にそれほど限定されず、ある場所の木をばっさばっさと伐って行く場合も多い。樹木を伐採し、新たな耕作地とすることもタンザニア各地で行われている。タンザニアの人口増加率は三％という高い値を示している。それもあって、チンパンジーの生息するタンザニア西部の疎開林地帯では、耕作地は増え続けている。こうした樹木の伐採は当然現地の植生と動物の生態に不可逆で深刻な影響を及ぼしつつある。樹木の伐採に加え、放牧もまた、チンパンジー生息地の環境を大きく変えてゆく。二〇一二年には、ウガラにもとうとう放牧する人たちが侵入してきた。

チンパンジーの個体数減少の原因は、生息地の減少と環境破壊だけではない。密猟によって直接チンパンジーが殺されてしまうことも見逃せない。特に目に余るのは、隣国から来た人たちによる密猟である。タンザニア人によるチンパンジーの密猟が全くないとはいえない。しかし、(現在は帰国したが) コンゴ民主共和国から来た難民たち。もともと一九七〇年代にブルンジから来てミシャモの難民キャンプに収容されたが、現在では周辺にも出ていっている人たち。ルワンダやコンゴ民主共和国から密入国してやってくる密猟者集団。こうした人たちが、チンパンジーを食べるため、あるいはチンパンジーの子供を売りさばくためにタンザニアのチンパンジーを殺している。

別に生き物のうちでチンパンジーだけが特別な存在ではないものの、チンパンジーはＩＵＣＮ（国際自然保護連合：International Union for Conservation of Nature and Natural Resources）に「絶滅のおそれのある種のレッドリスト」に絶滅危惧ＩＢ類として掲載されている。オトナになるまでにかかる年数も出産間隔も長いので、一旦減少してしまったチンパンジーの個体数は、ネズミのように迅速には回復しない。また大きな動物であるため、一定地域に生息する個体数が少なく、孤立した地域個体群では遺伝的多様度も失われやすい。こうしたチンパンジーの特徴は、地域個体群の絶滅の危険性を高いものにしている。

特に心配なのは小さな個体群であるルワジとリランシンバである。コンゴ民主共和国からの難民キャンプが生息地内に造られたことによって、リランシンバのチンパンジーは絶滅の危機に見舞われた。ルワジになんとか生き残っている地域個体群も絶滅の危機に瀕しているだろう。なんとか絶滅は食い止めたいところである。

一方で、ウガラからマハレを含んでワンシシまで繋がるグレイター・マハレ地域個体群は、タンザニアの大きな財産である。ムクユやカロブワでも多くの罠や密猟の跡を見たが、ウガラとマシトにはまだあまり人の手が入っていない場所が残っており、昔ながらのチンパンジーの生息環境が比較的良く保たれている。この地域個体群を維持していくことも大切だろう。

チンパンジーの地域個体群の絶滅や減少をくい止めるためは、適切な保護保全計画が必要である。もちろん、現地の人々が少しでも豊かに暮すために、それまで疎開林や常緑林であった土地を耕作地にして利用したり、薪を採取したりするために樹木をある程度伐採するのは仕方がない面もある。国立公園内の野生動物だけを保護して、観光客からの収入を得る手段として活用すれば良いという考え方もあるだろう。しかし、密猟や環境破壊によって国立公園外のチンパンジーや他の野生動物が減少し地域によって絶滅してしまうことは、タンザニアの未来の世代にとっても良い結果をもたらすとは私には決して思えない。幸いなことにタンザニアのチンパンジーは平坦地が嫌いである。今後さらに耕作地が広げられていったとしても、ワンシシやカロブワの山々及びウガラやルワジの急斜面などは耕作には適さない。そうした地域はチンパンジーの生息地として上手く残せるのではないだろうか。チンパンジー研究者とタンザニア政府が連携を取り、地元の人々の理解と協力を得た上で、チンパンジーや他の野生動物及び自然環境の保護保全計画を練り、実行に移していく必要がある。タンザニアの人たちが、十分な情報を持った上で、将来後悔しないような最良の選択をすることを心から望んでいる。

チンパンジーの生息状況				泊り場の環境		文献[i]
1960年代[d]		1990–2000年代		常緑林内のベッドの数と割合[g]	常緑林までの距離[h] (km)	
生息密度[e] (頭/km²)	生息頭数[f] (頭)	生息密度[e] (頭/km²)	生息頭数[f] (頭)			
0.29	40	0.02 (0.01–0.05)	3 (1–7)	31 (16.6%)	0.13 (0.01–0.64)	1, 5, 7, 8
0.08	200–240	0.10 (0.07–0.18)	335 (235–603)	938 (62.0%)	0.15 (0.01–0.62)	1, 6, 7, 8, 9
0.17	320–400	0.12 (0.04–0.49)	264 (88–1078)	39 (38.2%)	0.19 (0.04–0.51)	1, 7, 8
0.27	200–320	0.05 (0.02–0.08)	55 (22–198)	3 (5.8%)	0.08 (0.01–0.24)	1, 7, 8
0.38	320–360	0.03 (0.02–0.08)	29 (18–72)	47 (30.5%)	0.10 (0.01–0.36)	1, 4, 7, 8
0.12	40–80	0.02 (0.02–0.08)	10 (5–40)	0 (0.0%)	0.16 (0.08–0.36)	1, 3, 7, 8
—	—	0.01 (0.00–0.03)	18 (0–38)	27 (39.1%)	0.14 (0.01–0.43)	1, 2, 7, 8
	約1500	0.05	約700	1085 (50.4%)	0.15 (0.01–0.64)	

d. Kano (1972) による推定。
e. チンパンジーの生息密度。ただし母親と一緒のベッドで眠る幼少個体を除く値。( ) 内は95%信頼区間。
f. チンパンジーの生息頭数（生息密度×生息地面積）。ただし母親と一緒のベッドで眠る幼少個体を除く値。( ) 内は95%信頼区間。
g. 常緑林内で発見されたベッドの数。( ) 内の数値は、常緑林内で発見されたベッドの数÷発見されたベッド総数×100。
h. 疎開林で発見されたベッドから、最も近い1ha以上の常緑林の端までの距離の平均値。( ) 内は最少と最大値。
i. 1=Kano 1972; 2=Ogawa et al. 1997; 3=Ogawa et al. 2004; 4=Ogawa et al. 2006a; 5=Ogawa et al. 2006b; 6=Ogawa et al. 2007; 7=Yoshikawa et al. 2008; 8=Ogawa et al. 2013; 9=Ogawa et al. 2014

表20.1　タンザニアにおけるチンパンジーの生息地状況

生息地				センサス		
地域名	位置（緯度と経度）	面積（km^2）	市街地からの距離[a]（km）	センサス距離（km）	発見ベッド数[b]	潜在的な泊り場の割合（%）[c]
リランシンバ	南緯05°07′–05°14′ 東経30°07′–30°14′	140	14.4	119	35 (187)	99.7
ウガラ	南緯05°09′–05°52′ 東経30°23′–31°01′	3,350	32.5	488	379 (1512)	97.7
マシト	南緯05°10′–05°35′ 東経29°50′–30°35′	2,200	16.5	78	71 (102)	99.1
ムクユ	南緯05°22′–05°51′ 東経29°44′–30°07′	1,100	8.3	31	26 (52)	89.3
カロブワ	南緯05°51′–06°10′ 東経29°55′–30°31′	900	15.5	125	95 (154)	97.5
ワンシシ	南緯06°19′–06°38′ 東経30°27′–30°43′	500	13.6	47	17 (78)	99.2
ルワジ	南緯07°48′–08°28′ 東経30°55′–31°10′	1,250	11.7	138	42 (69)	94.5
計あるいは平均	南緯05°07′–08°28′ 東経29°44′–31°01′	9,440	20.3	1026	665 (2154)	97.4

a. その地域から最も近い約10ha以上の市街地との間の最短距離。
b. センサスラインから30m以内に発見されたチンパンジーのベッド数。（　）内は地域地域内で発見されたすべてのベッド数。
c. チンパンジーのベッドが存在した環境（傾斜が0.6–30.8°の範囲かつ標高が797–1814mの範囲内）である場所の面積割合。

コラム⑳……タンザニアの旅の宿

私はこれまでタンザニアの地方都市や田舎街でいろいろな宿に泊ってきた。そんな宿の様子を紹介しよう。タンザニアといっても、ダルエスサラーム、ムベヤ、ドドマ、キゴマといった大きな街には、日本の宿泊施設と遜色ない設備が整ったホテルがある。しかし、ここで紹介するのは、田舎街の「ゲストハウス」と呼ばれる小さな宿である。

宿と部屋を決める際に気をつけるべき点は、まず蚊やダニなどの虫対策が十分かどうかである。キャンプ生活では、夕暮れ時に「蚊が出てきたな」と思ったら、一時テント内で休んで過ごせば蚊帳の中にいるも同然である。ウガラにいる最中より気をつけなくてはいけないのが、調査地に入る前後であった。特にインド洋に面したダルエスサラームとタンガニイカ湖畔のキゴマでは、マラリアを媒介するハマダラカには要注意だ。まずベッドに蚊帳が張ってあるかどうかを確認する。蚊帳があっても、かなりの確率で穴が開いている。その部分を縛ったりして穴をふさぐ。そうした上で、部屋の隅やベッドの下に殺虫剤を撒き、蚊取り線香を焚く。殺虫剤を撒くのは、蚊だけでなく、ダニや南京虫なども退治するためだ。

次に確認したいのは、水回りである。共同のバス・トイレではなく、「セルフ」と呼ばれるバス・トイレ付きの部屋に泊る場合、ちゃんと水が出るかをチェックしておく必要がある。タンザニア西部の街スンバワンガやムパンダでは、乾季には基本的に水道の水は出ないからだ。そんな時は水浴やトイレに流す水はバケツに汲んできてもらう。

トイレは、都会では洋式タイプもあるが、多くは和式である。ただし、日本の和式とは異なり、排水溝の上に突起物「きんかくし」はない。東南アジアなどと同じだ。座る向きを勘違いする人が多いので、余計なお世話だが説明しておこう。トイレに入ると、縦長の便器の奥側に排水溝があるはずだ。その場合、ドア側に顔を向けて、即ち奥の排水溝側にお尻を向けてしゃがむのが、正しい向きである。間違えてドアに背中を向けてしていると、誰かが突然ドアを開けて入って来た時に、大変恥ずかしい思いをするだろう。間違って逆向きでしゃがんでいることもばれてしまうし、後ろ姿を見られて振り返る姿勢になる。もっとも、誰かがトイレに入ってきたら、正しい向きでしゃがんでいても、思い切り対面することになって恥ずかしいだろうが。

電気が部屋にきているかどうかも確認したい。ただし、無事部屋の電灯が灯ったとしても、いつ停電になるかはわからない。日が暮れる前には、私は常にヘッドランプを手元に置いておく。また、電灯はついても、部屋にコンセントがなかったり、コンセントには電気がきていなかったりすることもある。携帯電話やパソコンを充電したい時には要注意だ。テレビ付きの部屋もある。たいていそのテレビは簡単に盗まれないように檻に入っている。が、壊れていることが多い。単なる飾りである。

それらのスイッチを一通りオンにしてみて、もし無事に電気がついたら、次にすることがある。その宿のレストランに行って、冷蔵庫にビールが冷やしてあるかどうかをチェックすることである。

第一一章……自転車でキゴマへ

▼カボコ岬

二〇一二年七月一六日の午後五時二九分、妻の織恵に名鉄豊田線の浄水駅まで送ってもらう。自宅を出発する時に、一四歳になった娘の春子が「あぁ、いってらっしゃい」と面倒くさそうに言った。今回は関西国際空港発のカタール・エアー・ラインでカタール経由。例年同じ時期に同じように、エミレーツまたはカタール・エアー・ラインで、中東を経由してのタンザニア行きである。

だが、この時期に日本を出発するのは、年々難しくなってきていた。大学における授業の回数は、以前は半期一二週だった。それが徐々に増えて今では一五週になったのだ。四月から一五週間授業を行った後に、試験を行い、成績をつけて、それから日本を出発するとなると、出発は八月になってしまう。そこでこの年、私は最後の週を休講にし、その分の補講は遡って六月に行った。そして一四週目の授業にそれまでの授業の総まとめと試験を済ませた。急いで採点を終え、出発準備を整える。

七月一七日、ドーハでQR八四四便に乗り換えて、ダルエスサラーム着。ダルエスサラームに着くと、「授業をこなして夏休みにタンザニアにやってくる大学教員の研究者の中で一番乗りだ」と根本さんにほめられた。

今回は吉川さんと植物学者のヤハヤをランドクルーザーに乗っけていく。これまで多くの植物標本をフランクなどのダルエスサラーム大学の植物学者に同定してもらってきたが、植物学者に一緒に現地に来てもらうと、いろいろと勉強になるはずだ。

七月二〇日の八時〇〇分、ダルエスサラームの街中でヤハヤと待ち合わせた。八時五七分、ダルエスサラーム発。真ん中の道を通ってウガラを目指す。午後六時一〇分、ドドマ着。二一日の七時〇〇分、ドドマ発。午後二時五五分、タボラ。まだ時間に余裕があったので、ウランボという小さな街まで行って泊った。二二日、七時五〇分、ウランボ発。一一時四二分、ウビンザを通過。一二時三一分、ムワミラ村着。トラッカーを乗せて今来た道を引き返し、午後四時二〇分、ウビンザ通過。暗くなる前の午後六時四〇分には、私たちは既にングェ川の保全観察小屋の前にいた。私の運転でも三日間でングェに着いてしまった。初めてタンザニアに来た頃のことを考えると、隔世の感があった。

ングェには既に金田君が調査に入っていて、バラムウェジ、アレックスと一緒に暮していた。ムパンダから連れてきたトラッカーはジョンとタノである。エマはこの年の調査には誘っても来なかった。一つの時代が終わった気がした。七月二三日からこのメンバーで調査に励む。ヤハヤに改めて植物名をチェックしてもらいながら、植生調査を行ったトランセクトラインを歩いていった。

この夏のタンザニアでの調査中、私たちは一度だけ遠出をした。カボコ岬に行ってみたのである。カボコ岬は、かつて一九六〇年代に日本人の研究者たちがチンパンジーの調査を始めた場所である。その際タンガニイカ湖に面したカボコ岬には立派な調査基地が造られた。しかし、カボコ岬を拠点とした調査はその後上手く進展しなかった。タンザニアにおけるチンパンジーの調査はやがて餌付けに成功したマハレ山塊国立公園で行われるようになっていった。そうした経緯は先述した通りだ。カボコ岬に造られた調査基地は今では廃墟となっているそうだ。でもチンパンジーは今でもカボコ岬に生息しているのだろうか。また、私の大先輩にあたる研究者たちが最初に調査を始めたカボコ岬とは、一体どのような場所だったのだろうか。私は一度自分の目でカボコ岬を見ておきたかった。

八月二日の九時〇〇分、吉川さんとジョンとアレックスを連れてングェ発。一〇時四三分、ムワミラ村着。ジョンの家に立ち寄る。一一時、ウビンザとキゴマを結ぶ幹線道路は途中から舗装道路になった。キゴマに向かってランドクルーザーで快走する。一一時二二分、カズラミンバ村を通過。一二時三〇分、ルイチェ経由。ここからウガラとキゴマを結ぶ幹線道路を南に外れ、道路の舗装もなくなる。午後一時二〇分、イラガラでマラガラシ川をフェリーで渡ってさらに南へ。午後二時〇八分、ルグフ川の橋も渡った。そして、午後二時半を過ぎた頃から、「今晩どうしようか」と私たちは思案を始めた。

道路を南下して行くと、前方にカボコ岬が近づいてきた。だが、丘陵地が岬となってタンガニイカ湖に張り出した部分では、道路は湖岸ではなく内陸部を通っていた。なんとか湖岸沿いに進めないだろうか。脇道に入ってみるが、山がタンガニイカ湖に迫っていて、道路は途中で山道となっていた。車ではそれ以上入れない。内陸部の道路へ戻って、もう少し南下する。道沿いには、村は見当たらないが、ポツリポツリと民家が点在していた。

やがて車はムセヘジ川を横切った。ムセヘジ川には水がある。ここにテントを張って、明日西へ歩いていけばカボコ岬に行けそうだ。ところが、私たちがここでキャンプをしようかと相談していると、若い男が近づいて来た。英語で「君たちは何をしにここに来たのだ」と話しかけてくる。「チンパンジーの調査に来たのだ」と私が答えると、「君たちはどこの研究所の者だ。調査をするなら、この先の事務所へ行って登録をしろ。なんなら俺がガイドになって案内してやる」と言う。こういう奴と関わると、ろくなことはない。以前スンバワンガ南方のムフト村に滞在しようとした時には、村の役人に「どこそこに行って滞在許可をもらって来い」と言われて面倒なことになった。私は「まずは周囲の様子を見てくる」とごまかし、車に飛び乗って逃げた。

幹線道路から西へ入る小道があったので少し入ってみた。残念ながら道はすぐ行き止まりになってしまったが、道端の家で人の良さそうなおじさんを見つけて、近辺の情報を聞いてみた。すると、そこへまた別の若い男が寄って来た。「俺が案内してやる。まずその前に村長に挨拶しに行け」と言う。私たちは再びそそくさと逃げ出した。

さくっと何処かに泊ることはできないだろうか。私たちは点在している家の一つを適当に選んで車を停めた。その家に住んでいた人の名前はムボマさん。「チンパンジーの調査に来たんだ」と話しかけても、調査許可だの村の滞在許可だの面倒なことはいっさい言ってこない。あっさり家の前にテントを張らせてもらえることになった。明日の朝には岬への道も案内してくれるそうだ。それ以上は、「まぁ、気楽にしていってくれ」と言ったきり、特に私たちに関心はないようである。こういうのが一番心地良い。ランドクルーザーは幹線道路から見えないように家の裏に隠した。テントも目立たない位置に張って、水場を教えてもらい自分たちで自炊した。

翌八月三日の八時二〇分、ムボマさんの家を出発する。しばらく幹線道路を歩いた後、八時四三分、西の方角、即ちカボコ岬方面に向かう。しばらくはキャッサバ畑が広がっていた。ムセヘジ川の支流を渡る。川辺にはヤシの木が生え、バナナが植えられていた。アカオザルの群れがいた。その後もしばらくは畑跡が続いたが、やがて周囲はそれほど人の手が入っていない疎開林になった。

一〇時三〇分、アレックスが「あそこにあるのは、ベッドみたいだ」と叫んだ。見ると、確かにムクルングの樹上にベッドの骨組みが残っていた。これでこのカボコ岬には今でもチンパンジーが生き残っていることが確認できた。

一一時二六分。カボコ岬の丘を東側から一望する。丘のピークまで登れば、タンガニイカ湖を眺めることができるだろう。二つのピークの間の峠を抜けて湖岸まで村のある道を行けば、かつての日本人の調査基地の跡に着くらしい。しかし、そこまで行くにはかなりの時間がかかるそうだ。チンパンジーのベッドを（一個とはいえ）見つけたことだし、今回はこれで満足して引き返すことにしよう。

一二時二三分、私たちは今来た道を引き返し始めた。午後二時三二分、ムボマさんの家に戻る。昨日の若い男たちが私たちを見つけてやって来ると、きっと面倒なことになる。そうなる前にここを離れてキゴマに戻ろう。午後三時三五分、テントをたたみ、ムボマさんにお礼を言って別れを告げる。午後五時一四分、マラガラシを渡り、午後六時〇六分、ルイチェ経由。午後六時三四分、キゴマに着いて、私たちはささやかに乾杯した。

翌八月四日の九時二三分、キゴマ発。午後四時一〇分にはングェに戻って来た。明日からはまたフィールドの単調な日々である。でもがんばろう。

八月一八日、ウガラを去る日となった。伊谷さんと飯田さんがＪＡＴＡツアーズから借りた車で来るのを待ち、その車で私と吉川さんがダルエスサラームに帰る予定である。車を交換するのは、調査隊の所有であるランドクルーザーの方を長く使って、ＪＡＴＡツアーズからのレンタカーを借りる期間をなるべく短くするためだ。午後三時二〇分、キゴマで買い物をしたいというジョンを連れて、ングェ発。夕暮れ時六時四〇分、キゴマ着。宿で伊谷さんたちが到着するのを待つ。しかしこの日伊谷さんたちはキゴマまで到着できなかった。例によって途中で車が壊れたのである。翌一九日、伊谷さんたちの到着を待っている間に、給料をもらったジョンの買い物だけが着々と進む。今日も伊谷さんたちが来なかったら、帰国の便に間に合わなくなるかもしれない。

八月一九日の午後一時三〇分。ようやく伊谷さんたちがキゴマに着いた。さっそく荷物を積み替えて、午後一時三〇分、すぐにキゴマ発。ムワミラ村でジョンを車から降ろし、ウビンザへ。そしてウビンザも通過して一路東へ。タンザニアの真ん中を突っ切るルートである。真ん中を突っ切るルートは、北周りや南周りのルートと比べると、距離的にはもちろん最短である。しかし、この道路沿いには大きな街があまりないので、もし途中で車が壊れてしまった場合には直しようがない。直せる街まで脱出するのも難しい。そもそも雨季にはこの道はマラガラシ川を渡ることができなかったので、数年前までは利用したことがなかった。南周りのルートは、スンバワンガに近いルワジ地域を調査する場合には近くて便利だ。しかし、キゴマからダルエスサラームに戻るには大回りとなる。またカタビ国立公園は難所の一つである。北周りで帰るルートにも欠点がある。このルートはブルンジ及びルワンダとの国境の近くを通る。その付近の村が途切れた場所では、国境を越えてやって来た強盗団に襲われる危険が高いのだ。そういうわけで、道路事情が良くなってきた最近は、乾季には真ん中のルートをよく利用するようになっていた。夜八時二三分、すっかり暗くなってしまったが、ウランボに着いた。行きに泊った宿の明かりをなんとか見つけて、車を停めた。

翌八月二〇日の七時四八分、ウランボ発。ひたすら悪路を走り続けて、午後五時〇〇分にドドマ着。翌二一日の七時三一分、ドドマ発。一二時〇三分、モロゴロ通過。午後一時三九分、ダルエスサラームが近づいて来た。帰国の便にも間に合いそうである。この日は、チャリンゼからちょっと寄り道をして、午後六時〇七分、インド洋に面したバガモヨに泊った。

八月二二日の九時三〇分、バガモヨ発。一一時にダルエスサラームに戻ってきた。

八月二三日、ダルエスサラーム発。八月二四日、カタール・エアー・ラインで関西国際空港着。

▼タンザニア横断、自転車の旅

そして二〇一三年、この年私はかねてより温めていたプランを実行に移すことにした。タンザニアの東端ダルエスサラームから西端キゴマまでを自転車で走破しようという計画である。

自転車は日本から持っていくことにした。先述したように、これまで私は世界のあちこちの国を自転車で走ってきた。「海外を旅する時には、自転車は日本から持っていくのですか。それとも現地で買うのですか」とよく聞かれる。自転車はいつも日本から飛行機に載せて持ってゆく。折りたたみ式ではなく、バッグを両輪の両横にとりつけられる、太いタイヤの、頑丈なタイプの自転車だ。

タイヤと泥除けなどをフレームから外し、「輪行袋」と呼ばれる分解した自転車を収容するため専用の大きなバッグに入れる。飛行機に乗る際には、そのように自転車を輪行袋に入れて預け荷物にすれば、重量をオーバーしていなければ追加料金は取られない。（ただし、「壊れても文句は言いません」という書類に署名はさせられる。）「取り扱い注意」のラベルはつけてくれるものの、目的地に到着すると自転車が壊れていることは多々ある。そこで、輪行袋に入れる際には、壊れやすい部分は段ボールで覆っておく。隙間には、テントや寝袋や衣類を詰めてクッションにする。そうしてパッキングし終わると、自転車を詰めた輪行袋の重さはおよそ二二キログラムになる。

無事目的地の空港に着いたら、自転車を組みたてる。そして日本のように路面状態が良い道なら一日に一五〇〜二〇〇キロメートル、路面状態が悪かったり、アップダウンが激しかったりする場合には、一〇〇キロメートル程度を毎日走り続ける。私はこれまでの人生で幾度もそうした旅をしてきた。これまでユーラシア大陸、北米大陸、南米大陸、オーストラリア大陸は走ってきた。ただし、アフリカ大陸を一人で自転車旅行するのは初めてである。

二〇一三年七月二三日の午後一時四五分、日本は炎天下。その日妻は家にいなかったので、車で最寄り駅まで送ってはもらうことはできなかった。一人で自宅の鍵を閉め、自転車を詰めた輪行袋を担いで、自宅から名鉄浄水駅まで歩いていった。輪行袋にはスーツケースのようなタイヤはついていない。うまく背負えるようになっているわけでもなく、肩にかけられるベルトが一本ついているだけだ。歩いてほんの五分の距離だが、既に汗だくになった。

午後二時三〇分、名鉄電車から地下鉄を乗り継いで名古屋駅へ。名古屋駅前の道路からはエミレーツ・エアー・ラインによる関西国際空港行きの無料バスが出ている。それに乗る予定である。しかし、地下鉄の改札からバス乗り場までは結構距離がある。地下鉄からの階段を登り、名古屋駅構内を横断して、バス乗り場まで行く。その間に、また汗だくになった。

午後三時〇〇分、名古屋駅前の通りから無料バスが発車した。午後六時三〇分、関西国際空港着。バスは空港に到着するエミレーツ・エアー・ラインの便に合わせて発車するスケジュールになっているので、私の乗る飛行機の出発までには、まだたっぷりと時間がある。

空港で五時間ほど時間をつぶし、夜一一時四〇分、私はエミレーツ・エアー・ラインEK三一七便に乗って日本を飛び立った。これが何度目のアフリカ行きだろうか。翌朝ドゥバイでEK七二五便に乗り換える。七月二四日午後三時四〇分、ダルエスサラーム着。午後五時、宿へ向かった。

そして、二〇一三年の七月二六日、朝七時〇〇分、私は自転車に乗ってダルエスサラームを出発した。チンパンジーの生息地は西方約一五〇〇キロメートルの彼方にある。私はそこまでの行程を自転車で走ることによって、景色がサバンナから疎開林へと移りゆくさまを、それぞれの植生がアフリカの大地に占める広さと共に、自分の体で感じてみたいと思っていた（小川 2015）。

ドドマの少し先までは舗装道路であるが、その先は未舗装の悪路が続く。どうなることか予想はつかない。でも、きっと新たな出遭いや出来事が私を待っているだろう。私はペダルに力を込めて、キゴマに、そしてチンパンジーたちの住む森に向かって走り出した。

あとがき

本書は、私にとって「たちまわるサル」と題した本に続く二冊目の書き下ろしの単著である。最初、本書の題名は「たちまわるサル」をもじって、「のたうちまわるチンパンジー研究者」にしようかと迷った。しかし、最終的には、「乾燥疎開林に謎のチンパンジーを探して―タンザニアあちこち大作戦―」とした。いつか「地球あちこち大作戦」という続編を書きたいという思いを込めている。

ただし、「タンザニアあちこち」と銘打ってはいても、私が訪れた場所は、主にチンパンジーの生息するタンザニア西部に限られている。実は私は、キリマンジャロに登ったことはないし、セレンゲティー国立公園に行ったこともない。キリマンジャロやセレンゲティーも登場すると期待して最後まで本書を読んでくれた読者にはお詫びを申し上げる。

だが、その代わりに本書では、普段あまり紹介されることのないタンザニアの小さな街や村々、人が住んですらいない原野を紹介した。そんな場所の様子を随所で味わっていただけたなら幸いである。

地球が小さくなった今日では、多くの日本人が毎年様々な国へ旅行に出掛けるようになった。観光旅行だけではなく、留学したり、海外で働く人も増えた。しかし、その滞在先は、アメリカ合衆国やヨーロッパ諸国あるいは日本に近いアジアの国々に大きく偏っている。アフリカを旅したりアフリカで暮したりする日本人はまだまだ多くはない。また、アフリカを訪れる人の大半の目的は、国立公園に行って野生動物を見ることだろう。安宿を泊り歩く旅をしている若者もいるが、そうした人たちの訪問先もまた、主要な都市に限られていることが多い。

びである。

本書を読んで、タンザニアの田舎の村を訪れて住み込んでみようと計画する人が現れれば、著者として望外の喜
　本書は一般の人々を読者に想定して書き進めた。しかし実際には読者の多くはチンパンジー研究者（あるいはアフリカや霊長類の研究者）かもしれない。そのため若い研究者あるいはこれから研究者を志そうという人たちにも多くのメッセージを込めて書いたつもりである。例えば、チンパンジーを観察しようとする新人研究者が、マハレ山塊国立公園のチンパンジーだけを見て、タンザニアを経験せずに帰ってきてしまうのはもったいない。最近では、これまでマハレのチンパンジーだけを観察してきた研究者の中から、国立公園外も歩き回って各地のチンパンジーを広域調査しようとする人たちも徐々に現れてきた。また、タンザニア人自身による研究活動も活発になってきた。まだまだ十分とはいえないが、チンパンジーの学術的研究だけでなく保護や保全活動に関する意識も格段に高まりつつある。それらの動きに、もし私がこれまで行ってきたことが、少しでも刺激となっていれば喜ばしい限りである。

　私たちがタンザニアで行ったチンパンジーの調査は、ＴＡＷＩＲＩ（Tanzania Wildlife Research Institute：タンザニア野生動物研究所）の推薦を経て、ＣＯＳＴＥＣＨ（Tanzania Commission for Science and Technology：タンザニア科学技術省）からの調査許可を得て実施した。それらの研究活動は、文部科学省科学研究費補助金（06061064, 09041160, 12575597, 17255005, 22570223）、環境省世界環境調査（F061）、中山科学振興財団、ＧＲＡＳＰ（Great Ape Survival Project：大型類人猿を救うプロジェクト）の助成を受けて行った。

　本書の出版は中京大学の出版助成金の援助を得て行った。またユニテの林鉱治さんには出版にこぎつけるまでの間一貫してお世話になった。

　本書に書かれている出来事のうち、一九九四年から一九九五年にかけての記述の一部は『霊長類生態学――環境と行動のダイナミズム――』（京都大学学術出版会）の第六章「疎開林で食べ森に集まって眠るチンパンジー」や、

『アフリカを歩く―フィールドノートの余白に―』（以文社）の中の一章「アフリカの原野で暮した日々」にも記載されている。本書の執筆にあたっては全面的に書きなおしたが、内容に一部重複する部分があることをご了解いただきたい。また、本書最終章における二〇一三年七月二六日、ダルエスサラーム出発後の経緯は「タンザニア横断、自転車の旅―サバンナを抜けてチンパンジーの住む林へ―」（岩波書店「図書」）に書いている。その他、本書で紹介したチンパンジー調査の学術的成果については、参考文献一覧に紹介した論文や著書などにまとめられている。興味を持たれた方は御一読いただきたい。

本書ではデータの代表値には平均値を使用した。その平均値の後の（　）内に示した値は特に断りのない限り最小値と最大値である。ばらつきの程度を示す標準偏差値は本書では省略した。また統計的検定の方法と結果も省略し、「統計的に有意な差が出た」ということのみ記述している。衛星画像やGIS分析、一般化線形モデルなどの結果の詳細も省略してある。いずれも引用元の学術論文には記載されているので、お知りになりたい読者はそちらを参照していただきたい。

本書に登場する人たちについては、原則として初出で登場時点での所属と役職を記載した。本書執筆現在では、既に定年退職されたり、他の機関に移った方もいらっしゃる。トラッカーや同僚の研究者の何人かは、親しみをこめて敬称を省き、いつも呼んでいる通称で呼ばせてもらった。

タンザニアで暮しながら調査を進めていくにあたっては、実に多くの方々のお世話になった。次の方々に感謝の意を表したい。

タンザニアの乾燥疎開林地帯でチンパンジーの調査を始めるきっかけを与えてくださったのは、加納隆至さんと伊谷原一さんである。タンザニア在住の根本利通さんと金山麻美さんには、タンザニア訪問のたびに大変お世話になった。現地で一緒に調査を行った研究者は、加納さんと伊谷原一さんの他、金森正臣さん、吉川翠さん、金田大さん、飯田恵理子さん、郡山尚紀さん、坂巻哲也さんらである。伊谷純一郎さんと、主にマハレで調査を進めてきた西田利貞さん、中村美知夫さん、座馬耕一郎さん、島田将喜さん、布施（清野）未恵子さんらにも、現地あるいは日本で研究上の様々なアドバイスをいただいた。チンパンジーのDNAの分析は、竹中修さん、田代靖子さん、井上英治さんが行ってくれた。三谷雅純さんが私をコンゴ共和国に連れて行ってくれなかったら、私のアフリカの体験は東アフリカだけになっていたかもしれない。タンザニアには現地で暮す人々を研究する人類学者も多くいる。伊谷寿一さんや阿部優子さんをはじめとして、ダルエスサラームの宿で一緒になった研究者の皆さんからは、タンザニアに関する様々な情報をいただいた。

ＣＯＳＴＥＣＨ（タンザニア科学技術省）、ＴＡＷＩＲＩ（タンザニア野生動物研究所）、ＴＡＮＡＰＡ（Tanzania National Park：タンザニア国立公園）、ＭＭＷＲＣ（Mahale Mountains Wildlife Research Center：マハレ山塊野生生物研究所）、ＪＧＩ（The Jane Goodall Institute：ジェーン・グドール研究所）、地方を含めその他の各行政機関の方々には、調査を遂行する上でいろいろな便宜を図ってもらった。中でも、ホセ・カユンボさん、エディウス・マサウエさん、ジョージ・サブニさん、アンソニー・コリンズさん、シャドラック・カメニャさんらには、いろいろな無理を聞いてもらった。植物の同定は、ヤハヤ・アベイドさんとフランク・ムバゴさん、その他ダルエスサラーム大学植物学研究室の皆さん、カジ・ボレッセンさんに依頼した。

ウガラでのチンパンジー研究は、ジム・ムーアさん、アドリアーナ・ヘルナンデスさん、アレクサンダー・ピエルさん、フィオナ・スチュワートさんも行っている。今後も情報を交換しつつ、協力し競争しあいながら研究を発展させていきたい。

調査を支えてくれたのは、タンザニア人のトラッカーたちである。特に苦楽を共にしたのはエマニュエリ（エマ）・カゴマさん、ジュマネ・マピンズリ・バラムウェジさんと、今は亡きトラッカーたち、バトロメオ（バトロ）・カドゥゲンジ・ビタングゥワさん、オスカ・シグルさん、アントニー・マテオ・ンキンキさんであろう。その他全員の名前は挙げられないが、アリマシ・サルさん、ジェラード・シモンさん、アルファーニ・ムロレロワさん、ジョン・ジョゼフさん、アレックス・アルフレッドさん、ヌフ・イサ・ンゾバさん、マシャカ・サイディさんらの協力がなければウガラでのチンパンジー調査は実現しなかった。エクリール・クリニカ・カトンコラさんの働きがなければルワジのチンパンジーは発見できなかっただろう。トラッカーだけでなく、彼らの家族が住むムワミラ村やカズラミンバ村などの人たちにも、調査の合間に泊めてもらったり、食事を作ってもらったりといろいろなお世話になった。ジェームス・シムコンダさんをはじめとして、タンザニア各地でチンパンジーの生息に関する情報を提供してくれた人々は数知れない。

ＪＡＴＡツアーズには根本利通さんのみならず多くのスタッフの皆さんにいろいろとお世話になった。特にハッサン（ハッサニ）・アヨウブ・アミイさんをはじめとする運転手には何度も調査地まで送っていただいた。

私がタンザニアで調査を二〇年以上も続けてきたのは、チンパンジーに惹かれているからではない。正直言って、私はチンパンジーという動物が格別好きなわけではないのだ。そもそもタンザニアでチンパンジーにはほとんど遭っていないから、「チンパンジーの友達」というのは私にはいない。子供の頃からの夢であったアフリカの自然を一応満喫した後も、夏休みのたびにタンザニアに出掛けて調査を行ってきたのは、タンザニアの人々と自然が好きだからであろう。

最後に、私を健康に産み育ててくれた両親、いつも快く私をタンザニアに送り出してくれる妻の織恵と娘の春子に感謝の意を捧げたい。

二〇一四年七月七日

豊田の研究室にて

引用文献

Baldwin, P. J., McGrew, W. C., & Tutin, C. E. G. (1982). Wild-ranging chimpanzees at Mt. Assirik, Senegal. International Journal of Primatology, 3: 367–385.

福田文夫 (2001). アフリカの森の動物たち　桜桃書房

Goodall, J. (1968). The behavior of free-living chimpanzees in the Gombe stream area. Animal Behaviour Monographs, 1: 16–311.

Goodall, J. (1971). In the shadow of man. Boston: Houghton Mifflin Publishing. 河合雅雄（翻訳）(1973). 森の隣人―チンパンジーと私― 平凡社（のちに朝日選書）

Hernandez-Aguilar, R. A. (2006). Ecological and nesting patterns of chimpanzees (*Pan troglodytes*) in Issa, Ugalla, western Tanzania. Ph.D. thesis, University of Southern California.

Iida, E., Idani, G., & Ogawa, H. (2012). Mammalian fauna in dry woodland savanna (miombo forest) of the Ugalla area, western Tanzania. African Study Monographs, 33(4): 233–250.

Inoue, E., Tashiro, Y., Ogawa, H., Inoue-Murayama, M., Nishida, T., & Takenaka, O. (2013). Gene flow and genetic diversity of chimpanzee populations in East Africa. Primate Conservation, 26: 67–74.

伊谷原一、小川秀司 (2003). タンザニア、ウガラにおけるチンパンジーのグルーピングの季節的変化　大会プログラム予稿集 p. 26.　第19回日本霊長類学会大会（２００３年６月27–29日　宮城県仙台市　宮城教育大学）

Itani, J. (1979). Distribution and adaptation of chimpanzees in an arid area. In D. A. Hamburg & E. R. McCown (Eds.), The great apes (pp. 55–71). Menlo Park, CA: Benjamin/Cummings.

伊谷純一郎 (1977). チンパンジーの原野―野生の論理を求めて―　平凡社

Izawa, K. (1970). Unit groups of chimpanzees and their nomadism in the savanna woodland. Primates, 2: 1–46.

掛谷誠（編）(2002). アフリカ農耕民の世界 その在来性と変容　京都大学学術出版会

Kano, T. (1972). Distribution and adaptation of the chimpanzee on the eastern shore of Lake Tanganyika. Kyoto University African Studies, 7: 37–129.

加納隆至 (1986). 最後の類人猿―ピグミーチンパンジーの行動と生態―　どうぶつ社

加納隆至、小川秀司、安里龍、金森正臣 (1999). 西部タンザニア・マラガラシ川北岸におけるチンパンジーの分布　霊長類研究 15(2): 153–162.

栗田和明、根本利通（編著）(2006). タンザニアを知るための60章　明石書店

Massawe, E. T. (1992). Assessment of the status of chimpanzee populations in western Tanzania. African Study Monographs, 13: 35–55.

Moore, J. (1994). Plants of the Tongwe east reserve (Ugalla), Tanzania. Tropics, 3: 333–340.

Moyer, D., Plumptre, A. J., Pintea, L., Hernandez-Aguilar, A., Moore, J., Stewart, F., Davenport, T. R. B., Piel, A., Kamenya S., Mugabe, H., Mpunga, N., & Mwangoka, M. (2006). Surveys of Chimpanzees and other Biodiversity in Western Tanzania. Unpublished Report to United States Fish and Wildlife Service.

Nakamura, M.& Fukuda, F. (1999). Chimpanzees to the east of Mahale Mountains. Pan Africa News, 6(1): 5–7.

中村美知夫 (2009). チンパンジー―ことばのない彼らが語ること―　中公新書

Ndimuligo, S. A. (2008). Assessment of Chimpanzee (*Pan troglodytes*) Population and habitat in Kwitanga Forest, Western Tanzania. Master's dissertation, University of Witwatersrand, Johannesburg.

根本利通 (2011). タンザニアに生きる　昭和堂

Nishida, T. (1968). The social group of wild chimpanzees in the Mahale Mountains. Primates, 9: 167–224.

Nishida, T. (1989). A note on chimpanzee ecology of the Ugalla area, Tanzania. Primates, 30: 129–138.

西田利貞 (1973). 精霊の子供たち―チンパンジーの社会構造を探る―　筑摩書房

西田利貞、川中健二、上原重男 (2002). マハレのチンパンジー―〝パンスロポロジー〟の三七年―　京都大学学術出版会

Ogawa, H., Kanamori, M., & Mukeni, S. H. (1997). The discovery of chimpanzees in the Lwazi River area, Tanzania: a new southern distribution limit. Pan Africa News, 4(1): 1–3.

Ogawa, H., Moore, J., Kanamori, M., & Kamenya, S. (2004). Report on the chimpanzees of the Wansisi and Makomayo areas, Tanzania. Pan Africa News, 11(2): 3–5.

Ogawa, H., Moore, J., & Kamenya, S. (2006a). Chimpanzees in the Ntakata and Kakungu areas, Tanzania. Primate Conservation, 21: 97–101.

Ogawa, H., Sakamaki, T., & Idani G. (2006b). The influence of Congolese refugees on chimpanzees in the Lilanshimba area, Tanzania. Pan Africa News, 13(2): 21–22.

Ogawa, H., Idani G., Moore J., Pintea L., & Hernandez-Aguilar, A. (2007). Sleeping parties and nest distribution of chimpanzees in the savanna woodland, Ugalla, Tanzania. International Journal of Primatology, 28(6): 1397–1412.

Ogawa, H., Yoshikawa, M., & Mbalamwezi M. (2011). A chimpanzee bed found at Tubila, 20km from Lilanshimba habitat. Pan Africa News, 18(1): 5–6.

Ogawa, H., Yoshikawa, M., & Idani G. (2013). The population and habitat preferences of chimpanzees in non-protected areas of Tanzania. Pan Africa News, 20(1): 1–5.

Ogawa, H., Yoshikawa, M., & Idani, G. (2014). Choice of sleeping sites by savanna chimpanzees in Ugalla, Tanzania. Primates, 55: 269–282.

小川秀司 (2000a). 疎開林で食べ森に集まって眠るチンパンジー　杉山幸丸（編著）霊長類生態学—環境と行動のダイナミズム—　京都大学学術出版会　pp. 131–152.

小川秀司 (2000b). タンザニアのウガラのサバンナヒヒ（*Papio cynocephalus* と *P. anubis*）の生態 霊長類研究 16(3): 282.

小川秀司 (2002). アフリカの原野で暮した日々　加納隆至、黒田末寿、橋本千絵（編著）アフリカを歩く—フィールドノートの余白に—　以文社　pp. 189–205.

小川秀司、加納隆至、金森正臣、Massawe, E. (1999a). タンザニアのルクワ地区南西部で新しく発見されたチンパンジーの生息地 霊長類研究 15(2): 147–151.

小川秀司、伊谷原一、金森正臣 (1999b). タンザニアのウガラの疎開林地帯におけるチンパンジーの生息地　霊長類研究 15(2): 135–146.

小川秀司 (2015). タンザニア横断、自転車の旅—サバンナを抜けてチンパンジーの住む林へ—　図書 793: 18–23. 岩波書店

Piel, A. K. & Moore, J. (2007). Locating elusive animals: using a passive acoustic system to study savanna chimpanzees at Ugalla, western Tanzania. American Journal of Physical Anthropology, 44: 189.

Plumptre, A. J. & Reynolds, V. (1997). Nesting behavior of chimpanzees:implications for censuses. International Journal of Primatology, 18: 475–485.

Plumptre, A. J., Rose, R., Nangendo, G., Williamson, E. A., Didier, K., Hart, J., Mulindahabi, F., Hicks, C., Griffin, B., Ogawa, H., Nixon, S., Pintea, L., Vosper, A., McLennan, M., Amsini, F., McNeilage, A., Makana, J. R., Kanamori, M., Hernandez, A., Piel, A., Stewart, F., Moore,

J., Zamma, K., Nakamura, M., Kamenya, S., Idani, G., Sakamaki, T., Yoshikawa, M., Greer, D., Tranquilli, S., Beyers, R., Hashimoto, C., Furuichi, T., & Bennett, E. (2010). Eastern Chimpanzee (*Pan troglodytes schweinfurthii*): Status survey and conservation action plan 2010–2020. IUCN, Gland, Switzerland.

Schoeninger, M., Moore, J., & Sept, J. (1999). Subsistence strategies of two "savanna" chimpanzee populations: The stable isotope evidence. American Journal of Primatology, 49: 297–314.

Shimada, M. (2003). A note on the southern neighboring groups of M group in the Mahale Mountains National Park. Pan Africa News, 10(1): 11–14.

Suzuki, A. (1969). An ecological study of chimpanzees in a savanna woodland. Primates, 10: 103–148.

Stewart, F. A. (2011). The evolution of shelter: Ecology and ethology of chimpanzee nest building. Ph.D. thesis, University of Cambridge.

Stewart, F. A. & Pruetz, J. D. (2013). Do chimpanzee nests serve an antipredatory function? American Journal of Primatology, 75(6): 593–604.

Teleki, G. (1977). The predatory behavior of wild chimpanzees. Lewisburg, PA: Bucknell University Press.

Tutin, C. E. G., McGrew, W. C., & Baldwin, P. J. (1983). Social organization of savanna-dwelling chimpanzees, *Pan troglodytes verus*, at Mt. Assirik, Senegal. Primates, 24: 154–173.

Yoshikwa, M., Ogawa, H., Sakamaki, T., & Idani, G. (2008). Population density of chimpanzees in Tanzania. Pan Africa News, 15: 17–20.

Yoshikawa, M. & Ogawa, H. (2015). Diet of savanna chimpanzees in the Ugalla area, Tanzania. African Study Monographs. 36(3): 189–209.

吉川翠、小川秀司、Kagoma, E.、伊谷原一 (2011). 乾燥疎開林のチンパンジーの死体の発見報告　発表要旨集　p. 10.　第14回SAGAシンポジウム

吉川翠、小川秀司、小金澤正昭、伊谷原一 (2012). タンザニアの乾燥疎開林地帯に生息するチンパンジー（*Pan troglodytes*）の泊り場選択　霊長類研究 28(1): 3–12.

吉田昌夫 (1997). 東アフリカ経済論　タンザニアを中心として　古今書院

Zamma, K., Inoue, E., Mwami, M., Haluna, B., Athumani, S., & Huseni, S. (2004). On the chimpanzees of Kakungu, Karobwa and Ntakata. Pan Africa News, 11(1): 8–10.

小川秀司（おがわ ひでし）

1964年岐阜県生まれ。京都大学理学部卒業。同大学院理学研究科博士（後期）課程修了。博士（理学）。京都大学霊長類研究所 COE 研究員などを経て、現在中京大学国際教養学部教授。
著書に『たちまわるサル—チベットモンキーの社会的知能—』（京都大学学術出版会、1999年）などがある。

乾燥疎開林に謎のチンパンジーを探して
タンザニアあちこち大作戦

2017年11月20日　初版発行

著　者　小　川　秀　司
発行者　林　　　鉱　治
発行所　株式会社 ユ ニ テ
〒464-0075 名古屋市千種区内山3丁目33-8
電話（052）731-1380
FAX（052）732-1684
郵便振替 00800-9-1881
印刷・製本　あるむ

＊落丁本・乱丁本はお取り替えいたします。ISBN978-4-8432-3084-8　C3040